Page 193

6.2 绘制CG风格肖像

技术难度：★★★★★   实用指数：★★★★

学习技巧：基于线稿绘制人物五官的大体轮廓，再用绘画工具深入刻画细节。用滤镜制作头发，并为皮肤添加纹理。

MORE >

Page 144

4.10 时尚水晶球

技术难度：★★★★　实用指数：★★★★★

学习技巧：制作彩色条纹，通过滤镜扭曲为水晶球，深入加工，增强其光泽与质感。

MORE ▶

3.3 面包片字 *Page 73*

2.10 实战路径：为餐具贴Logo *Page 51*

2.9 实战图层样式：卡通钥匙链 *Page 47*

7.2 运动动画：跳跳兔 *Page 205*

Page 251

8.6 艺术插画设计：花蕊城堡

技术难度：★★★★　　　实用指数：★★★★★

学习技巧：将不同场景的图片合成在一起，表现明暗、虚实、景深等效果。

MORE ›

SHAPE

Page 275

8.9 特效设计：玻璃美人

技术难度：★ ★ ★ ★ ★

实用指数：★ ★ ★ ★ ★

学习技巧：绘制人像，表现玻璃般晶莹的光泽与质感。

MORE ›

平面设计·包装·插画·UI·网页·动画·3D·特效·质感和纹理·特效字·数码照片·鼠绘

2.11 实战混合模式：超可爱鼠标 *Page 57*

8.4 海报设计：音乐节海报 *Page 239*

It's ain't over till it's over.I'm cici

SECRET

MUSIC·START-UP

3.9 立体镏金字 *Page 91*

Page 138

4.8 魔法隐身衣

技术难度：★★　实用指数：★★★★★

学习技巧：用混合模式与蒙版功能让人物隐身到背景中。

Page 70

3.2 甜蜜糖果字

技术难度：★★★ 实用指数：★★★

使用图层样式制作立体字，再将自定义的纹理图案通过"图案叠加"效果应用于文字表面，制作出可爱的糖果特效字。

MORE >

平面设计·包装·插画·UI·网页·动画·3D·特效·质感和纹理·特效字·数码照片·鼠绘

8.5 包装设计：易拉罐 *Page 245*

4.9 绚丽极光 *Page 140*

2.8 实战图案：圆环成像 *Page 43*

4.3 流彩凤凰 *Page 116*

7.3 发光动画：闪烁的霓虹灯 *Page 207*

Page 133

4.7 人体彩绘

技术难度：★★★★　实用指数：★★★★★

学习技巧：用变换复制的方式制作纹样，用混合模式贴在人体上，通过混合滑块控制混合程度。

MORE ➤

平面设计·包装·插画·**UI**·网页·动画·3D·**特效**·**质感和纹理**·特效字·数码照片·**鼠绘**

2.3 实战选区：移形换影 *Page 22*

LIFESTYLIST

8.7 UI设计：掌上电脑 *Page 258*

4.4 卡哇伊风格图标设计 *Page 119*

Design camp

Pause

Flow Market

Page 89

3.8 圆润玉石字

技术难度：★★

实用指数：★★★

学习技巧：将大理石纹理素材定义为图案，并通过图层样式中的"图案叠加"效果应用于文字表面，生成真实的玉石质感。

MORE >

平面设计·包装·插画·UI·网页·动画·3D·特效·质感和纹理·特效字·数码照片·鼠绘

5.4 影调与色彩：用Camera Raw调Raw照片 *Page 170*

7.4 3D：制作3D立体字 *Page 212*

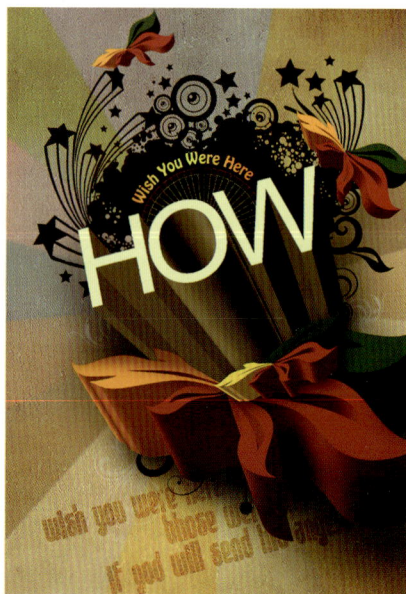

5.6 影调与色彩：通道调色 *Page 178*

4.11~4.15 麻纱、呢子、牛仔布、毛线、皮革 *Page 150*

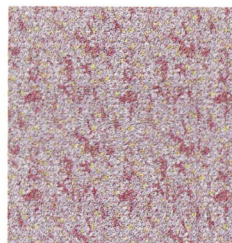

Page 182

6.1 超写实跑车

技术难度：★★★★★

实用指数：★★★★

学习技巧：对路径进行相加、组合、填充与描边，综合运用画笔、加深、减淡、涂抹和渐变工具表现汽车的质感和光泽。

MORE ▶

平面设计·包装·插画·UI·网页·动画·3D·特效·质感和纹理·特效字·数码照片·鼠绘

4.6 人像拼图 *Page 128*

3.10 不锈钢板字 *Page 95*

3.11 塑料拼接字 *Page 98*

8.2 VI设计：制作Logo和名片 *Page 226*

8.8 网页设计：超酷个人主页制作 *Page 263*

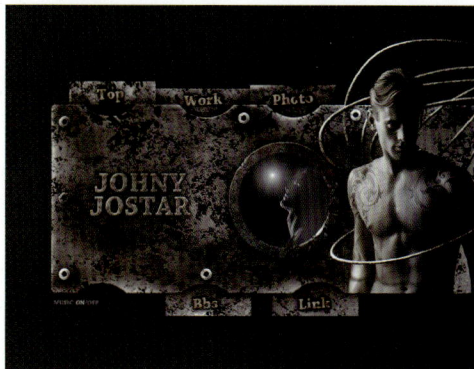

Page 34

2.6 实战滤镜：金属人像

技术难度：★★★★　实用指数：★★★

学习技巧：用滤镜将人像制作为金属铜像。用加深、减淡等工具修补图像细节，让效果更加逼真。

MORE ▶

平面设计·包装·插画·UI·网页·动画·3D·特效·质感和纹理·特效字·数码照片·鼠绘

4.5 金银纪念币 *Page 124*

3.12 金属立体字 *Page 103*

3.7 有机玻璃字 *Page 86*

Page 282

8.10 CG设计：海的女儿

技术难度：★ ★ ★ ★ ★ 实用指数：★ ★ ★ ★ ★

学习技巧：使用钢笔工具抠图，通过蒙版制作海水与人像的合成效果。

MORE ▶

平面设计·包装·插画·UI·网页·动画·3D·特效·质感和纹理·**特效字·数码照片**·鼠绘

5.3 磨皮：缔造完美肌肤 *Page 167*

3.6 光影时空字 *Page 84*

平面设计·包装·插画·UI·网页·动画·3D·特效·质感和纹理·**特效字**·**数码照片**·鼠绘

Page 108

4.1 丝网印刷小章鱼

技术难度：★★★★　实用指数：★★★

学习技巧：用彩色半调、位图命令制作丝网印刷效果。

MORE ▶

平面设计·包装·插画·UI·网页·卡通·3D·**特效**·质感和纹理·样式字·数码照片·氰绘

8.3 平面广告：照明灯具广告 *Page 235*

arise awareness of tradition

2.12 实战通道：项链坠 *Page 62*

4.2 炫光背景 *Page 112*

平面设计·包装·插画·UI·网页·动画·3D·特效·质感和纹理·特效字·数码照片·**鼠绘**

Gallery 本书精彩实例

平面设计·包装·插画·UI·网页·动画·3D·特效·质感和纹理·特效字·数码照片·鼠绘

Page 67

3.1 奶牛花纹字

技术难度：★★　实用指数：★★★

学习技巧：在通道中制作塑料包装效果，载入选区后应用到图层中，制作出奶牛花纹字。

MORE ›

平面设计·包装·插画·UI·网页·动画·3D·特效·质感和纹理·特效字·数码照片·鼠绘

2.1 实战图层：个性化ipad屏幕 *Page 16*

3.5 时尚海报字 *Page 80*

7.1 表情动画：变脸 *Page 202*

2.4 实战图层蒙版：微缩景观 *Page 27*

多媒体课堂——视频教学67例

01 PS操作界面概览.avi
02 旋转画布.avi
03 内容识别比缩放.avi
04 使用调整面板.avi
05 使用蒙版面板.avi
06 使用bridge...
07 使用bridge...
08 制作PDF演示文...
09 制作Web照片画...
10 使用3D工具.avi
11 创建3D明信片.avi
12 创建3D易拉罐.avi
13 创建3D酒瓶.avi
14 创建3D球体.avi

15 在3D汽车上绘画.avi
16 使用色调调整工具.avi
17 调整界面背景.avi
18 CG特效.avi
19 标牌.avi
20 表现速度感.avi
21 冰凌.avi
22 冰雪字.avi
23 波纹字.avi
24 不锈钢.avi
25 布纹.avi
26 布纹字.avi
27 彩色晶片.avi
28 层叠字.avi

29 封套.avi
30 海浪.avi
31 红外效果.avi
32 花朵.avi
33 华灯初上.avi
34 火光.avi
35 火焰字.avi
36 立方锥体.avi
37 琉璃字.avi
38 毛线织物.avi
39 墨竹.avi
40 木板画.avi
41 木纹.avi
42 泥墙.avi

43 皮革.avi
44 燃烧的星球.avi
45 色彩渲染.avi
46 水.avi
47 陶艺字.avi
48 条纹立体字.avi
49 铜像.avi
50 图章.avi
51 网点字.avi
52 网纹立体字.avi
53 污渍.avi
54 岩石.avi
55 荧光向日葵.avi
56 邮票.avi

57 油画.avi
58 如此投手.avi
59 孪生兄弟.avi
60 眼中"钉".avi
61 变形艺术字.avi
62 幻境.avi
63 会发光的炫彩手机...
64 局部色调调整.avi
65 制作反转负冲照片...
66 制作红外摄影效果...
67 人在气泡中飞行.avi

Photoshop外挂滤镜使用手册

照片后期处理动作库

渐变库

画笔库

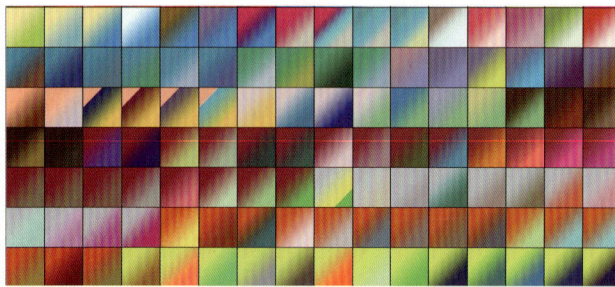

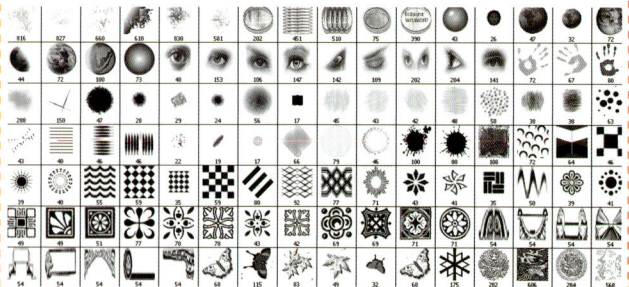

形状库

样式库

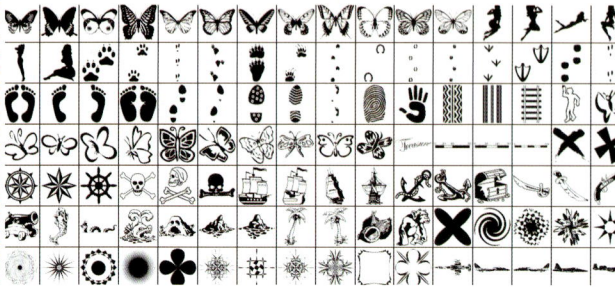

◆ 平面设计与制作 ◆

突破平面

李金蓉／编著

Photoshop CS5
设计与制作深度剖析

清华大学出版社
北 京

内 容 简 介

本书定位于Photoshop CS5初中级，详细解读Photoshop CS5的各种功能和技巧，解秘设计实务的制作与表现流程，案例数量多达130个，类型涵盖特效字、纹理、质感、数码照片处理、动画、像素画、3D、视频、包装、海报、VI、插画、网页、鼠绘、CG艺术等众多Photoshop应用领域。

本书实例精彩、类型丰富，具有较强的针对性和趣味性，适合从事平面设计、包装设计、插画设计、动画设计、网页设计、数码摄影的人员学习使用，也可作为高等院校相关设计专业的教材。

图书在版编目（CIP）数据

突破平面Photoshop CS5设计与制作深度剖析/李金蓉编著. --北京：清华大学出版计，2012.6（2019.8重印）
ISBN 978-7-302-27419-3

（平面设计与制作）

Ⅰ．①突…Ⅱ．①李…Ⅲ．①平面设计—图像处理软件，Photoshop CS5Ⅵ．①TP391.41

中国版本图书馆CIP数据核字（2011）第247758号

责任编辑：陈绿春
封面设计：潘国文
责任校对：徐俊伟
责任印制：刘海龙

出版发行：清华大学出版社

网　　　址：http://www.tup.com.cn，http://www.wqbook.com
地　　　址：北京清华大学学研大厦A座　　　　邮　　编：100084
社 总 机：010-62770175　　　　　　　　　　邮　　购：010-62786544
投稿与读者服务：010-62776969，c-service@tup.tsinghua.edu.cn
质量反馈：010-62772015，zhiliang@tup.tsinghua.edu.cn

印 装 者：北京嘉实印刷有限公司

经　　销：全国新华书店

开　　本：203mm×260mm　　印　张：18.75　　插　页：8　　字　数：544千字
　　　　　（附DVD1张）
版　　次：2012年5月第1版　　　　　　　　　　印　次：2019年8月第7次印刷
定　　价：59.80元

产品编号：044865-01

前言

本书通过大量精彩实例，详细解读Photoshop在特效字、纹理、质感、数码照片处理、包装设计、海报设计、VI设计、插画设计、网页设计、动画设计、鼠绘艺术、像素艺术、CG艺术等领域的应用。深入剖析Photoshop专业技巧，解秘设计项目的创作和表现过程。书中详细讲解了63个实例的制作方法，此外，还以多媒体课堂的形式录制了67个视频教学录像，并存放于光盘中，使实例总数达到130个。

本书第1章简要介绍了Photoshop的基本使用方法，适合初学者快速上手，为顺利学习后面的实例打下基础。

第2章通过实例解读Photoshop的12种主要功能，从选区、图层、变换等基本技能，到图案、渐变、滤镜、路径和图层效果等实用技巧，再到图层蒙版、剪贴蒙版、通道等高级应用，由浅入深，涵盖了Photoshop最重要的核心功能。这些实例都具有很强的代表性和一定的趣味性，可以让读者在操作的过程中充分领略Photoshop的强大和神奇，从而激发学习兴趣。

第3章和第4章分别介绍了特效字、特效纹理和质感的制作方法。

第5章介绍数码照片处理技巧，包括，如何抠图、磨皮、调色，以及怎样用Camera Raw调整Raw照片等。

第6章介绍手绘实战技巧，揭秘相片级写实概念车和CG人像的绘制方法。

第7章介绍Photoshop动画、3D和视频功能。

第8章为综合实例，包含各种类型的设计项目，案例质量高，效果精美，技术全面。

附录部分提供了Photoshop常用的快捷键，可以帮助读者提高工作效率。

本书光盘中包含所有实例的素材、实例效果分层文件和"多媒体课堂——视频教学67例"。此外，还附赠了画笔库、渐变库、形状库、样式库、照片处理动作库，以及《Photoshop外挂滤镜使用手册》电子书。

本书由李金蓉主笔，参与编写工作的还包括李金明、李哲、王熹、邹士恩、刘军良、姜成繁、白雪峰、贾劲松、包娜、徐培育、李志华、谭丽丽、李宏宇、王欣、陈景峰、李萍、贾一、崔建新、徐晶、王晓琳、许乃宏、张颖、苏国香、宋茂才、宋桂华、李锐、尹玉兰、马波、季春建、于文波、李宏桐、王淑贤、周亚威等。如果在学习的过程中遇到问题，请发送邮件至ai_book@126.com，我们会及时为您解答。

目录
PREFACE

突破平面Photoshop CS5 设计与制作深度剖析

第4章 纹理和质感揭秘

第5章　数码照片处理

第6章　高级鼠绘

突破平面Photoshop CS5 设计与制作深度剖析

神秘的海底世界

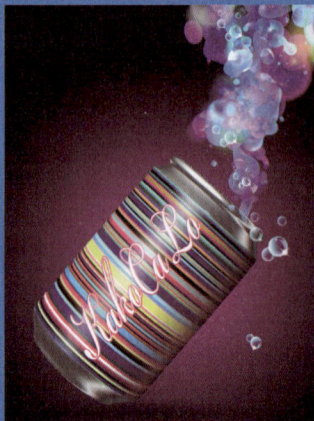

突破平面Photoshop CS5 设计与制作深度剖析

Ps

Photoshop

第1章

从零开始

Photoshop是目前最强大的图像编辑软件，它的应用非常广泛，无论是平面设计、网页制作，还是3D、动画、CG等领域，都离不开Photoshop的参与和协助。

在计算机世界里，图像也称为位图。位图有两大优点，一是可以精确地表现颜色的细微过渡，效果细腻而真实。例如，用数码相机拍摄的照片，如图1-1所示，网页上看到的图像、扫描的图片等就属于位图。位图的第2个优点是受到各种软件的广泛支持。但位图有一个缺点，即放大后，图像的细节就会变得模糊。例如，如图1-2所示是放大后的图像局部，可以看到，图像已经没有原来清晰了。

位图由像素组成。像素是一种非常细小的方块，几百万甚至几千万个像素才能构成一幅图像。如图1-3所示的每一个方块就是一个像素。

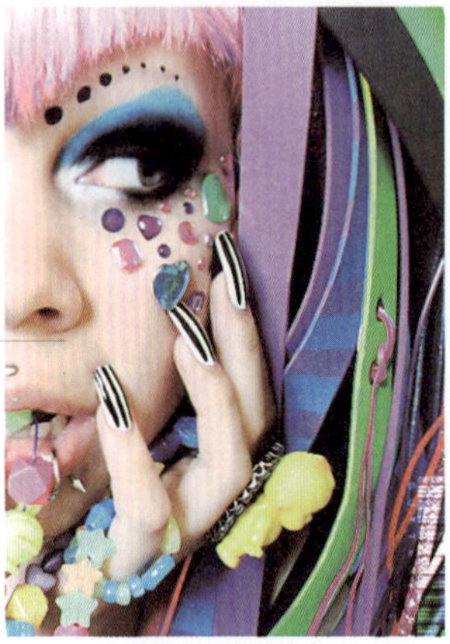

数码照片是典型的位图
图1-1

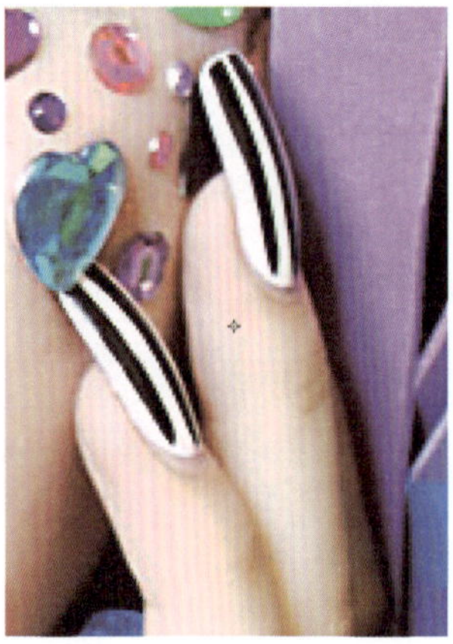

放大后的图像变"虚"了
图1-2

视图放大到3200%后能看到像素
图1-3

一个图像能够包含多少个像素由分辨率决定。分辨率是指单位长度内包含的像素数量，它的单位通常为"像素/英寸（ppi）"，如72ppi表示每英寸包含72个像素，300ppi表示每英寸包含300个像素。分辨率越高，包含的像素就越多，图像也就越清晰，细节越丰富。例如，如图1-4~图1-6所示为相同打印尺寸但不同分辨率的3幅图像，可以看到，低分辨率的图像有些模糊，高分辨率的图像就非常清晰。

分辨率为72像素/英寸
图1-4

分辨率为100像素/英寸
图1-5

分辨率为300像素/英寸
图1-6

通常情况下，如果图像用于屏幕显示或网络，可以将分辨率设置为72像素/英寸（ppi），这样可以减小文件的大小，提高传输和下载速度；如果用于喷墨打印机打印，可设置为100～150像素/英寸（ppi）；如果用于印刷，则应设置为300像素/英寸（ppi）。

➡ 分辨率的设置方法

在Photoshop中新建文档时（执行"文件">"新建"命令），可在"新建"对话框中设置分辨率。如果要修改一个现有的图像分辨率，则可执行"图像">"图像大小"命令，打开"图像大小"对话框，先勾选"重定图像像素"选项，再修改分辨率即可。

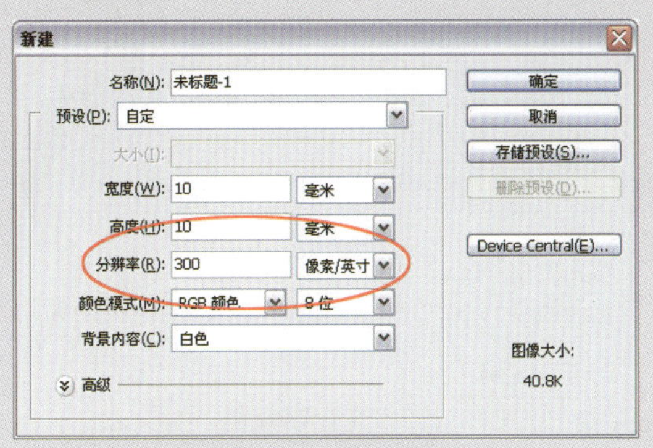

新建文档时设置分辨率 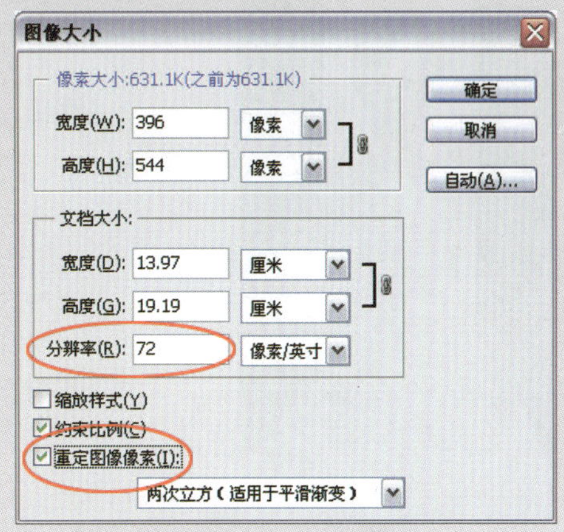　　　　　　　　修改现有图像的分辨率

1.2 Photoshop CS5新增功能

1.2.1 神奇的内容识别填充

新增的"内容识别填充"功能可以非常轻松地去除图像中任何不想要的内容。它能自动从选区周围的图像上取样，然后填充选区，与像素、亮度、影调与噪点等配合得天衣无缝，免去用"仿制图章"等工具修补的烦恼。例如，如图1-7所示为选中的小白兔，如图1-8所示为内容识别填充后的效果。

图1-7 　　　　　　　　　　　　　　　　　图1-8

1.2.2　选择复杂图像易如反掌

以往抠图（选中需要的图像）是一件很有难度的工作，而Photoshop CS5改进的"调整边缘"功能可以轻松抠出毛发等细微的图像元素，如图1-9~图1-11所示。该工具还可用于改变选区边缘、改进蒙版。

图1-9 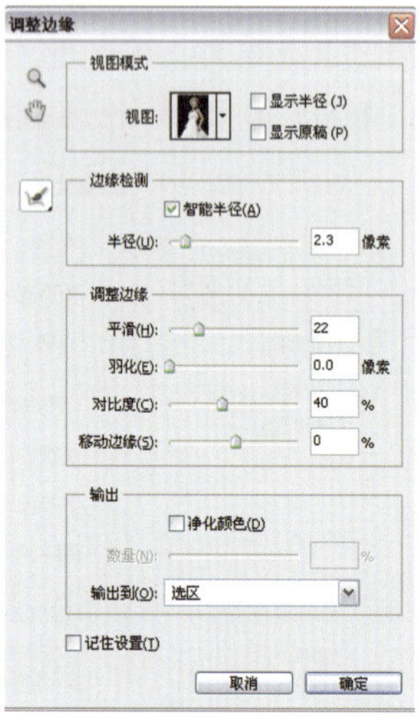　　　　　　　　　　　图1-10 　　　　　　　　　　　图1-11

1.2.3　灵活的操控变形

对图像进行变形处理时，可启用"操控变形"功能，在图像上添加关键节点，通过调整节点来扭曲图像。如图1-12~图1-14所示。

图1-12 　　　　　　　　　　　图1-13 　　　　　　　　　　　图1-14

1.2.4　出众的HDR成像

HDR Pro是一个非常实用的数码照片处理工具，可以合成以包围曝光方式拍摄的多张照片，创建写实的或超现实的HDR图像，甚至可以让单次曝光的照片获得HDR的外观。

1.2.5 自动镜头校正

增强的"镜头校正"滤镜提供了许多相机镜头的配置文件，可以根据相机和镜头的类型对桶形失真、枕形失真、色差和晕影等自动做出精确调整。

1.2.6 强大的绘图效果

借助混合器画笔（提供画布混色）和毛刷笔尖（可以创建逼真、带纹理的笔触），可以将照片轻松转变为绘画效果或创建为独特的艺术效果。在绘画时，甚至可以看到笔尖的方向，如图1-15和图1-16所示。

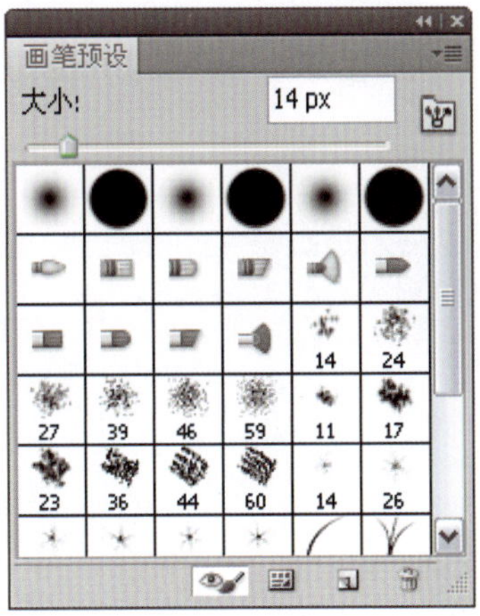

图1-15

图1-16

1.2.7 最新的原始图像处理

Adobe Camera Raw 升级到了第6版，除增加了支持的相机种类外，它还可以对RAW照片进行无损降噪，同时保留颜色和细节，以及必要的颗粒纹理，使照片看上去更自然。

1.2.8 增强的3D对象制作功能

使用新增的"3D凸纹"功能，可以将文字、路径，甚至选中的图像制作为3D对象，如图1-17~图1-19所示。

图1-17

图1-19

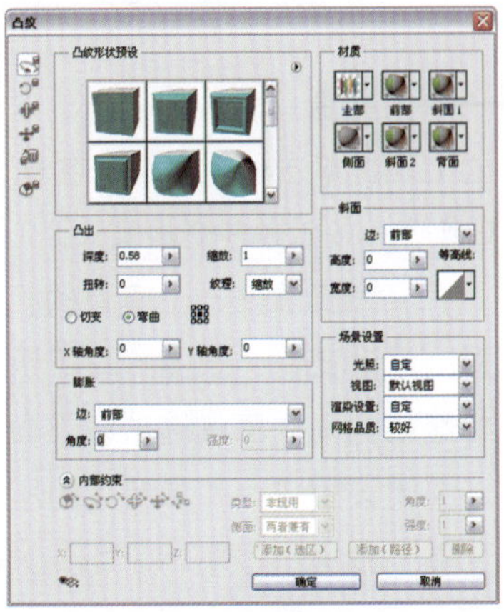

图1-18

1.3 Photoshop CS5工作界面

1.3.1 文档窗口

　　Photoshop CS的工作界面中包含，文档窗口、菜单栏、工具箱、工具选项栏、面板等组件，如图1-20所示。

图1-20

　　文档窗口是编辑图像的区域。当打开多个图像时，会创建多个文档窗口，它们以选项卡的形式出现。单击一个文档的名称，即可将其设置为当前操作的窗口，如图1-21所示。也可以按快捷键Ctrl+Tab按照顺序切换窗口。

　　将光标放在一个窗口的标题栏上，单击并将它从选项卡中拖出，它就会成为可以任意移动位置的浮动窗口，如图1-22所示。拖曳浮动窗口的边角，可以调整窗口的大小。将一个浮动窗口的标题栏拖曳到工具选项栏下面，它就会重新停放到选项卡中。单击一个窗口右上角的×按钮，可以关闭该窗口。如果要关闭所有窗口，可在一个文档的标题栏上单击右键，打开菜单执行"关闭全部"命令。

图1-21

图1-22

1.3.2 工具箱和选项栏

Photoshop CS5的工具箱中包含用于创建和编辑图像、图稿和页面元素的各种工具，如图1-23所示。单击工具箱顶部的双箭头，可切换为单排/双排显示，如图1-24所示。

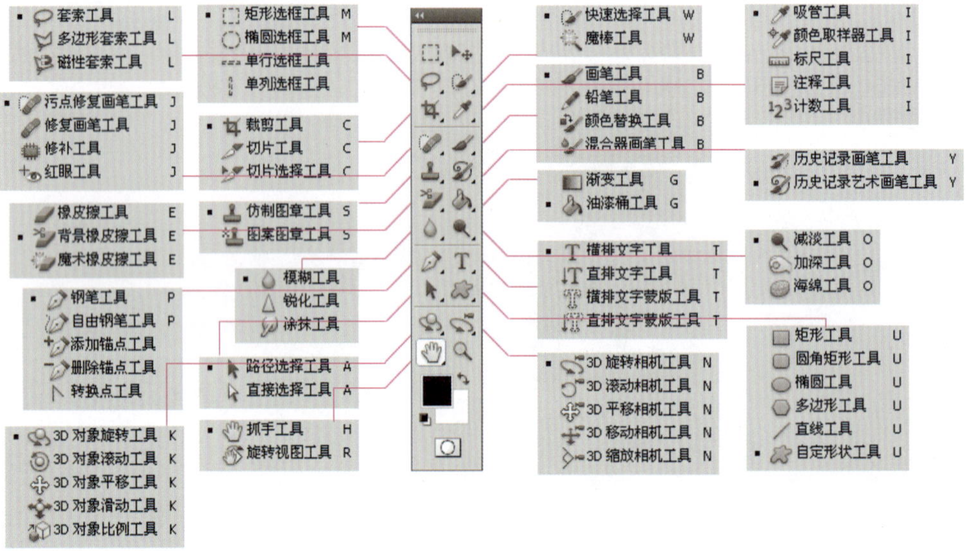

图1-23

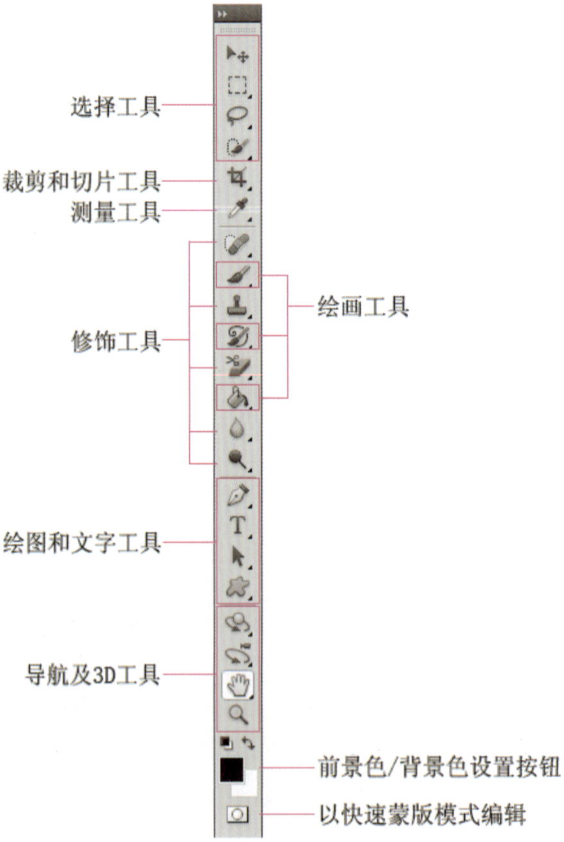

图1-24

单击工具箱中的一个工具即可选中该工具，如图1-25所示。右下角带有三角形图标的工具表示这是一个工具组，在这样的工具上单击并按住鼠标按键会显示隐藏的工具，如图1-26所示，将光标移至隐藏的工具上并释放鼠标，即可选中该工具，如图1-27所示。

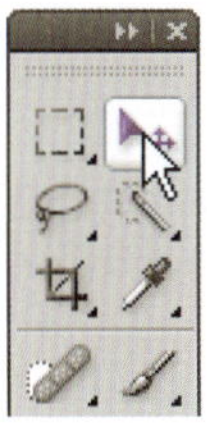

图1-25

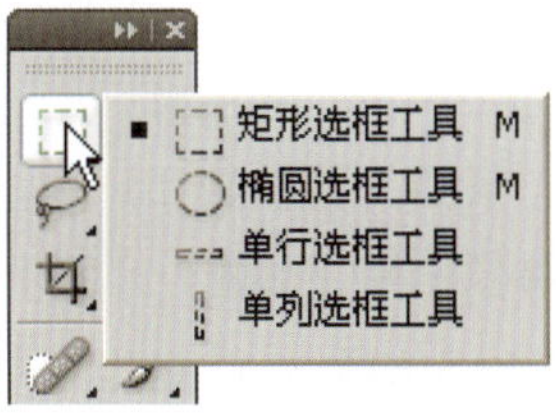

图1-26

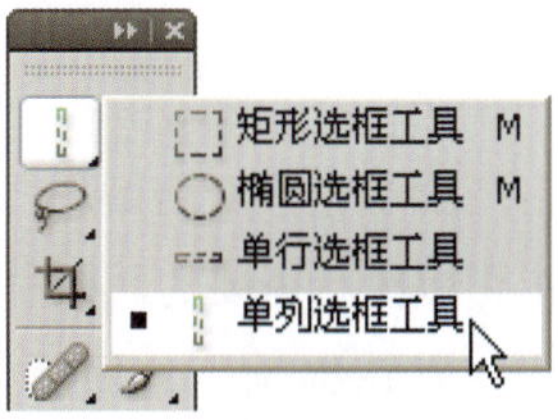

图1-27

选中一个工具以后，可以在工具选项栏中设置其属性。例如，如图1-28所示为选中“画笔”工具时所显示的选项。

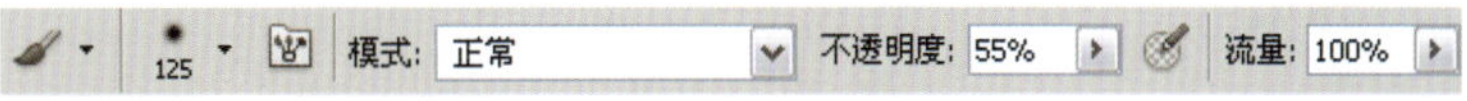

图1-28

> **提示**
>
> 将光标放在一个工具上，会显示提示信息，包括该工具的名称和快捷键。可以通过按下快捷键来选择工具。按下Shift+工具快捷键，则可在一组隐藏的工具中循环选中各个工具。

1.3.3 菜单命令

Photoshop CS5的菜单栏中包含11个主菜单，单击一个菜单的名称即可打开该菜单，带有黑色三角标记的命令表示还包含子菜单，如图1-29所示。选择一个命令即可执行该命令。有些命令提供了快捷键，例如，按快捷键Ctrl+A可以执行“选择”>“全部”命令，如图1-30所示。

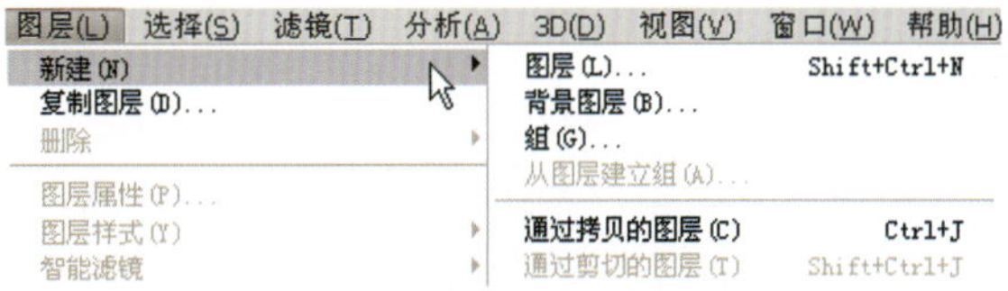

图1-29

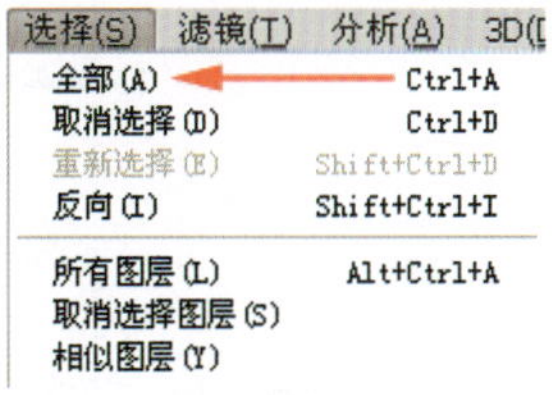

图1-30

> **提示**
>
> 如果菜单中的命令显示为灰色，表示该命令在当前状态下不能使用。例如，没有创建选区时，“选择”菜单中的多数命令都不能使用。

1.3.4 面板

　　面板用于配合编辑图像、设置工具参数和选项。Photoshop提供了20多个面板，在"窗口"菜单中可以执行需要的面板命令将其打开，如图1-31所示。

　　默认情况下，面板以选项卡的形式成组地停放在窗口右侧，如图1-32所示。单击面板组右上角的双箭头图标 ▶▶，可以将面板折叠为图标状，如图1-33所示。单击一个图标，即可展开相应的面板，如图1-34所示。

| 图1-31 | 图1-32 | 图1-33 | 图1-34 |

　　将光标放在面板的标题栏上，单击并向上或向下拖曳，可以重新排列面板的组合顺序，如图1-35所示。如果向文档窗口中拖曳，则可以将其从面板组中分离出来，使之成为可以放在任意位置的浮动面板，如图1-36所示。此外，单击面板右上角的 ▼≣ 按钮，还可以打开面板菜单，如图1-37所示。

| 图1-35 | 图1-36 | 图1-37 |

1.4.1 新建与打开文件

如果要创建一个空白的文件，可执行"文件">"新建"命令或按快捷键Ctrl+N，打开"新建"对话框，如图1-38所示，设置文件的名称、尺寸、分辨率、颜色模式和背景内容等属性，然后单击"确定"按钮。

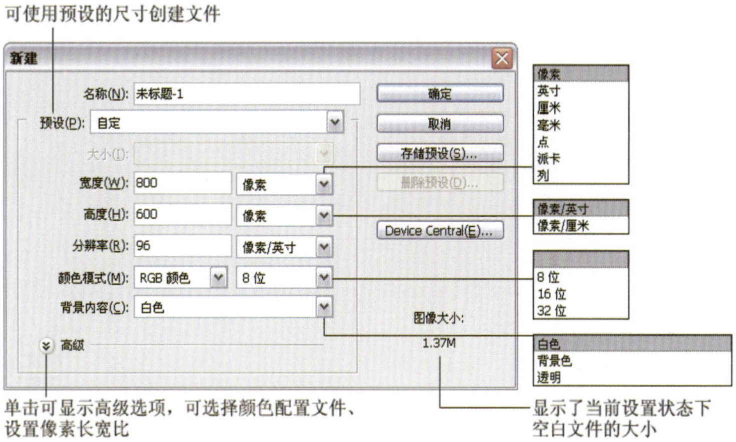

可使用预设的尺寸创建文件

单击可显示高级选项，可选择颜色配置文件、设置像素长宽比

显示了当前设置状态下空白文件的大小

图1-38

如果要打开一个现有的文件（如光盘中的素材），并对其进行编辑，可执行"文件">"打开"命令或按快捷键Ctrl+O，弹出"打开"对话框，选择一个文件（按住Ctrl键单击可选择多个文件），如图1-39所示，单击"打开"按钮即可将其打开。

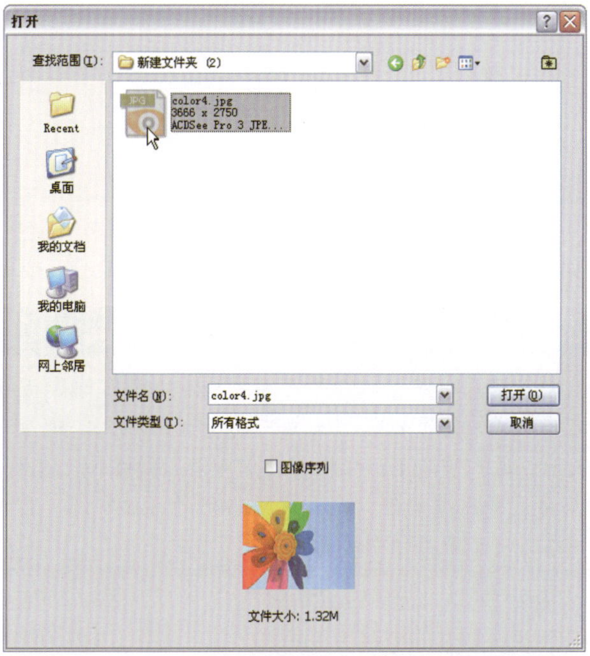

图1-39

> **提示**
>
> 颜色模式决定了显示和打印图稿时所使用的颜色模型。如果文件用于屏幕显示或Web，可以使用RGB模式；用于印刷，则应使用CMYK模式。

1.4.2 保存与关闭文件

新建文件或对现有文件进行编辑后，需要对处理的结果进行保存，以免因断电或其他意外情况而造成劳动成果付之东流。

如果这是一个新建的文档，可执行"文件"＞"存储"命令，在弹出的"存储为"对话框中为文件输入名称，如图1-40所示，选择保存位置和文件格式，如图1-41所示，并单击"保存"按钮。如果这是打开的一个现有文件，则编辑过程中可以随时执行"文件"＞"存储"命令（快捷键为Ctrl+S），保存当前所作的修改，文件会以原有的格式存储。

图1-40

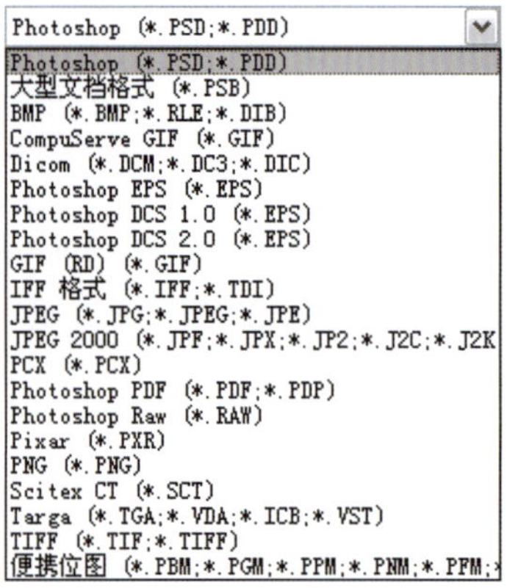

图1-41

如果要关闭文件，可执行"文件"＞"关闭"命令，或单击文档窗口右上角的 ✕ 按钮。

> **➡ 提示**
>
> 文件格式决定了文件的存储方式，以及它能否与其他程序兼容。PSD是Photoshop默认的文件格式，它可以保留文档中的所有图层、蒙版、通道、路径、未栅格化的文字、图层样式等，通常情况下，文件都是保存为PSD格式，这样可以随时对图层、蒙版等进行修改；JPEG格式会压缩文件，减少文件占用的存储空间，常用于保存照片、网络上使用的图像；TIFF格式用于保存印刷用的图像。

1.4.3 撤销操作

1. 使用命令撤销操作

编辑图像时，如果操作出现了失误，需要返回到上一步编辑状态，可执行"编辑"＞"还原"命令，或按快捷键Ctrl+Z，连续按快捷键Ctrl+Alt+Z，可依次向前还原。如果要恢复被撤销的操作，可执行"编辑"＞"前进一步"命令，或连续按快捷键Ctrl+Shift+ Z。

2. 使用"历史记录"面板撤销操作

在编辑图像时,每进行一步操作,Photoshop都会将其记录到"历史记录"面板中,如图1-42所示,单击面板中的一个操作名称,即可将图像还原到该步骤记录的状态中,如图1-43所示。

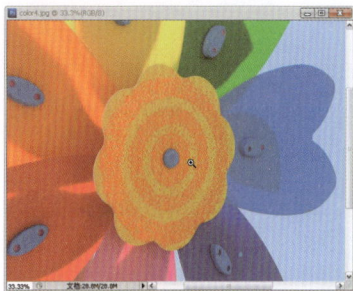

图1-42   图1-43

> **➜ 提示**
>
> 默认情况下,"历史记录"面板只能记录20步操作。如果要增加记录数量,可执行"编辑">"首选项">"性能"命令,打开"首选项"对话框,在"历史记录状态"选项中设定。但需要注意的是,历史记录数量越多,占用的暂存盘空间就越多。

1.4.4 查看图像

在编辑图像的过程中,经常要对文档窗口进行缩放,或调整图像在窗口中的显示位置,以便更好地观察图像细节。

1. 用工具缩放窗口

打开一个文件,如图1-44所示,如果要让窗口中的图像放大显示,可以使用"缩放"工具🔍在窗口中单击,如图1-45所示;放大窗口的显示比例后,可以用"抓手"工具✋移动画面,查看图像的不同区域,如图1-46所示;如果要缩小窗口的显示比例,则使用"缩放"工具🔍按住Alt键单击即可。

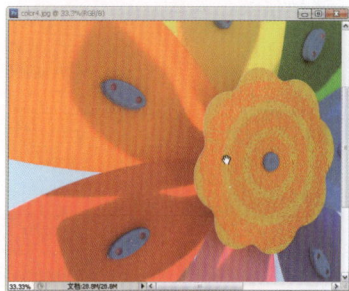

图1-44   图1-45   图1-46

2. 启用OpenGL绘图功能

缩放窗口是使用频率最高的基本功能之一,为此Photoshop CS5提供了一种更加简便的方法,但这需要用户先启用OpenGL绘图功能。操作方法是:执行"编辑">"首选项">"性能"命令,打开"首选项"对话框,勾选"OpenGL绘图"选项,如图1-47所示,并关闭对话框。

完成上面的设置后，使用"缩放"工具 🔍 在窗口中单击并向右侧拖曳鼠标，即可放大窗口的显示比例，如图1-48所示；向左侧拖曳，则缩小显示比例，如图1-49所示。

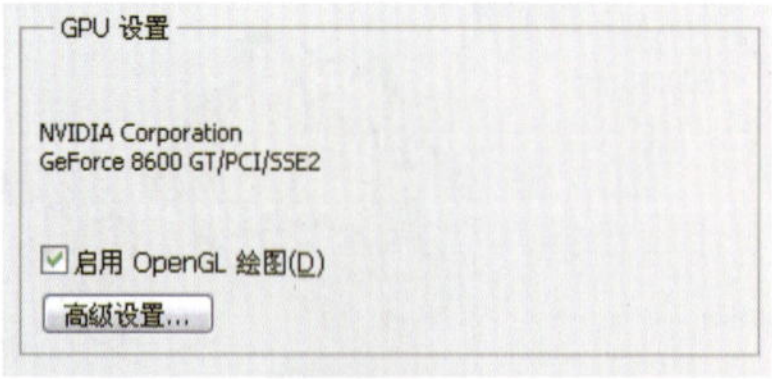

<table>
<tr><td>图1-47</td><td>图1-48</td><td>图1-49</td></tr>
</table>

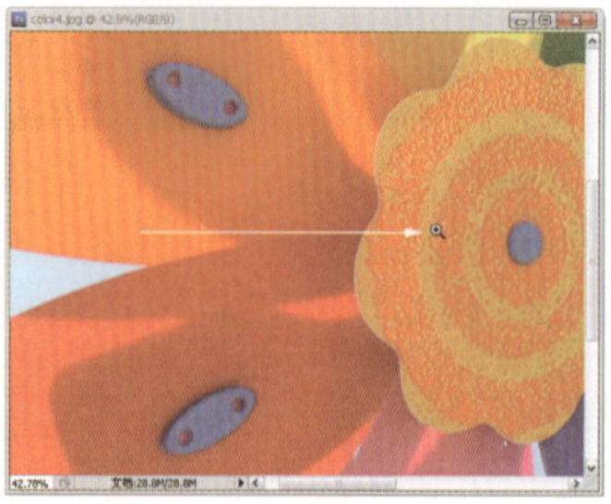

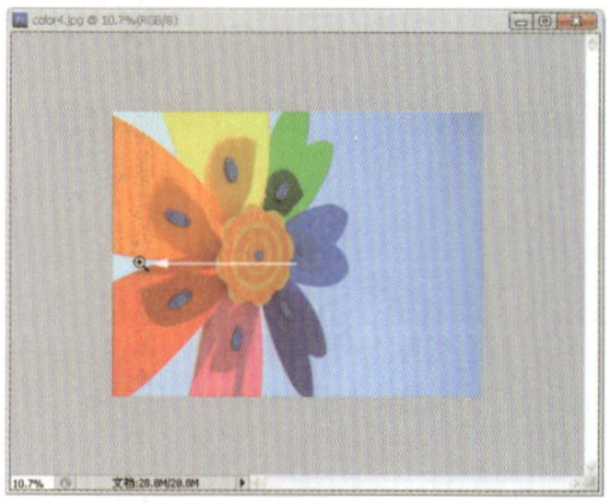

➡ 提示

"抓手"工具 🖐 也可以用于缩放窗口。将该工具放在窗口中，按住Ctrl键单击并向右侧拖曳鼠标可以放大窗口显示比例；按住Alt键单击并向左侧拖曳，则缩小显示比例。如果按住鼠标和H键，窗口中就会显示全部图像并出现一个矩形框，将矩形框定位在需要查看的区域，并释放鼠标按键和H键，可以快速放大这一图像区域。

1.4.5 设置前景色和背景色

工具箱底部有一组用于设置前景色和背景色的图标。前景色决定了使用绘图工具（"画笔"和"铅笔"工具）绘制的线条以及使用文字工具创建的文字的颜色，背景色决定了使用"橡皮擦"工具擦除背景时呈现的颜色。此外，有些滤镜也会用到前景色和背景色。

默认的前景色为黑色，背景色为白色。如果要修改前景色，可单击前景色图标，如图1-50所示；如果要修改背景色，则单击背景色图标，如图1-51所示。单击一个图标后，就会弹出"拾色器"对话框，在该对话框中可以设置颜色，如图1-52所示。如果要互换前景色和背景色的颜色，可单击 ⤢ 图标或按X键，如图1-53和图1-54所示。如果要恢复为默认的前景色和背景色，可单击 ◨ 图标或按D键，如图1-55所示。

<table>
<tr><td>图1-50</td><td>图1-51</td><td>图1-52</td><td>图1-53</td><td>图1-54</td><td>图1-55</td></tr>
</table>

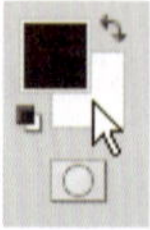

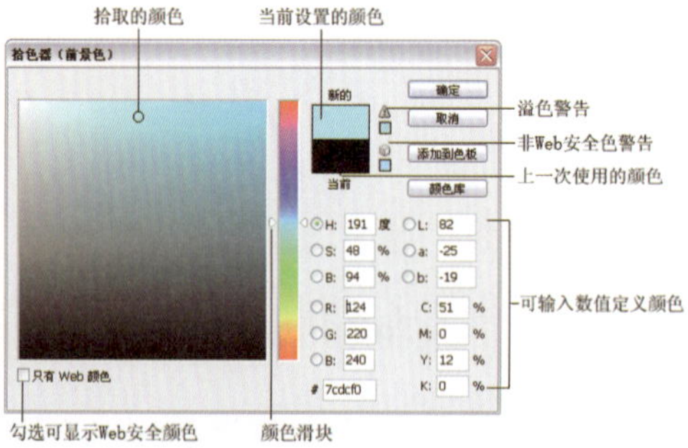

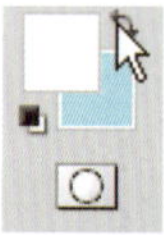

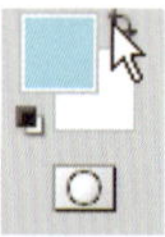

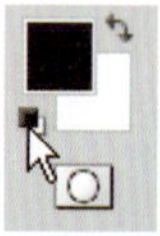

➡ 提示

除了"拾色器"对话框外，Photoshop还提供了"颜色"面板、"色板"面板用于设置颜色。此外，使用"吸管"工具 🖊 还可以从图像中拾取颜色作为前景色或背景色。

第2章

Photoshop CS5重要功能全接触

2.1 实战图层：个性化iPad屏幕

💧 学习技巧：了解图层的原理和基本操作方法。使用"移动"工具将素材合成到一个文档中，并进行对齐与分布的操作。用智能参考线辅助对齐图像。

💧 学习时间：20分钟

💧 技术难度：★★

💧 实用指数：★★★★

实例效果

2.1.1 图层的原理及操作方法

　　图层是Photoshop最为重要的核心功能，它的原理就像是一张张堆叠在一起的透明纸，每一张纸（图层）上都承载着不同的图像内容，上面纸张（图层）的透明区域会显示出下面纸张（图层）的内容，查看到的图像便是这些纸张（图层）堆叠在一起时的效果，如图2-1所示。

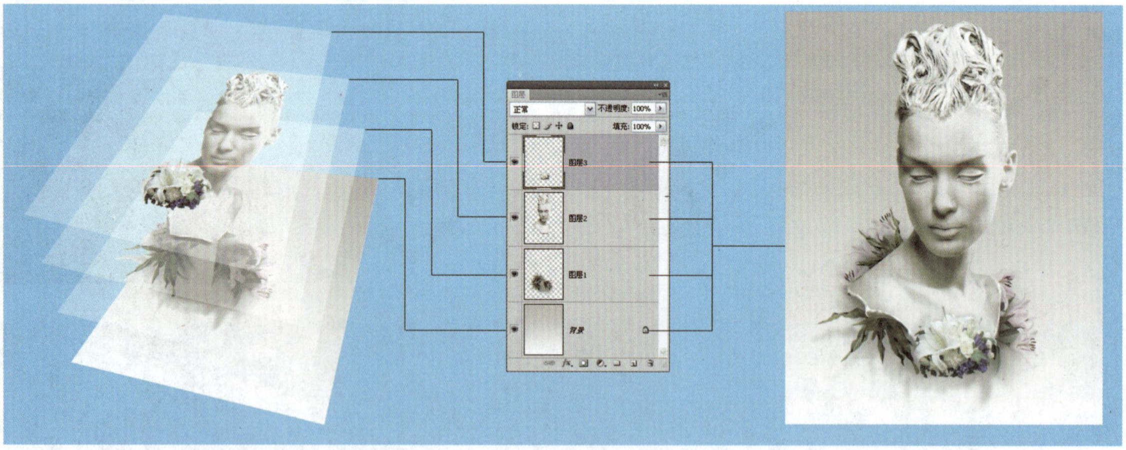

图层原理演示　　　　　　　"图层"面板结构　　　　　　　图像显示效果

图2-1

　　"图层"面板用来创建和管理图层，在面板中可以进行以下操作。

● 单击"创建新图层"按钮 ，可以创建一个图层。将一个图层拖曳到该按钮上，则可复制该图层。将图层拖曳到"删除图层"按钮 上，可以删除该图层。

- 如果编辑一个图层中的图像，需要先单击该图层将其选中，所选图层称为"当前图层"，如图2-2所示；如果要同时编辑多个图层，可以按住Ctrl键分别单击它们，将它们同时选中，如图2-3所示。颜色调整、滤镜等只对当前选择的一个图层有效，而移动、旋转等变换操作可以同时应用于多个图层。

- 选择一个图层后，可在"不透明度"选项中调整其不透明度，使该图层中的图像内容变得透明，如图2-4所示；在混合模式列表中为它选择一种混合模式，可以使该图层与它下面的图层内容混合，创建特殊的图像合成效果，如图2-5所示。

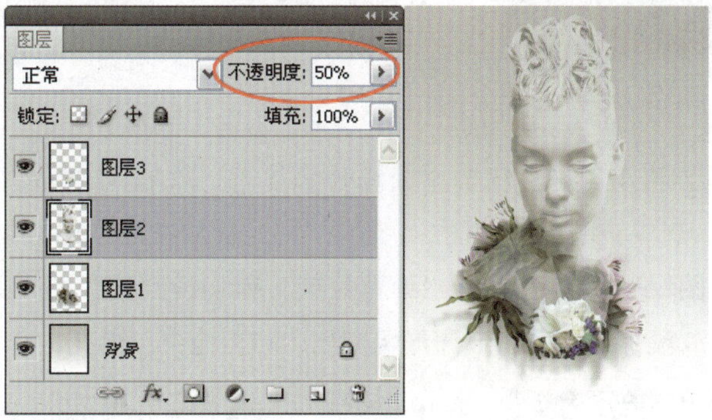

图2-2

图2-3

图2-4

图2-5

- 选中两个或多个图层，执行"图层">"合并图层"命令，或按快捷键Ctrl+E，可以将它们合并为一个图层。

- 在面板中向上或向下拖曳图层，可以调整图层的堆叠顺序，由于图层是彼此遮盖的，所以这会影响图像的显示效果。

- 图层缩览图前面的"眼睛"图标 用于控制该图层是否可见，单击该图标可以隐藏图层，在原处单击则重新显示图层。

- 单击"创建新组"按钮 ，可以创建一个空的图层组，此后，可在该组中创建图层，或将图层拖入到该组内。图层组就类似于文件夹，可用于管理图层。

2.1.2　将图标贴在iPad屏幕上

01 按快捷键Ctrl+O，打开两个PSD格式的分层文件（光盘>素材>2.1a、2.1b），如图2-6和图2-7所示。

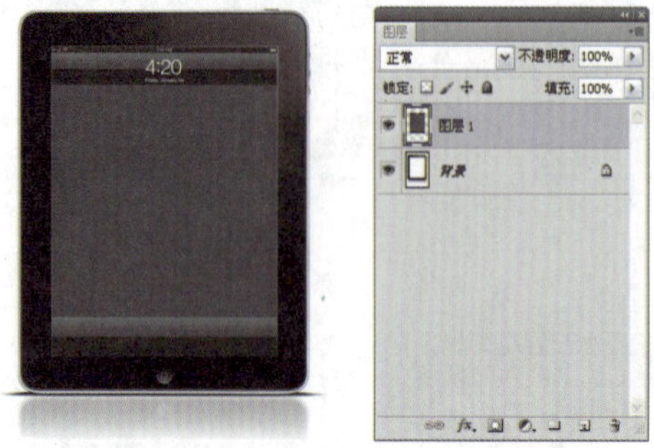

图2-6 　　　　　　　　　　　　　　　　　　　　图2-7

02 将小图标设置为当前操作的文档。选择"移动"工具，在"图层"面板中单击"卡通4"层，选中该图层，如图2-8所示；将光标放在画面中，单击并按住鼠标，向另一个文档的窗口拖曳，如图2-9所示；在标题栏停留片刻，待切换到该文档以后，再将光标拖曳到画面中，如图2-10所示；释放鼠标，即可将卡通形象拖入iPad文档中，如图2-11所示。

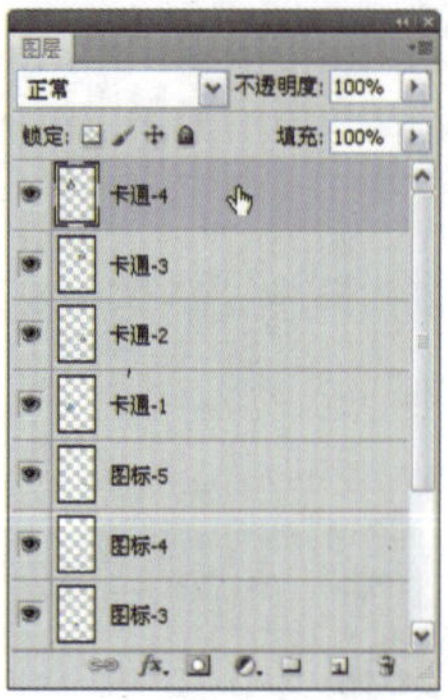

图2-8 　　　　　　图2-9 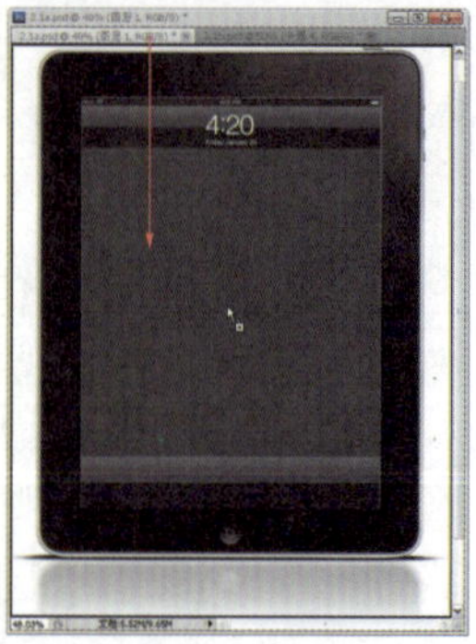　　　　　　图2-10 　　　　　　图2-11

> ➡ **提示**
>
> 将卡通拖入iPad文档后，可以使用"移动"工具在画面中单击拖曳，移动图像的位置。

03 按下Ctrl+Tab键，切换到图标文档，选择"卡通3"图层，如图2-12所示，采用同样方法，将它也拖入到iPad文档中，与前一个图标并列摆放，如图2-13所示。

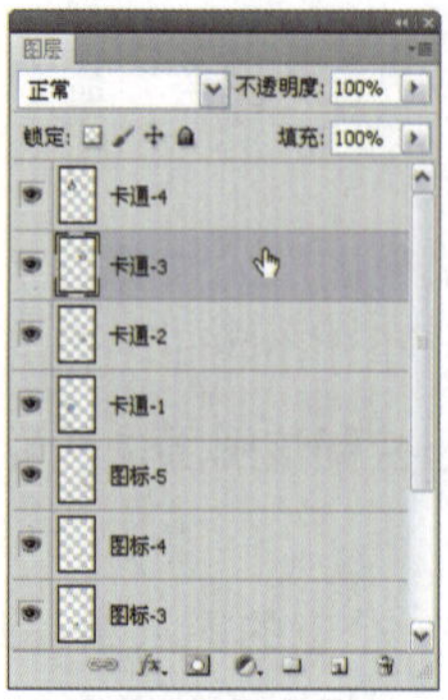

图2-12　　　　　　　　　　　　　图2-13

04 执行"视图">"显示">"智能参考线"命令，启用智能参考线。切换到图标文档，分别选择"卡通2"和"卡通1"图层，将它们拖入到iPad文档。由于启用了智能参考线，拖曳图像时，画面中会出现紫色的参考线，基于它即可整齐地排列图像了，如图2-14和图2-15所示。

图2-14

图2-15

05 在"图层"面板中，按住Ctrl键单击这几个图标层，将它们同时选中，如图2-16所示，执行"图层">"图层编组"命令，或按快捷键Ctrl+G，将它们编入一个图层组中，如图2-17所示。

06 在图层组的名称上双击，并在显示的文本框中修改组的名称，如图2-18所示。如果要观查或使用组中的图层，可以单击组前面的▷按钮，将组展开，如图2-19所示。再次单击则关闭组。

图2-16

图2-17

图2-18

图2-19

➡ **提示**

　　图层组像是一个文件夹，将图层编入组之后，可以减少层占用的"图层"面板的空间。当图层数量较多时，用图层组来管理层是非常有用的。

07 用前面的方法，将图标文档中的其他图标拖入到iPad文档，将它们对齐，并编入一个组中，如图2-20和图2-21所示。

图2-20

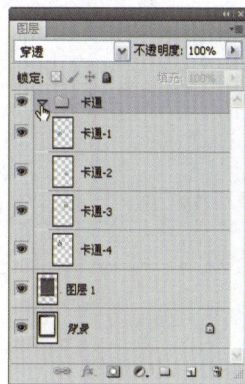

图2-21

08 按住Ctrl键单击这几个图标层，将它们同时选中，如图2-22所示。确认当前使用的是"移动"工具 ，分别单击工具选项栏中的"垂直居中对齐"按钮 、"水平居中分布"按钮 ，让选中的这几个图层对齐并均匀分布排列，如图2-23所示。

图2-22

图2-23

2.2 实战变换：分形艺术

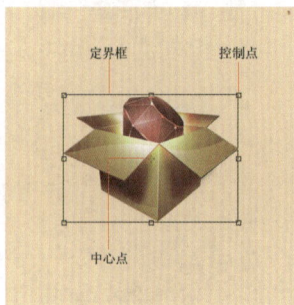

- 学习技巧：通过精确变换复制图像，使用一个人物素材制作一幅分形图像。
- 学习时间：15分钟
- 技术难度：★★
- 实用指数：★★★

素材　　　　实例效果

2.2.1 了解变换的操作方法

使用Photoshop的变换功能可以对图像、路径、矢量形状、矢量蒙版、选区或 Alpha 通道进行缩放、旋转、斜切、伸展或其他变形处理。

在进行变换操作前，首先要在"图层"面板中选中要处理对象所在的图层，如图2-24所示，在"编辑">"变换"菜单中执行一个变换命令，或按快捷键Ctrl+T，对象上就会出现定界框、中心点和控制点，如图2-25所示。定界框四周的小方块是控制点，拖曳控制点可以进行变换操作。中心点位于对象的中心，它用于定义对象的变换中心，拖曳它可以移动其位置，如图2-26所示。

图2-24

图2-25

图2-26

在定界框外拖曳鼠标可进行旋转操作，如图2-27所示；拖曳控制点可进行缩放操作（同时按住Shift键，可进行等比缩放），如图2-28所示；按住Ctrl键拖曳控制点，可以进行变形操作，如图2-29所示；按快捷键Ctrl+Shift+Alt，则可进行透视变换，如图2-30所示。变换操作完成后，可以按回车键确认。如果要放弃变换，则按Esc键。

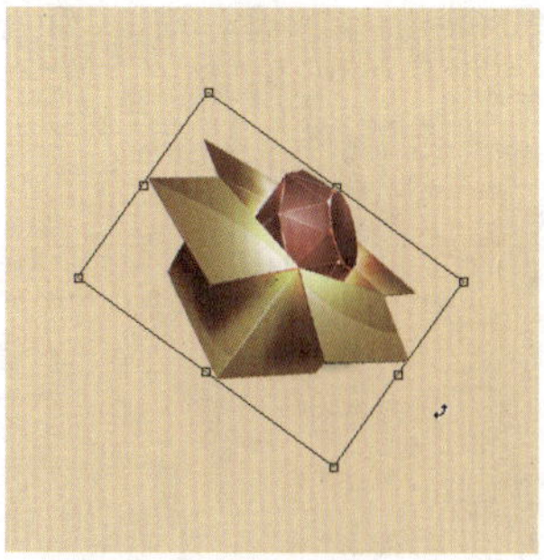

图2-27 　　　　　　　　　　图2-28

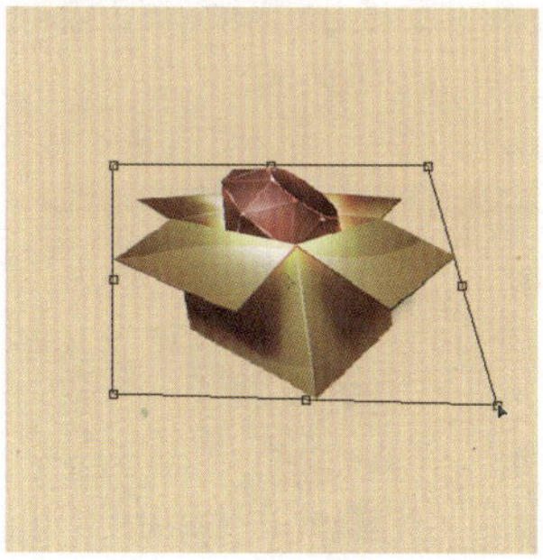

图2-29 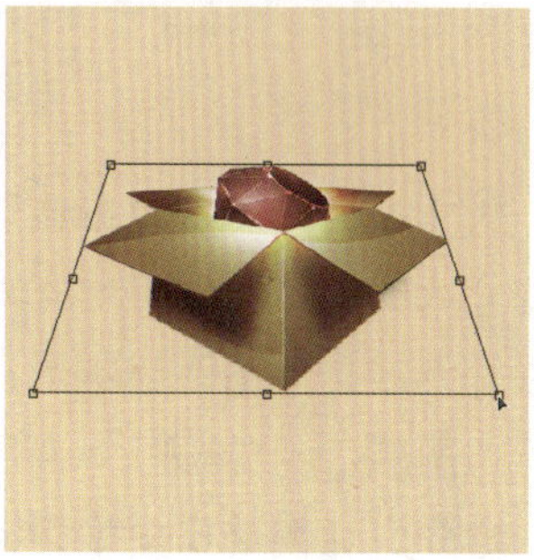　　　　　　　　　　图2-30

2.2.2　通过变换制作分形效果

01 打开一个文件（光盘>素材>2.2），如图2-31所示。按快捷键Ctrl+J复制"人物"图层，如图2-32所示。

图2-31 　　　　　　　　　　图2-32

02 按快捷键Ctrl+T显示定界框，将中心点 ✛ 拖曳到定界框外，放在人物右下角，如图2-33所示；在工具选项栏中输入旋转角度为15°，再单击 按钮锁定比例，并输入缩放比例为95%，将图像成比例缩小，如图2-34所示。按下回车键确认，将图像旋转并缩小，如图2-35所示。

图2-33 　　　　　　　　　图2-34 　　　　　　　　　图2-35

03 按快捷键Ctrl+Shift+Alt，并连续按50次T键，应用相同的变换操作。每按一次便会复制出一个新的图像，而且每个新图像都较前一个旋转15°、缩小5%，复制出的图像都位于单独的图层中，如图2-36和图2-37所示。

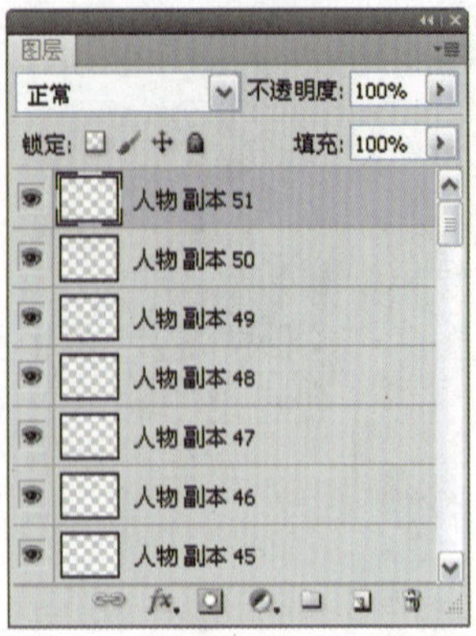

图2-36

图2-37

04 按住Shift键单击最下面的"人物"图层，将所有人物层都选中，如图2-38所示，执行"图层">"排列">"反向"命令，让图层反向堆叠，将底层图像调整到上方，如图2-39所示。

图2-38

图2-39

2.3 实战选区：移形换影

- 学习技巧：从人物图像中选取一部分，并分离出来进行单独变换，形成强烈的错视效果，再通过蒙版修饰，使合成效果不留痕迹。
- 学习时间：30分钟
- 技术难度：★★
- 实用指数：★★★★

素材

实例效果

2.3.1　选区与选择方法

使用Photoshop编辑图像的局部内容时，需要先用选区将要处理的对象选中，这样Photoshop就只处理选区内的图像，而不会影响选区外的图像。例如，如图2-40所示为选中的图像，如图2-41所示为使用调色命令处理的结果，可以看到，选区外的图像没有任何变化。如果没有选区的限定，则所有的图像都会被修改，如图2-42所示。

图2-40　　　　　　　　　　图2-41　　　　　　　　　　图2-42

Photoshop提供了许多用于创建选区的工具和命令，它们都有各自适合的选择状态。

- 选框工具（"椭圆选框"、"矩形选框"工具）适合选择圆形、椭圆形、矩形和正方形的对象，如图2-43所示为"椭圆选框"工具选择的篮球。

- "多边形套索"工具适合选择由直线连接的多边形对象，如图2-44所示。"套索"工具可以徒手绘制比较随意的选区，如图2-45所示。

图2-43　　　　　　　　　　图2-44　　　　　　　　　　图2-45

- "钢笔"工具适合选择边缘光滑、稍微复杂一些的对象。使用该工具可沿对象的边缘绘制路径，如图2-46所示，将路径转换为选区后即可选取对象了，如图2-47所示。

- 如果需要选择的对象与背景之间的色调差异明显，可以用"磁性套索"工具、"快速选择"工具、"魔棒"工具和"色彩范围"命令进行选取，这些工具都能基于色调之间的差异自动创建选区。如图2-48所示为使用"快速选择"工具选取的花瓶。

图2-46　　　　　　　　　　图2-47　　　　　　　　　　图2-48

● 通道也可以创建选区，它适合选择像毛发等细节丰富的对象，玻璃、烟雾、婚纱等透明的对象。如图2-49所示为一个婚纱图像，如图2-50所示为在Alpha通道中制作的选区，如图2-51所示为抠出的图像，可以看到婚纱呈现出一定的透明度。

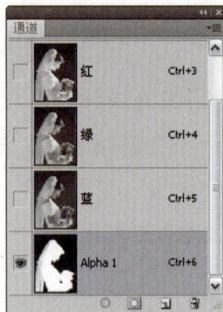

图2-49

图2-50

图2-51

➡ **提示**

执行"选择">"全部"命令（快捷键为Ctrl+A），可以选择文档边界内的全部图像。创建选区以后，执行"选择">"反向"命令（快捷键为Ctrl+Shift+I），可以反转选区，选择未选中的内容，而取消选择已经选中的内容；执行"选择">"取消选择"命令（快捷键为Ctrl+D），可以取消选择。

2.3.2 制作夸张的变形效果

01 打开一个文件（光盘>素材>2.3a），如图2-52所示。在"路径"面板中包含人物的轮廓路径，如图2-53所示。单击"路径1"，再按下Ctrl+回车键将路径转换为选区，如图2-54所示。

图2-52

图2-53

图2-54

02 打开一个文件（光盘>素材>2.3b），如图2-55所示。使用"移动"工具 将选中的人物移动到景物文档中，如图2-56所示。

图2-55

图2-56

03 在该文档中，移入的人物位于一个单独的图层中，如图2-57所示。执行"编辑">"变换">"旋转180度"命令，调整人物的角度，如图2-58所示。

04 使用"矩形选框"工具 选取人物的上半身，如图2-59所示。按快捷键Ctrl+Shift+J，将选区内图像剪切到一个新的图层中，如图2-60所示。

图2-57

图2-58

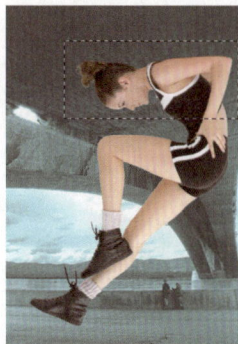

图2-59

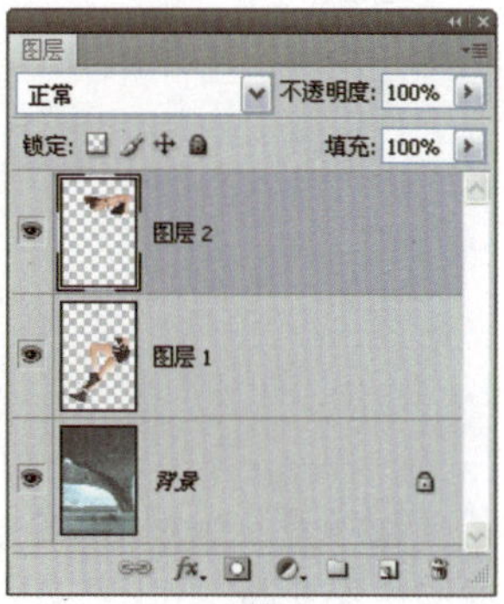

图2-60

05 按快捷键Ctrl+T显示定界框，按住Shift键拖曳定界框的一角，将图像成比例缩小，如图2-61所示，按回车键确认操作。由于人物变小了，产生了强烈的错位效果，如图2-62所示。使用"移动"工具 将人物上半身向左移动，使人物的背部能够形成一条流畅的弧线，如图2-63所示。

图2-61

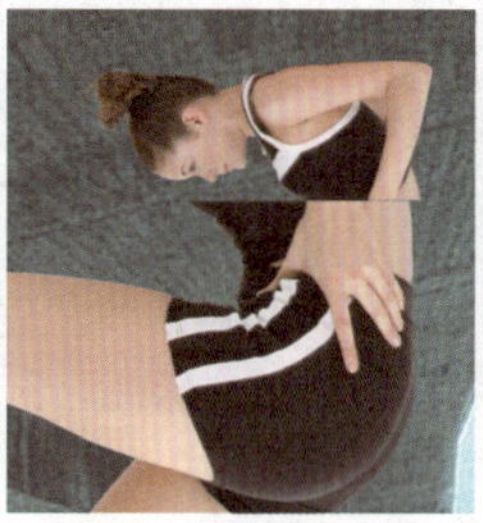

图2-62

图2-63

06 选择"图层1"。使用"多边形套索"工具 选取腹部多余的图像，如图2-64所示，按住Alt键单击 按钮创建图层蒙版，将多余的区域隐藏，如图2-65和图2-66所示。

图2-64

图2-65

图2-66

➜ **提示**

在图像中创建选区后，单击 按钮从选区生成蒙版时，选区内的图像是可见的，如果按住Alt键单击 按钮，则可以生成一个反相的蒙版，将选中的图像隐藏。

07 按住Ctrl键单击"图层2"，选取如图2-67所示的两个图层，按快捷键Ctrl+Alt+E盖印到一个新的图层中，如图2-68所示。

图2-67

图2-68

08 按快捷键Ctrl+Shift+U去色，如图2-69所示。设置该图层的混合模式为"正片叠底"，使图像的色调变暗，如图2-70和图2-71所示。

图2-69

图2-70

图2-71

09 按住Ctrl键单击该图层的缩览图，载入人物的选区，如图2-72所示。选择"背景"图层，在它上方新建一个图层，将前景色设置为黑色，按快捷键Alt+Delete填充前景色，如图2-73所示。

图2-72

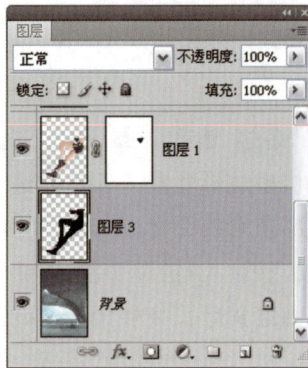

图2-73

10 按快捷键Ctrl+D取消选择。执行"滤镜">"模糊">"动感模糊"命令，设置参数如图2-74所示，效果如图2-75所示。现在这个投影效果还不够真实，先按住Ctrl键将该图层向左移动，以避免投影出现在人物右侧，再使用"橡皮擦"工具 ✐（柔角300px，不透明度30%）对投影进行适当擦除。使用"柔角画笔"工具 ✐ 在鞋跟、膝盖的位置绘制投影，效果如图2-76所示。

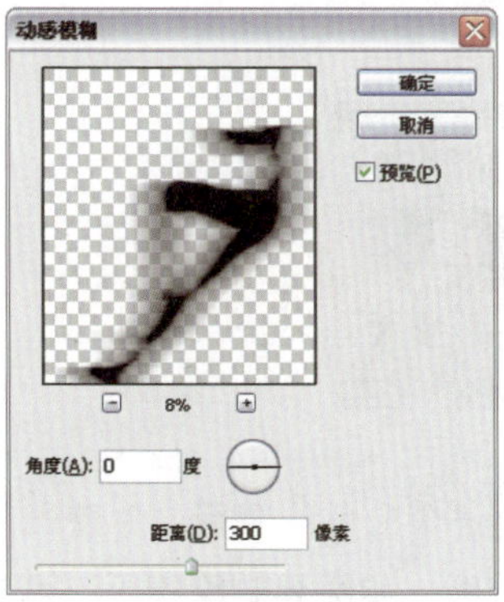

图2-74

图2-75

图2-76

11 选择"直线"工具 ╲，按下工具选项栏中的"填充像素"按钮 □，设置直线粗细为10px，如图2-77所示，按住Shift键在画面中人物身体错位的区域绘制一条白色的直线，在画面右下角输入文字，完成后的效果如图2-78所示。

图2-77

图2-78

2.4 实战图层蒙版：微缩景观

- 学习技巧：用图层蒙版合成一幅微缩景观。学习蒙版创建与编辑的方法、图层的盖印方法。
- 学习时间：30分钟
- 技术难度：★★
- 实用指数：★★★★★

素材

实例效果

2.4.1 图层蒙版的原理

图层蒙版是用于隐藏图像。创建蒙版后，在蒙版中涂抹纯白色时，可以遮盖下面图层中的内容，只显示当前图层中的图像；涂抹纯黑色，可以遮盖当前图层中的图像，显示出下面图层中的内容；涂抹灰色，则会使当前图层中的图像呈现出透明效果，并且，灰色越深，图像越透明，如图2-79所示。

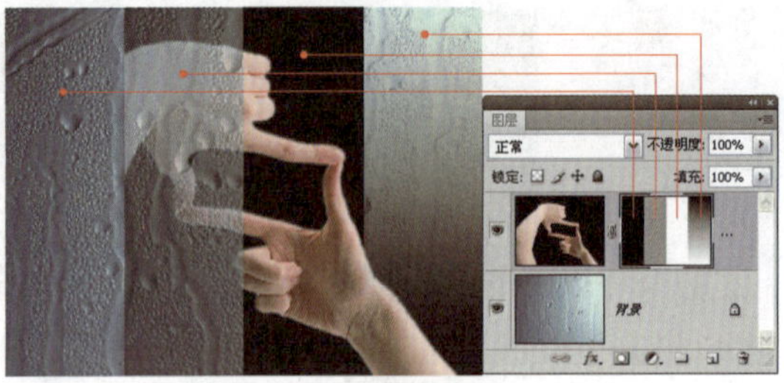

图2-79

单击"图层"面板中的"添加图层蒙版"按钮 ⬚，可创建一个白色的蒙版，并使当前图像处于蒙版编辑状态，如果要编辑图像内容，则需要先单击图像缩览图。如果要删除蒙版，可以将它的缩览图拖曳到"删除图层"按钮 ⬚上。

> **→ 提示**
>
> 　　如果在图像中创建了选区，单击"添加图层蒙版"按钮 ⬚时，将从选区中自动生成蒙版，选区内的图像是可见的图像，选区外的图像会被蒙版遮盖。

2.4.2　使用画笔工具

"画笔"工具 ✐类似于传统的毛笔，它使用前景色绘制线条。选择该工具后，需要在工具选项栏或"画笔"面板中选择一种笔尖并设置画笔选项，如图2-80所示。将笔尖硬度设置为100%可得到尖角笔尖，它具有清晰的边缘，如图2-81所示；笔尖硬度低于100%可得到柔角笔尖，它的边缘是模糊的，如图2-82所示。

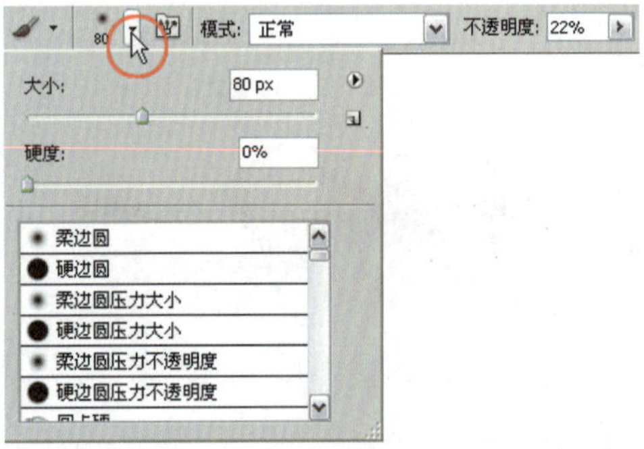

图2-80

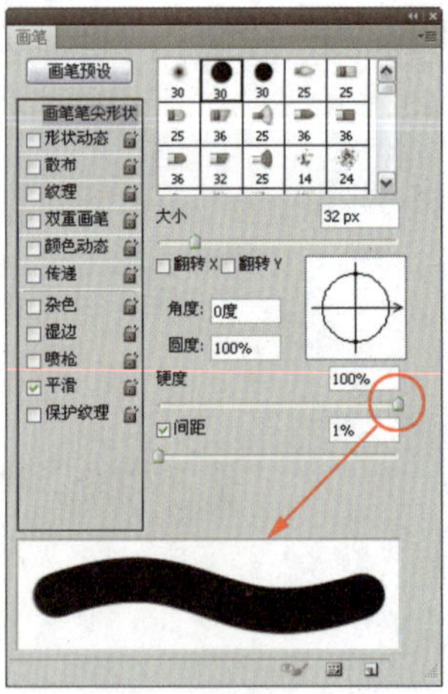

图2-81

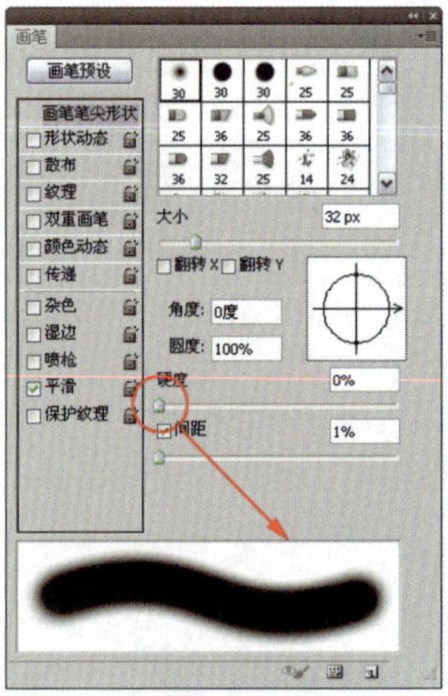

图2-82

> **→ 提示**
>
> 　　使用"画笔"工具时，在画面中单击，并按住Shift键在其他区域单击，两点之间会以直线连接，按住Shift键还可以绘制水平、垂直或以45°角为增量的直线。按 [键可减小画笔的直径，按] 键则增加画笔的直径；对于实边圆、柔边圆和书法画笔，按快捷键 Shift+[可减小画笔的硬度，按快捷键Shift+] 则增加画笔的硬度。

2.4.3 制作微缩景观

01 打开一个文件（光盘 >素材>2.4a），如图2-83所示。选择"魔棒"工具，在工具选项栏中设置容差为32，按住Shift键在背景上单击，将背景全部选中，如图2-84所示。如果选区内包含背景图像，可以使用选框工具按住Alt键选中它们，通过选区的运算，将这些内容从选区中排除。

图2-83

图2-84

02 按快捷键Ctrl+Shift+I反选，将瓶子选中，如图2-85所示，按快捷键Ctrl+C复制选区内的图像，再按快捷键Ctrl+V粘贴到一个新的图层中，如图2-86所示。

图2-85

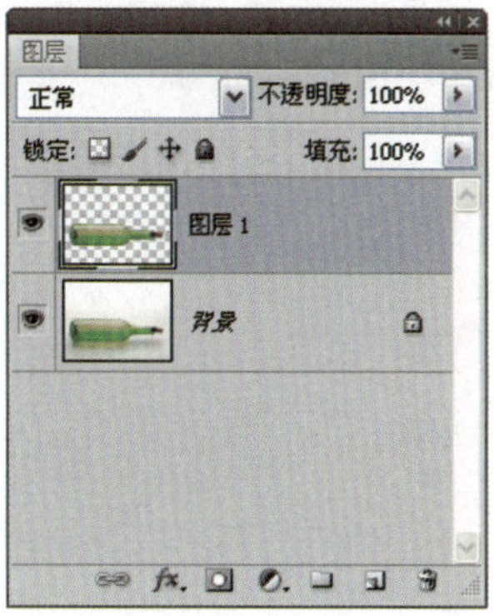

图2-86

03 打开一个文件（光盘 >素材>2.4b），将它拖入到瓶子文档中，如图2-87所示。按快捷键Ctrl+Alt+G，将它与瓶子图像创建为一个剪贴蒙版，隐藏瓶子之外的风景图像，如图2-88和图2-89所示。

图2-87

图2-89

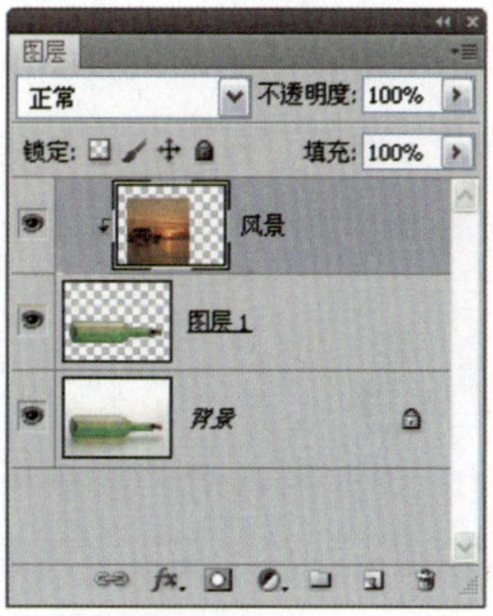

图2-88

04 单击"添加图层蒙版"按钮，为风景图层添加一个蒙版。使用"画笔"工具（柔角，不透明度为30%）在瓶子的两侧和风景图片的左右两侧涂抹，将这些部分图像隐藏，使风景与瓶子自然、真实地融合在一起，如图2-90~图2-92所示。

图2-90　　　　　　　　　　　图2-91　　　　　　　　　　　图2-92

05 按住Ctrl键单击"瓶子"和"风景"图层，将它们选中，如图2-93所示，按快捷键Ctrl+Alt+E，将图像盖印到一个新的图层中，如图2-94所示。

图2-93　　　　　　　　　　　图2-94

06 按快捷键Ctrl+T显示定界框，单击右键执行"垂直翻转"命令，将盖印图像翻转，并移动到瓶子的下面成为瓶子的倒影，如图2-95所示。设置该图层的不透明度为30%。单击面板中的 ▢ 按钮，为它添加一个蒙版，如图2-96所示。

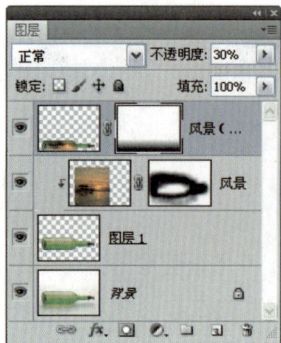

图2-95　　　　　　　　　　　图2-96

07 选择"渐变"工具 ▣ ，填充默认的"前景色到背景色"线性渐变，将图像的下半部分隐藏，使制作出来的倒影更加真实，如图2-97和图2-98所示。

图2-97　　　　　　　　　　　图2-98

2.5 实战剪贴蒙版：会变色的汽车

- 学习技巧：巧妙利用剪贴蒙版控制图像的显示区域，模拟出使用放大镜观察图像的神奇效果。
- 学习时间：45分钟
- 技术难度：★★★
- 实用指数：★★★

素材 　　　　　　　　实例效果

2.5.1 解读剪贴蒙版

剪贴蒙版是一种非常灵活的蒙版，它使用一个图像形状限制它上层图像的显示范围。在剪贴蒙版组中，最下面的图层为基底图层，它的名称带有下划线，上面的图层为内容图层，它们会显示出剪贴蒙版标志⤵。如图2-99所示为原图像，如图2-100所示为创建的剪贴蒙版。

图2-99 　　　　　　　　　　　　　　　　　图2-100

基底图层中包含像素的区域决定了内容图层的显示范围，因此，移动基底图层中的图像就会改变内容图层的显示区域，如图2-101所示。调整基底图层的不透明度和混合模式时，会影响整个剪贴蒙版组，如图2-102所示。

图2-101 　　　　　　　　　　　　　　　　　图2-102

> ➡ **提示**
>
> 剪贴蒙版可以用于多个图层，因此，可以通过一个图层来控制多个图层的显示区域。但在"图层"面板中这些图层必须是上下相邻的。

2.5.2 制作变色效果

01 打开两个文件（光盘>素材>2.5a、2.5b），如图2-103和图2-104所示。

图2-103　　　　　　　　图2-104

02 选择"移动"工具 ，按住Shift键将"红色汽车"拖曳到"绿色汽车"文档中，在"图层"面板中自动生成"图层1"，如图2-105和图2-106所示。

图2-105 　　　　　　　　图2-106

提示

将一个图像拖入另一个文档时，按下Shift键操作可以使拖入的图像位于该文件的中心。

---

03 打开一个文件（光盘>素材>2.5c），如图2-107所示。选择"魔棒"工具 ，在放大镜的镜片处单击，创建选区，如图2-108所示。

图2-107 　　　　　　　　图2-108

04 单击"图层"面板底部的 按钮，新建一个图层。按快捷键Ctrl+Delete在选区内填充背景色（白色），按快捷键Ctrl+D取消选择，如图2-109和图2-110所示。

图2-109　　　　　　　　图2-110

突破平面 Photoshop CS5 设计与制作深度剖析

PS

05 按住Ctrl键单击"图层0"和"图层1"，将它们选中，如图2-111所示，使用"移动"工具 拖入到汽车文档中。单击"链接图层"按钮，将两个图层链接在一起，如图2-112和图2-113所示。

图2-111

图2-112

图2-113

提示

链接图层后，对其中的一个图层进行移动、旋转等变换操作时，另外一个图层也同时变换，这将在后面的操作中将发挥重要的作用。

06 选择"图层3"，将它拖曳到"图层1"的下面，如图2-114和图2-115所示。

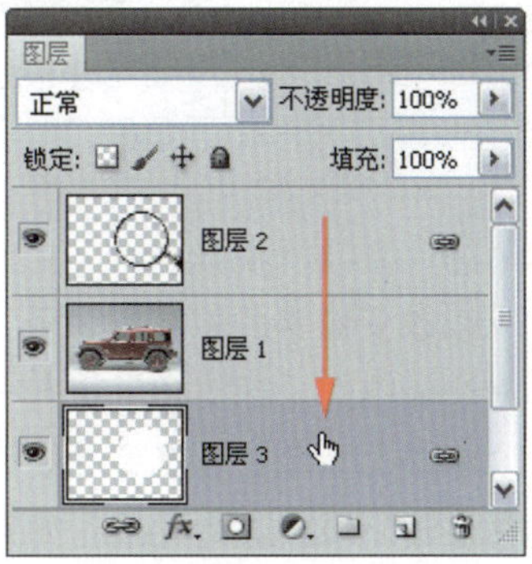

图2-114

图2-115

07 按住Alt键，将光标移到分隔"图层3"和"图层1"的线上，此时光标显示为 状，如图2-116所示，单击鼠标创建剪贴蒙版，如图2-117和图2-118所示。现在放大镜下面显示的是另外一辆汽车。

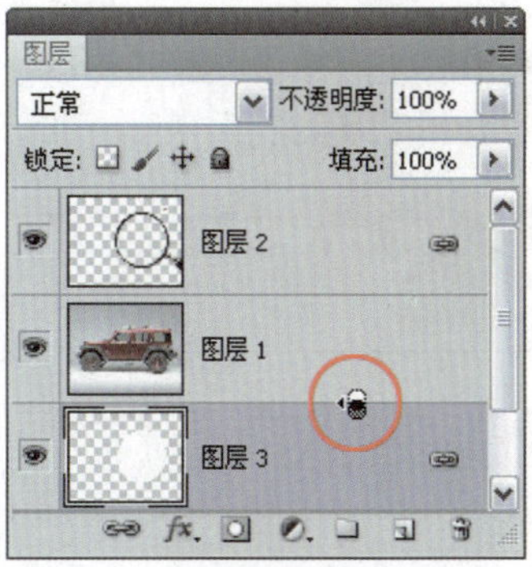

图2-116

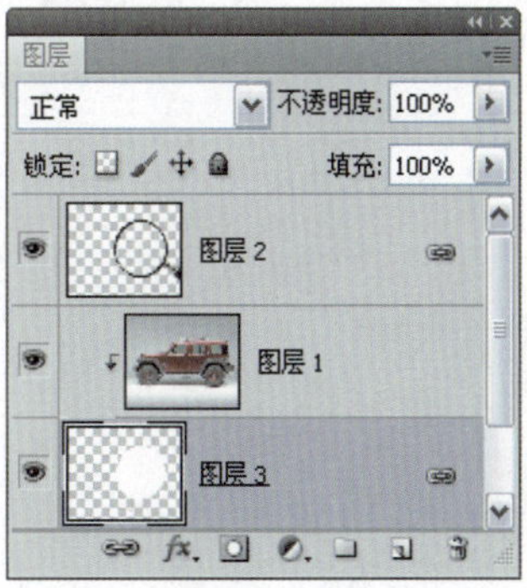

图2-117

图2-118

08 选择"移动"工具 ➤+，在画面中单击拖曳，移动"图层3"，放大镜下面总是显示另一辆汽车，画面效果生动而有趣，如图2-119和图2-120所示。

图2-119

图2-120

2.6 实战滤镜：金属人像

● 学习技巧：用滤镜将人像制作为金属铜像。用"加深"、"减淡"等工具修补图像细节，让效果更加逼真。

● 学习时间：2小时

● 技术难度：★★★★

● 实用指数：★★★

素材

实例效果

2.6.1　解读滤镜

滤镜是Photoshop中的"魔术师"，它可以改变像素的位置和颜色，使普通的图像呈现出绘画效果和特殊状态。"滤镜"菜单中包含了Photoshop中的全部滤镜，执行一个命令通常会打开滤镜库或相应的对话框，如图2-121所示为滤镜库，如图2-122所示为滤镜对话框。这两个对话框中都包含滤镜的参数设置选项，设置参数后，可以在预览框中预览滤镜效果，如果要将参数恢复为初始状态，可以按住Alt键单击对话框中的"复位"按钮。调整参数后，单击"确定"按钮即可应用滤镜，如果在执行滤镜的过程中想要终止操作，可以按Esc键。

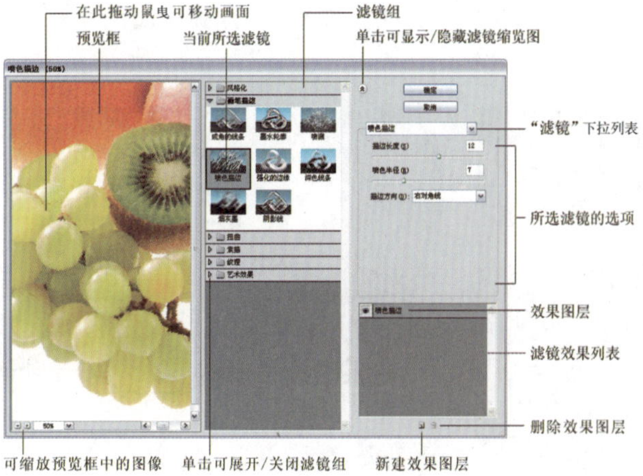

图2-121

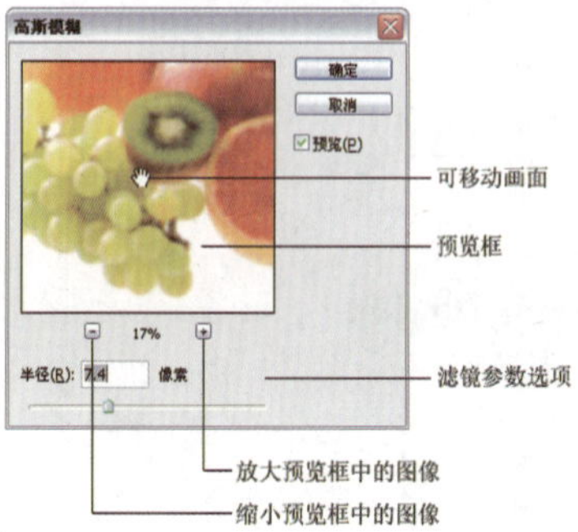

图2-122

"滤镜"菜单中显示为灰色的命令是不能使用的命令，通常情况下，这是由于图像的模式造成的。RGB模式的图像可以使用全部的滤镜，部分滤镜不能用于CMYK模式的图像，索引模式和位图模式的图像则不能使用滤镜。如果要对这样的图像应用滤镜，可先执行"图像">"模式">"RGB颜色"命令，将其转换为RGB模式，再用滤镜处理。

2.6.2　制作金属人像

01 打开一个文件（光盘>素材>2.6a）。使用"快速选择"工具 按住Shift键在背景上单击拖曳，选择背景图像，如图2-123所示。按快捷键Ctrl+Shift+I反选，如图2-124所示。

图2-123

图2-124

02 打开一个文件（光盘>素材>2.6b），如图2-125所示。选择"移动"工具 ，将光标放在选区内部，单击并将选中的人物图像拖曳到新打开的文档中，如图2-126所示。

图2-125

图2-126

03 按快捷键Ctrl+Shift+U去除颜色。按住Ctrl键单击"图层1"的缩览图，载入该人像的选区，如图2-127和图2-128所示。

图2-127

图2-128

04 在图层1的"眼睛"图标 上单击，隐藏该图层。选择"背景"图层，按快捷键Ctrl+J复制出一个人物轮廓图像，单击"锁定透明像素"按钮 ，锁定该图层的透明区域，如图2-129所示。执行"滤镜">"模糊">"高斯模糊"命令，对图像进行模糊处理，如图2-130和图2-131所示。

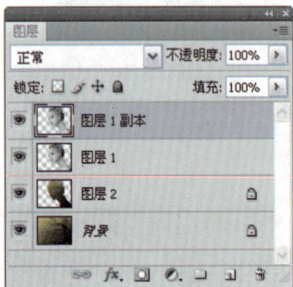

图2-129　　　　　　　　图2-130　　　　　　　　图2-131

提示

由于锁定了该图层的透明区域，因此，高斯模糊只对图像部分起作用，透明区域没有任何模糊的痕迹，人物的轮廓依然保持清晰。

05 显示并选中"图层1"，设置混合模式为"亮光"，如图2-132和图2-133所示。

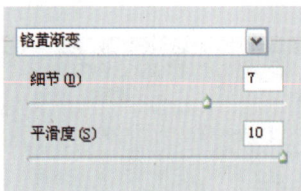

图2-132　　　　　　　　图2-133

06 按快捷键Ctrl+J复制"图层1"，将"图层1副本"的混合模式设置为"正常"，如图2-134所示。执行"滤镜" > "素描" > "铬黄"命令，使头像产生金属质感，如图2-135和图2-136所示。

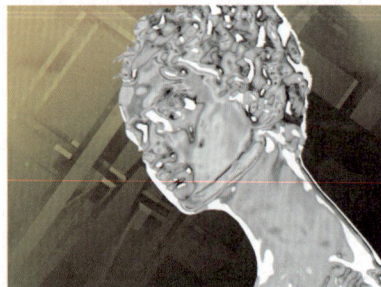

图2-134　　　　　　　　图2-135　　　　　　　　图2-136

07 按快捷键Ctrl+L打开"色阶"对话框，向左侧拖曳高光滑块，将图像调亮，如图2-137和图2-138所示。

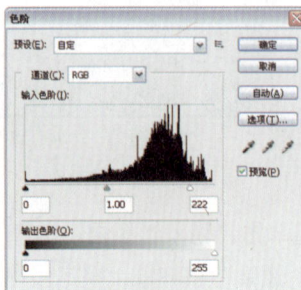

图2-137　　　　　　　　图2-138

突破平面 Photoshop CS5 设计与制作深度剖析

08 设置图层的混合模式为"叠加"。单击 ⬛ 按钮为图层添加蒙版。选择"画笔"工具 ✎，在工具选项栏中设置工具的不透明度为45%，在图像上涂抹黑色，将部分纹理隐藏，如图2-139和图2-140所示。

09 在图层蒙版上单击右键，执行"应用图层蒙版"命令，将蒙版应用到图像中。选择"套索"工具 ◯，在工具选项栏中设置羽化值为5px，创建一个选区，如图2-141所示。

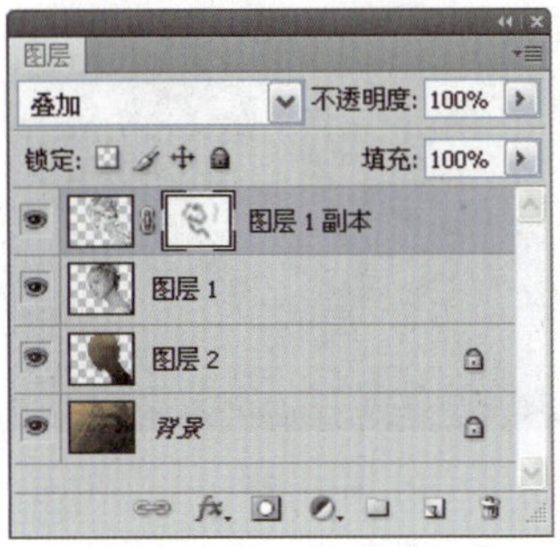

图2-139

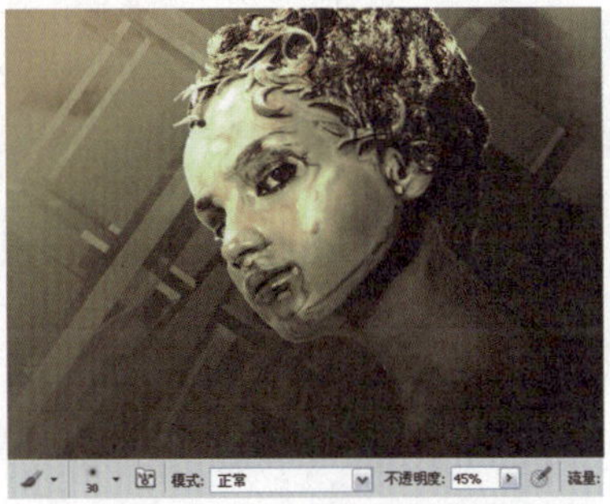

图2-140

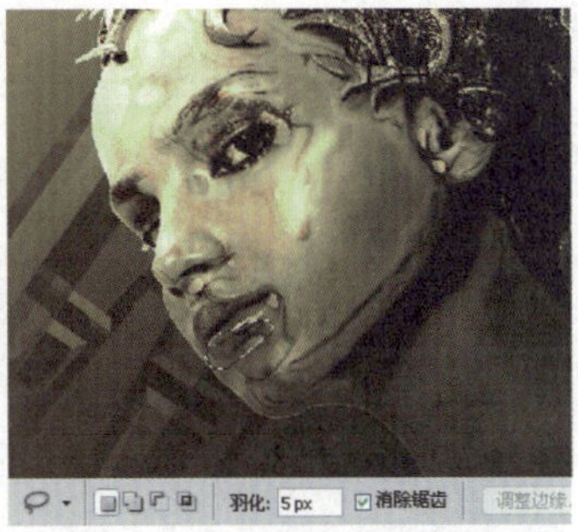

图2-141

10 将光标放在选区内部，按住Ctrl+Alt键拖曳鼠标，将选中的图像拖曳到面颊处进行修补，如图2-142所示。按快捷键Ctrl+T显示定界框，将该图像朝逆时针方向旋转，按下回车键确认操作。按快捷键Ctrl+D取消选择，如图2-143所示。

图2-142

图2-143

11 用同样方法再选取一部分图像，如图2-144所示，复制并移动，如图2-145所示。

图2-144

图2-145

12 使用"涂抹"工具 ✋ 对下颌部分的纹理进行涂抹处理，如图2-146所示。选择"减淡"工具 ◉，设置"曝光度"为30%，在下颌处单击，提亮这部分纹理，如图2-147所示。

图2-146

图2-147

13 选择"图层1"，如图2-148所示。选择"加深"工具 ⟲，在工具选项栏中设置"曝光度"为24%，在额头处涂抹，进行加深处理，如图2-149所示。

14 按D键，将前景色设置为黑色。选择"画笔"工具 ✎，在工具选项栏中设置"不透明度"为35%，在眼珠上涂抹，如图2-150所示。完成后的效果如图2-151所示。

| 图2-148 |  图2-149 | 图2-150 |  图2-151 |

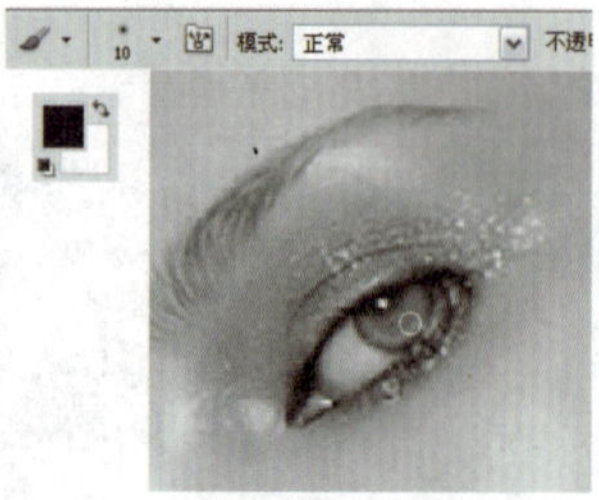

2.7 实战渐变：绘制石膏像

- 学习技巧：了解渐变的种类和设定方法。综合运用选区工具、渐变工具、变换命令，制作出石膏几何体效果。
- 学习时间：2小时
- 技术难度：★★★
- 实用指数：★★★★

实例效果

2.7.1 使用渐变

渐变是不同颜色之间逐渐混合的一种特殊填充效果，它可用于填充图像、蒙版、通道等。Photoshop提供了5种类型的渐变，包括线性渐变 ▊、径向渐变 ▣、角度渐变 ◪、对称渐变 ▤ 和菱形渐变 ◈，如图2-152所示。

| 线性渐变 | 径向渐变 | 角度渐变 | 对称渐变 | 菱形渐变 |

图2-152

突破平面 Photoshop CS5 设计与制作深度剖析

PS

要创建渐变，可以选择"渐变"工具 ，在工具选项栏中选择一种渐变类型，并在渐变下拉列表中选择一个预设的渐变样本，如图2-153所示，或者单击渐变颜色条 ，打开"渐变编辑器"对话框调整渐变颜色，如图2-154所示，设定颜色之后，在画面中单击拖曳即可填充渐变。

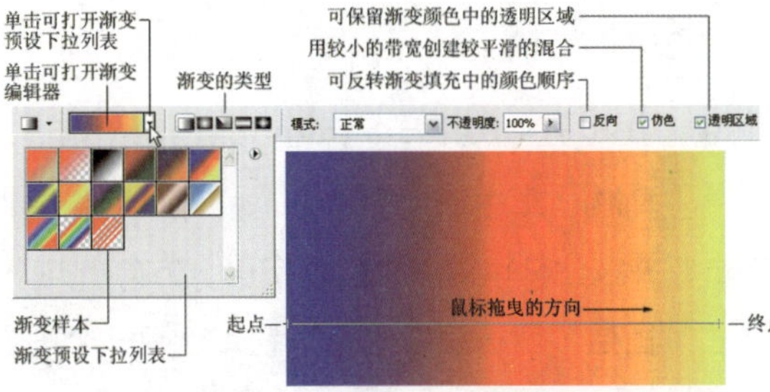

图2-153

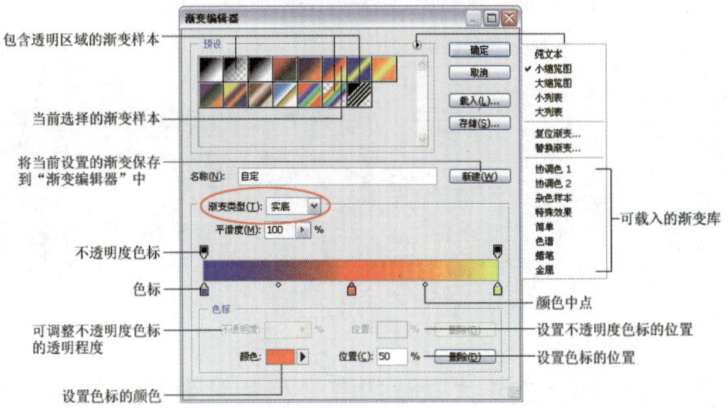

图2-154

单击一个色标将其选中，并单击"颜色"选项中的颜色块可以打开"拾色器"对话框调整颜色，如图2-155所示；单击拖曳色标即可将其移动，如图2-156所示；在渐变条下方单击可以添加色标，如图2-157所示；将一个色标拖曳到渐变颜色条外，可删除该色标。

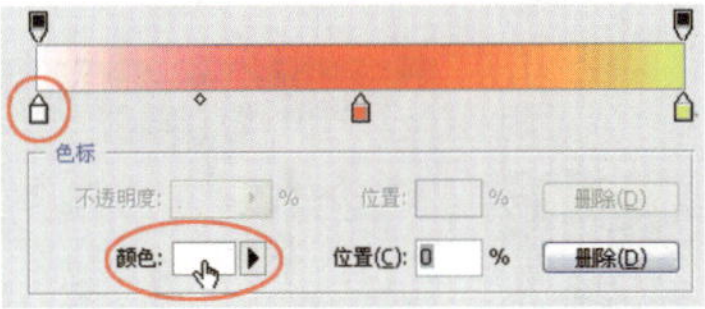

图2-155

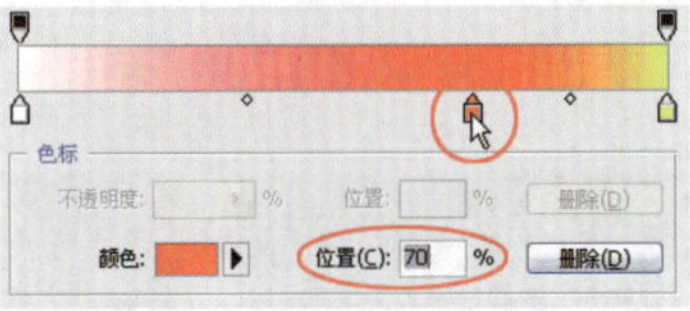

图2-156

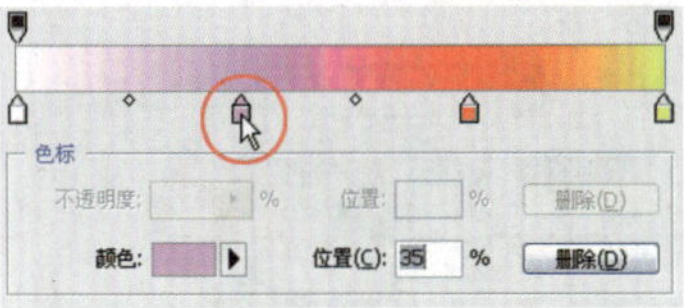

图2-157

选择渐变条上方的不透明度色标后，可在"不透明度"选项中设置它的透明度，渐变色条中的棋盘格代表了透明区域，如图2-158所示；如果在"渐变类型"下拉列表中选择"杂色"选项，并增加"粗糙度"值，则可生成杂色渐变，如图2-159所示。

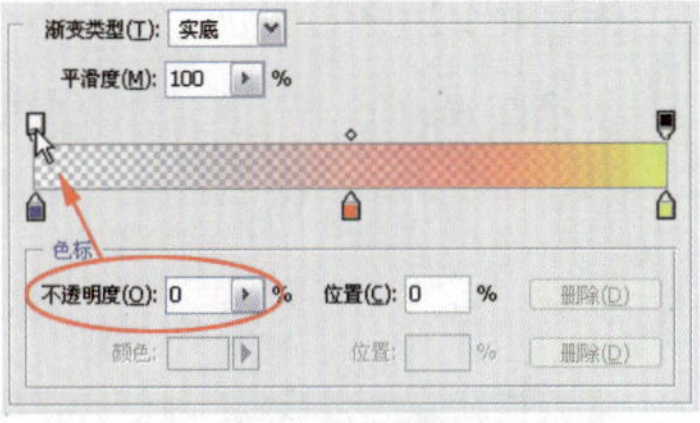

图2-158

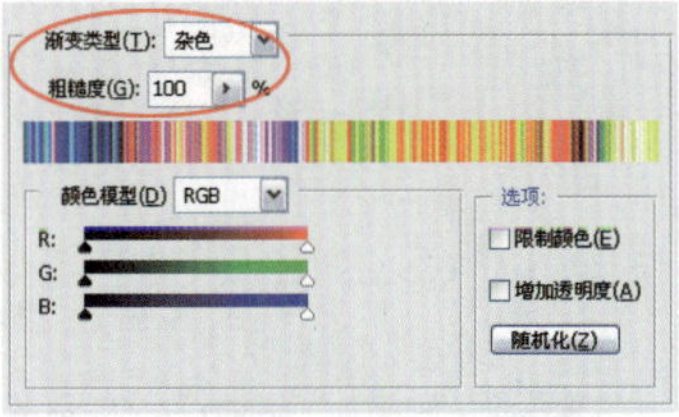

图2-159

➤ 提示

每两个色标中间都有一个菱形滑块，拖曳它可以控制该点两侧颜色的混合位置。

2.7.2　绘制几何体

01 按快捷键Ctrl+N，打开"新建"对话框，创建一个A4大小的空白文档，如图2-160所示。选择"渐变"工具■，单击渐变颜色条，打开"渐变编辑器"对话框，调出深灰到浅灰色渐变。在画面顶部单击，并按住Shift键（可以锁定垂直方向）向下拖曳填充线性渐变，如图2-161所示。

02 单击"图层"面板底部的■按钮，新建一个图层。选择"椭圆选框"工具○，按住Shift键创建一个正圆形选区，如图2-162所示。选择"渐变"工具■，单击"径向渐变"按钮■，在选区内单击拖曳填充渐变，制作出球体，如图2-163所示。

| 图2-160 | 图2-161 | 图2-162 | 图2-163 |

03 按D 键，恢复为默认的前景色和背景色。单击"线性渐变"按钮■，选择前景到透明渐变，如图2-164所示。在选区外部右下方单击，向选区内拖曳，稍微进入选区内时释放鼠标，进行填充；将光标放在选区外部的右上角处，向选区内拖曳再填充一个渐变，增强球形的立体感，如图2-165所示。

04 按快捷键Ctrl+D取消选择，下面来制作圆锥。使用"矩形选框"工具■创建选区，如图2-166所示。单击"图层"面板底部的■按钮，新建一个图层，如图2-167所示。

| 图2-164 | 图2-165 | 图2-166 | 图2-167 |

05 选择"渐变"工具■，调整渐变颜色，按住Shift键在选区内从左至右拖曳填充渐变，如图2-168所示。按快捷键Ctrl+D取消选择，执行"编辑">"变换">"透视"命令，显示定界框，将右上角的控制点拖曳到中央，如图2-169所示，按下回车键确认。

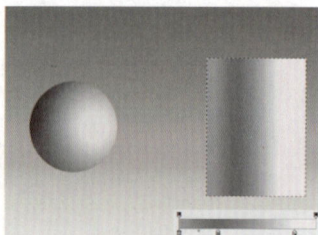

图2-168

图2-169

06 使用"椭圆选框"工具○创建选区，如图2-170所示；再用"矩形选框"工具□按住Shift键创建正方形选区，如图2-171所示，释放鼠标后这两个选区会进行相加运算，得到如图2-172所示的选区。

图2-170 　　　图2-171 　　　图2-172

07 按快捷键Ctrl+Shift+I反选，如图2-173所示。按Delete键删除多余部分，并取消选择，完成圆锥的制作，如图2-174所示。

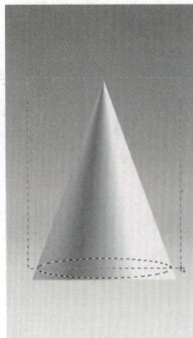

图2-173 　　　图2-174

08 下面来制作斜面圆柱体。单击"图层"面板底部的按钮□，创建一个图层。用"矩形选框"工具□创建选区并填充渐变，如图2-175所示。采用与处理圆锥底部相同的方法，对圆柱的底部进行修改，如图2-176所示。

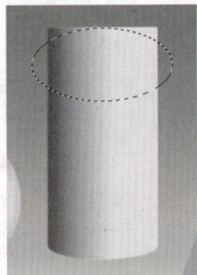

图2-175 　　　图2-176

09 使用"椭圆选框"工具○创建选区，如图2-177所示。执行"选择">"变换选区"命令，显示定界框，将选区旋转并移动到圆柱上半部，如图2-178所示，按回车键确认。单击"图层"面板底部的□按钮，创建一个图层。调整渐变颜色，如图2-179所示。

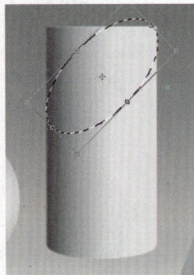

图2-177 　　　图2-178 　　　图2-179

10 先在选区内部填充渐变，如图2-180所示；选择前景到透明的渐变样式，分别在右上角和左下角填充渐变，如图2-181和图2-182所示。

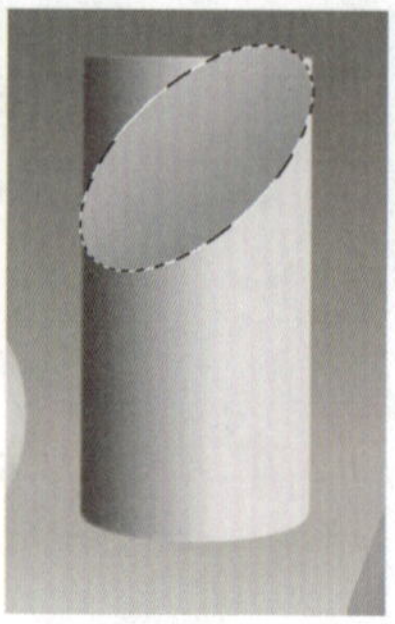

图2-180 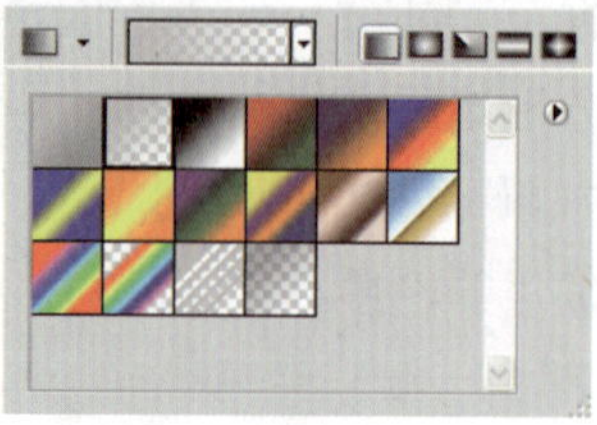   图2-181 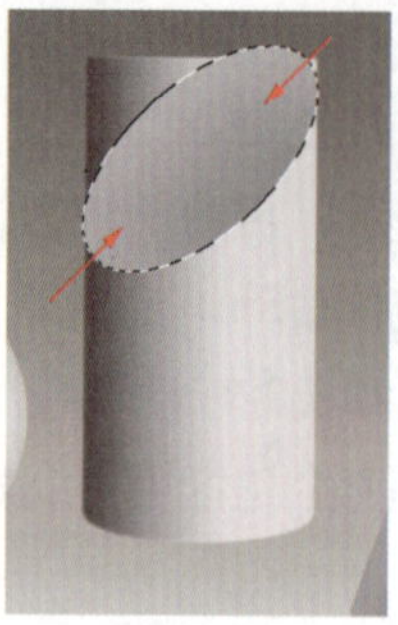   图2-182

11 按快捷键Ctrl+D取消选择。选择位于下方的圆柱体图层，如图2-183所示。用"多边形套索"工具 将顶部多余的图像选中，如图2-184所示，按Delete键删除，取消选择，斜面圆柱就制作好了，如图2-185所示。

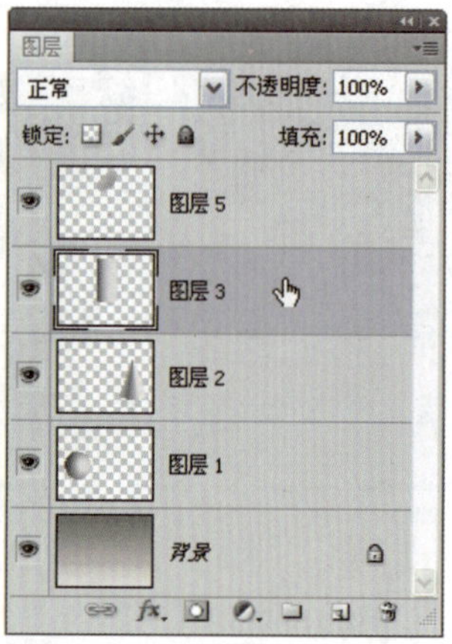

图2-183 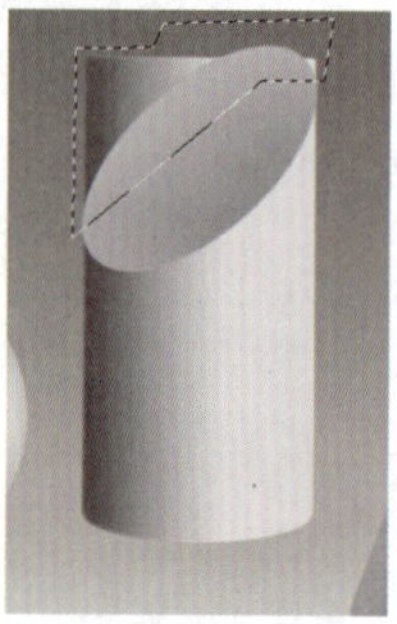   图2-184 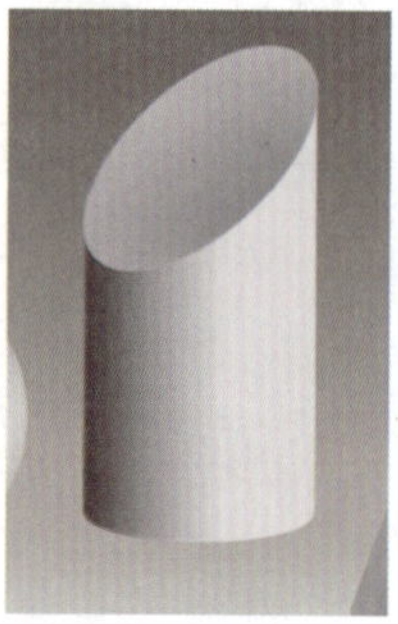   图2-185

12 下面来制作倒影。选择球体所在的图层，如图2-186所示，按快捷键Ctrl+J复制图层，如图2-187所示。

图2-186 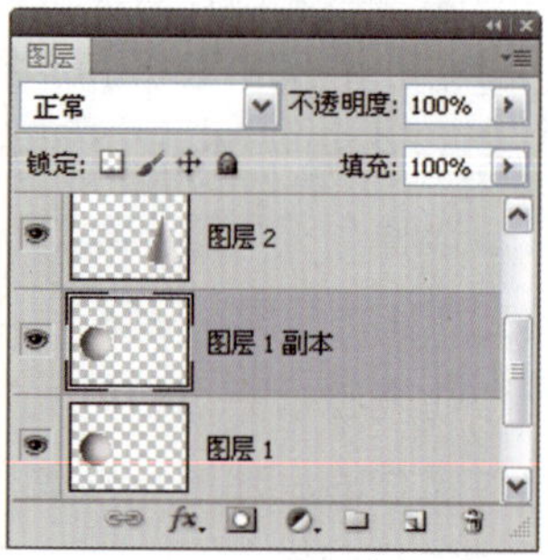   图2-187

13 执行"编辑">"变换">"垂直翻转"命令，翻转图像，再使用"移动"工具 拖曳到球体下方，如图2-188所示。单击"图层"面板底部的 按钮，添加图层蒙版。使用"渐变"工具 填充黑白线性渐变，将画面底部的球体隐藏，如图2-189和图2-190所示。

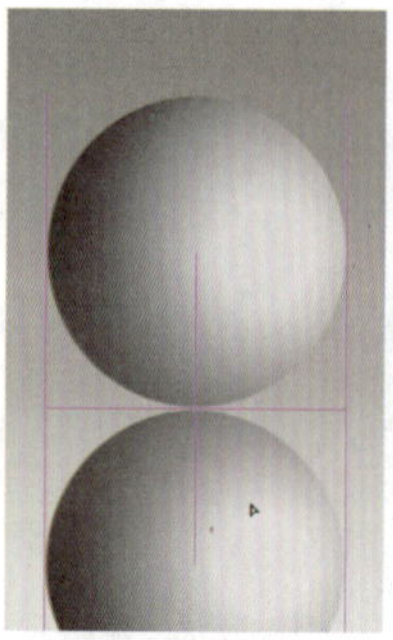

图2-188 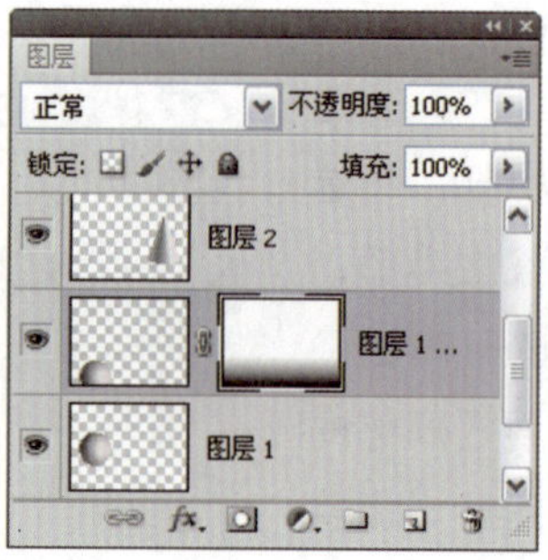   图2-189 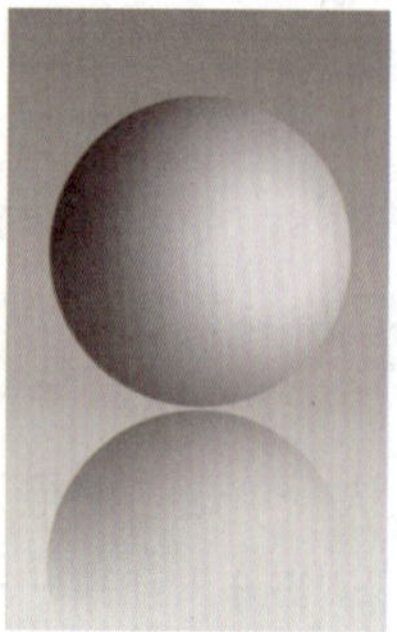   图2-190

14 采用相同的方法，为另外两个几何体添加倒影。需要注意的是，应将投影图层放在几何体层的下方，不要让投影盖住几何体，效果如图2-191所示。

图2-191

2.8 实战图案：圆环成像

- 学习技巧：将圆环定义为图案，填充到处理为马赛克的人像中。
- 学习时间：45分钟
- 技术难度：★★★
- 实用指数：★★★

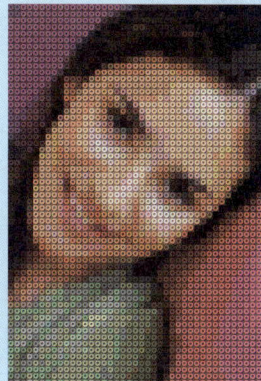

素材   实例效果

2.8.1 解读填充

在Photoshop中，可以使用"油漆桶"工具🪣和"填充"命令，在图像中填充颜色或图案，设置好前景色后，使用"油漆桶"工具🪣在图像上单击，即可填充与单击点颜色相近的区域，如图2-192所示为原图像，如图2-193和图2-194所示为填色效果。

图2-192   图2-193   图2-194

如果在工具选项栏中将
"填充"设置为"图案"，并
选择一个图案，如图2-195所
示，则可以使用所选图案填充
图像，如图2-196所示。此外，
执行"编辑">"填充"命
令，也可以填充颜色或图案。
在填充时，如果有选区，则只
填充选区内的图像。

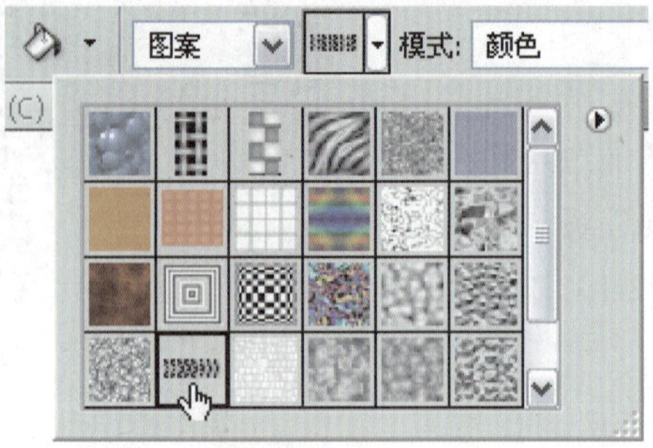

图2-195

图2-196

2.8.2 解读描边

描边是指使用颜色对选区进行描边，使之可见。如图2-197所示为创建的选区，执行"编
辑">"描边"命令即可描边，如图2-198和图2-199所示。

图2-197

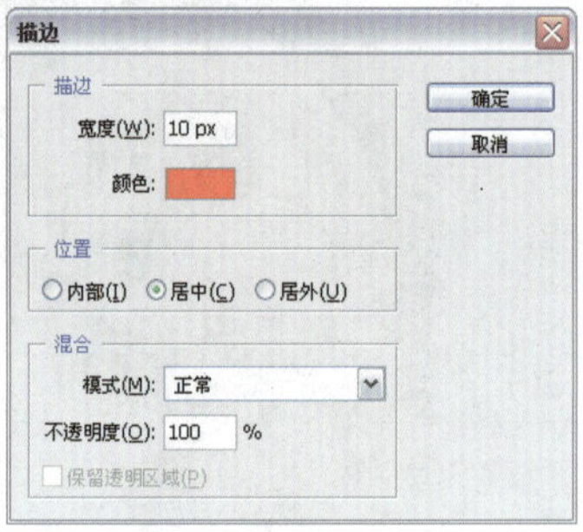

图2-198

图2-199

2.8.3 制作由圆环拼贴成的人像

01 打开一个文件（光盘>素材>2.8），如图2-200所示。单击"图层"面板中的"创建新图
层"按钮，新建一个图层。将前景色设置为洋红色，用柔角"画笔"工具在人物以外的区域涂
抹，如图2-201所示。将图层的混合模式设置为"正片叠底"，从而改变背景颜色，如图2-202和图
2-203所示。

图2-200

图2-201

图2-202

图2-203

44

02 按快捷键Ctrl+E，将当前图层与下面的图层合并，如图2-204所示。执行"滤镜">"像素化">"马赛克"命令，设置参数为60，如图2-205和图2-206所示。通过该滤镜将人像处理为马赛克状方块，在后面还要定义一个圆环图案，在图像中填充该图案后，每个马赛克方块都会对应一个圆环。

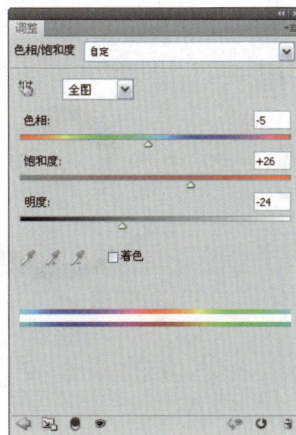

图2-204　　　　　　　　图2-205　　　　　　　　图2-206

03 单击"调整"面板中的▤▤▤按钮，创建"色相/饱和度"调整图层，如图2-207所示，设置参数如图2-208所示，效果如图2-209所示。

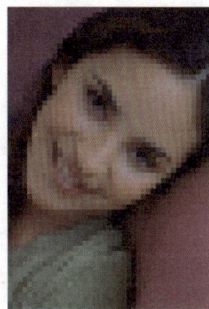

图2-207　　　　　　　　图2-208　　　　　　　　图2-209

04 按快捷键Ctrl+N打开"新建"对话框，设置文件大小，在"背景内容"下拉列表中选择"透明"选项，创建一个透明背景的文件，如图2-210所示。由于创建的文档太小，需要按快捷键Ctrl+0放大窗口以方便操作，如图2-211所示。

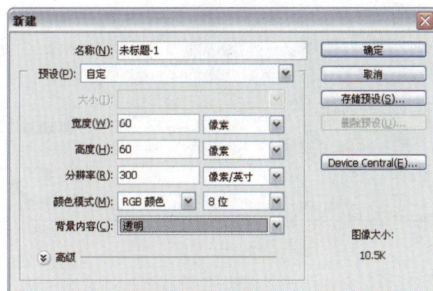

图2-210　　　　　　　　图2-211

05 选择"椭圆"工具◯，在工具选项栏单击"形状图层"按钮▢，将前景色设置为白色，按住Shift键绘制一个圆形，在绘制时，可以同时按住空格键移动图形位置，如图2-212所示。按快捷键Ctrl+C复制，按快捷键Ctrl+V粘贴，再按快捷键Ctrl+T显示定界框，按住快捷键Shift+Alt拖曳控制点，以圆心为中心向内缩小图形，如图2-213所示。按下回车键确认。

06 用"路径选择"工具 ▶ 单击并拖出一个选框选中两个圆形，如图2-214所示，单击工具选项栏中的"重叠形状区域除外"按钮 ⊔ 进行路径运算，在两个圆形中间生成孔洞，如图2-215所示。

图2-212　　　　　图2-213　　　　　图2-214　　　　　图2-215

07 单击"图层"面板底部的 *fx.* 按钮，执行"投影"命令，打开"图层样式"对话框，为该图层添加"投影"效果，如图2-216～图2-218所示。

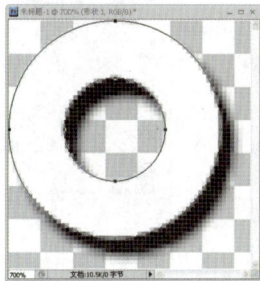

图2-216　　　　　　　图2-217　　　　　　　图2-218

08 执行"图层">"栅格化">"图层"命令，将矢量蒙版栅格化，如图2-219所示。执行"编辑">"定义图案"命令，打开"图案名称"对话框，如图2-220所示，单击"确定"按钮，将圆环图像定义为图案，并关闭该文档。

图2-219　　　　　　　　　图2-220

09 切换到人物文档。在调整图层上面新建一个图层，填充洋红色，将该图层的填充不透明度设置为0%，如图2-221所示。单击"图层"面板底部的 *fx.* 按钮，在弹出的菜单中执行"图案叠加"命令，打开"图层样式"对话框，在图案选项中选择前面定义的圆环图案，将混合模式设置为"叠加"，使图形叠加到人物图像上，如图2-222和图2-223所示。

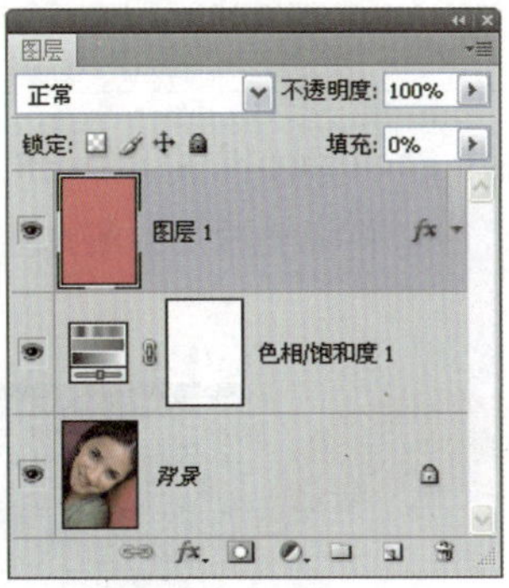

图2-221

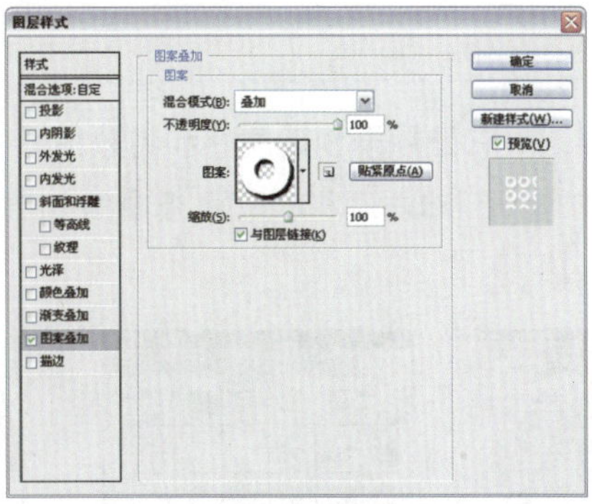

图2-222

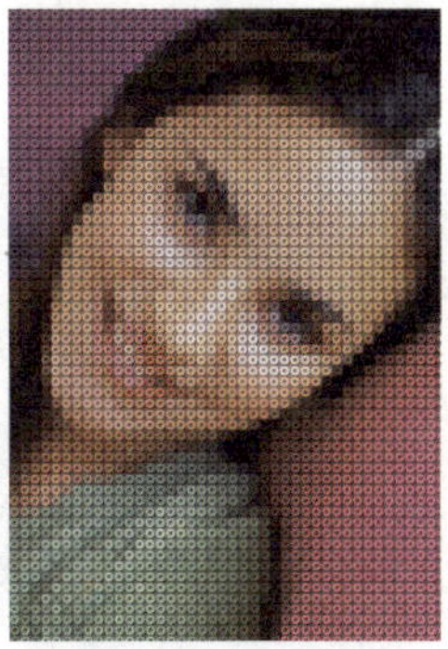

图2-223

10 选择"背景"图层，单击"调整"面板中的 ▱ 按钮，创建一个"色调分离"调整图层，如图2-224和图2-225所示，如图2-226所示为最终效果。如果放大窗口观查即可看到，整个图像都是由一个个小圆环组成的，并且每一个马赛克方块都在一个圆环中。

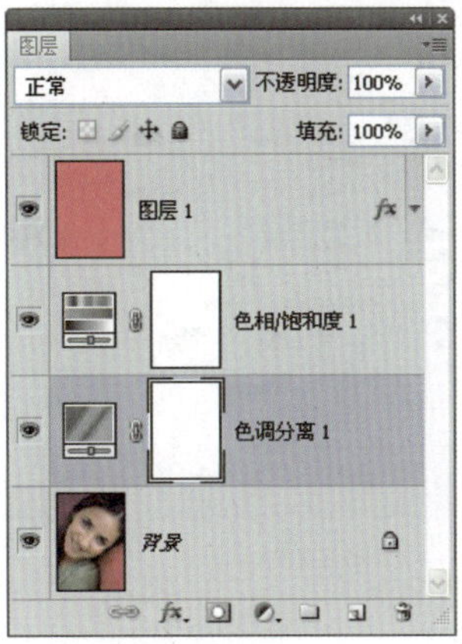

图2-224

图2-225

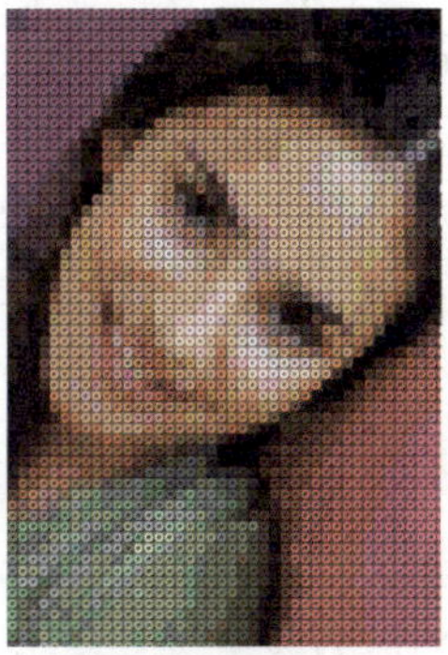

图2-226

2.9 实战图层样式：卡通钥匙链

- 学习技巧：了解图层样式的用途、创建和编辑方法。使用椭圆等绘图工具绘制平面的图形，通过添加图层样式，使其呈现为立体效果。
- 学习时间：1小时
- 技术难度：★★★
- 实用指数：★★★

实例效果

图层样式也称"图层效果"，它是用于创建质感和特效的重要功能。Photoshop提供了预设的样式，选中一个图层，如图2-227所示，单击"样式"面板中的一个样式，即可将样式添加到所选图层中，如图2-228和图2-229所示。

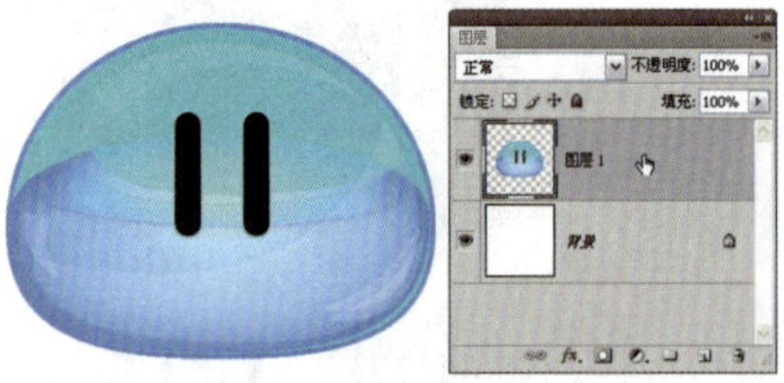

图2-227 　　　　　　　　　图2-228 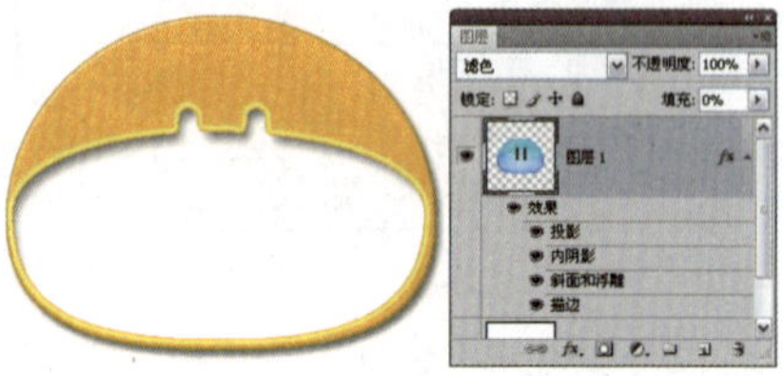　　　　　　　　　图2-229

如果要创建自定义的效果，可单击"图层"面板中的"添加图层样式"按钮 *fx*，在弹出的下拉列表中选择一种样式，如图2-230所示，弹出"图层样式"对话框并显示这一效果的参数选项，如图2-231所示。"图层样式"对话框的左侧列出了10种效果，选中一个效果，对话框的右侧会显示与之对应的选项。

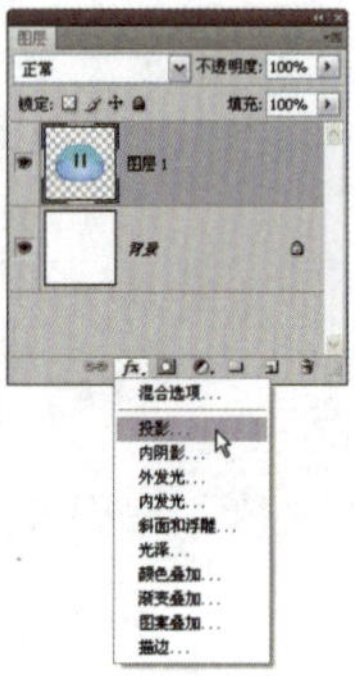

图2-230

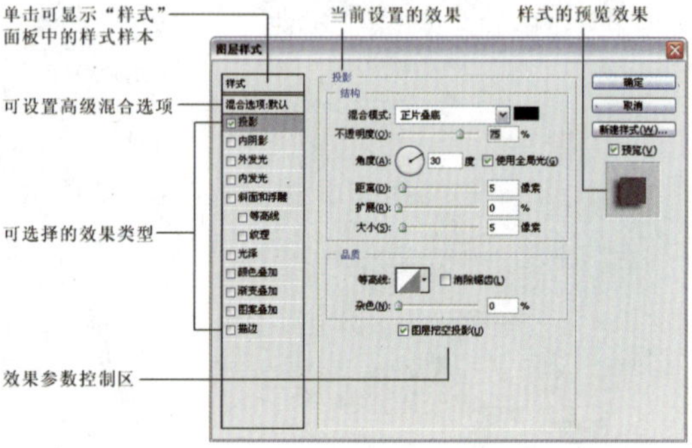

图2-231

> **→ 提示**
>
> 添加效果后，可在"图层"面板中单击效果名称前的"眼睛"图标 👁 来隐藏/显示效果。

2.9.2　制作钥匙链

01 按快捷键Ctrl+N，新建一个800×600像素的文件，如图2-232所示。单击"图层"面板底部的 🔲 按钮，新建一个图层，如图2-233所示。

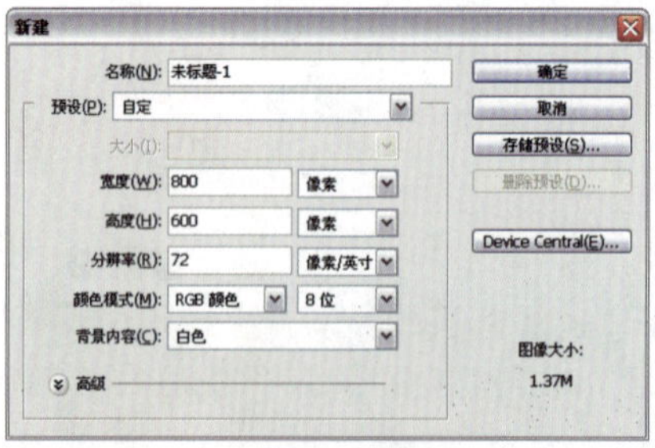

图2-232 　　　　　　　　　　图2-233

02 将前景色设置为黄色。选择"椭圆"工具 ⚪，在工具选项栏中单击"填充像素"按钮 🔲，按住Shift键绘制一个黄色的正圆形，如图2-234所示。单击"图层"面板中的"锁定透明像素"按钮，将该图层的透明区域保护起来，如图2-235所示。将前景色设置为橙色，再绘制3个椭圆形，由于锁定了透明像素，因此，不会绘制到黄色圆形外侧，如图2-236所示。

图2-234

图2-235

图2-236

03 双击该图层，在打开的"图层样式"对话框中选择"投影"选项，调整投影的颜色和参数，如图2-237所示。选择"内发光"选项，调整发光颜色和参数，如图2-238所示。

图2-237

图2-238

04 选择"斜面和浮雕"选项，设置参数如图2-239所示。单击"确定"按钮关闭对话框，图形效果如图2-240所示。

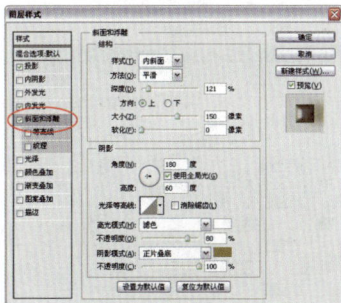

图2-239

图2-240

05 新建一个图层。绘制一组黄色的小圆点和两个大眼睛，如图2-241所示。按住Alt键，将"图层1"的效果图标 *fx* 拖曳到"图层2"上，为该图层复制相同的效果，如图2-242和图2-243所示。

图2-241

图2-242

图2-243

06 由于"图层2"中的图形小，复制后的样式并不能够体现出像"图层1"那样的立体效果，还需要修改样式的参数。双击"图层2"，在弹出的对话框中选择"投影"选项，将"距离"和"大小"参数均改为9像素，如图2-244所示；选择"内发光"选项，将"大小"参数改为7像素，如图2-245所示；选择"斜面和浮雕"选项，将"大小"参数改为13像素，如图2-246所示，图形效果如图2-247所示。

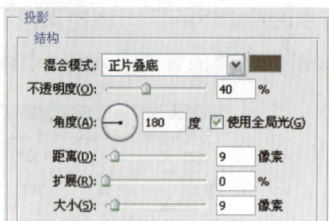

图2-244

图2-245

图2-246

图2-247

07 选择"背景"图层，单击 按钮，在该图层上方新建一个图层，如图2-248所示。使用"矩形选框"工具 创建一个细长的选区，使用"渐变"工具 填充线性渐变，按快捷键Ctrl+D取消选择，如图2-249所示。

图2-248

图2-249

08 按住Shift键单击"图层2"，选取如图2-250所示的3个图层，按快捷键Ctrl+Alt+E，将这3个图层的内容盖印到一个新建的图层中，如图2-251所示。

图2-250

图2-251

09 按快捷键Ctrl+T显示定界框，将图像缩小，按回车键确认操作。按快捷键Ctrl+U弹出"色相/饱和度"对话框，将图形调整为蓝色，如图2-252和图2-253所示。

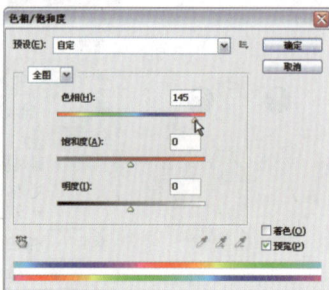

图2-252

图2-253

10 使用"移动"工具 ▶✛ 按住Alt键拖曳蓝色图形进行复制，将复制后的图形缩小，再通过"色相/饱和度"命令调整其颜色（将色相参数设置为180），使图形变红色，如图2-254所示。在"图层"面板中将红色图形所在的图层移动到蓝色图形的下方，如图2-255所示。

图2-254

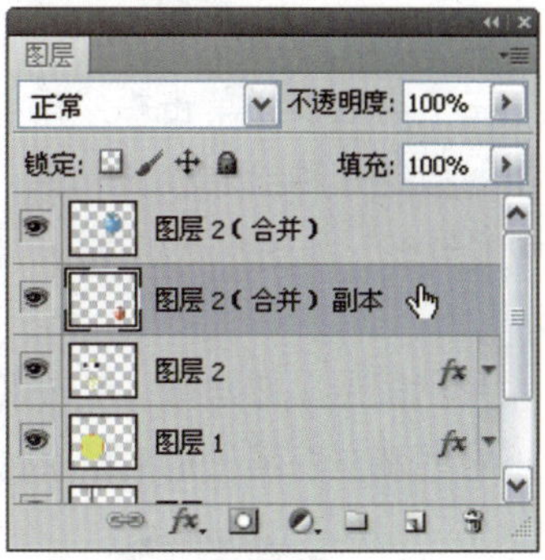

图2-255

11 最后可以根据喜好，为钥匙链设计一个底图，添加相应的标题、主体文字和不同颜色的圆角矩形，制作成为一张精美别致的礼品卡，如图2-256所示。

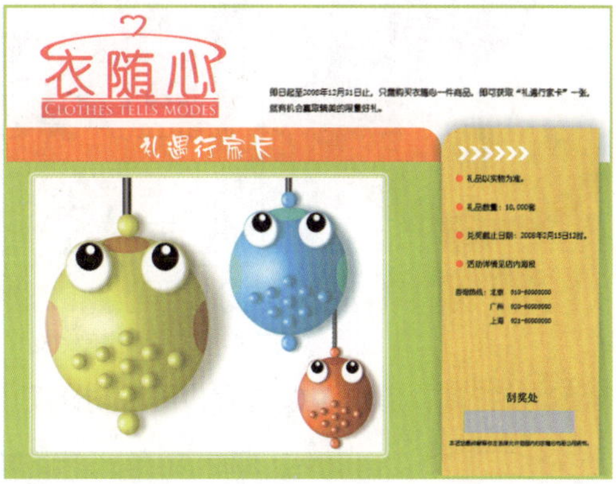

图2-256

2.10 实战路径：为餐具贴上Logo

- 学习技巧：输入文字并载入文字的选区，然后基于选区创建路径，得到文字图形，调整路径形状制作个性化Logo。
- 学习时间：1小时
- 技术难度：★★★
- 实用指数：★★★

实例效果

2.10.1 绘图模式

Photoshop中的钢笔、矩形、椭圆和多边形等形状工具是矢量工具，它们绘制的矢量对象可以任意缩放而不会出现模糊和锯齿，修改形状时也比位图方便。

选择一个矢量工具后，需要先在工具选项栏单击相应的按钮，指定一种绘制模式，然后才能绘图，如图2-257所示。

图2-257

- "形状图层"按钮□：单击该按钮后，可在单独的形状图层中创建形状，形状图层包含定义形状颜色的填充图层和定义形状轮廓的矢量蒙版，如图2-258所示。

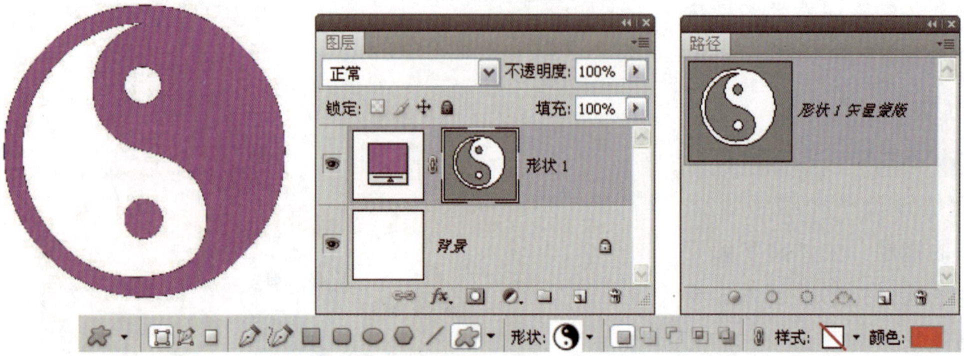

图2-258

- "工作路径"按钮▨：单击该按钮后，可以创建工作路径，如图2-259所示。

图2-259

- "填充像素"按钮□：单击该按钮后，可在当前图层上创建光栅化的图形，不能创建矢量图形，如图2-260所示。

图2-260

2.10.2 使用钢笔工具绘制路径

路径是用"钢笔"工具或"形状"工具创建的矢量对象，它由一个或多个直线段或曲线段组成，用来连接这些路径段的对象称为"锚点"，如图2-261所示。锚点分为两种，一种是平滑点，另一种是角点。平滑的曲线是由平滑点连接而成的，如图2-262所示，直线和转角曲线则由角点连接而成，如图2-263和图2-264所示。曲线路径段上的锚点有方向线，方向线的端点为方向点，它们用于调整曲线的形状。

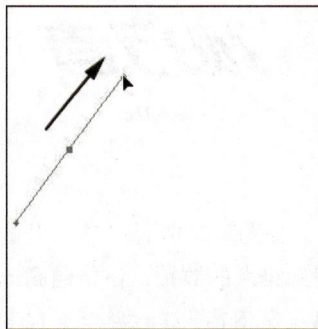

| 锚点与路径 | 平滑点连接的平滑曲线 | 角点连接的直线 | 角点连接的转角曲线 |
| 图2-261 | 图2-262 | 图2-263 | 图2-264 |

选择"钢笔"工具后，在工具选项栏中单击"路径"按钮，在画面中单击可创建一个锚点；释放鼠标，在其他位置单击可以创建路径，按住Shift键单击可以锁定水平、垂直或以45°为增量创建直线路径；如果要封闭路径，可将光标放在路径的起点处，当光标显示为状时单击即可封闭路径。如图2-265~图2-268所示为一个矩形的绘制过程。

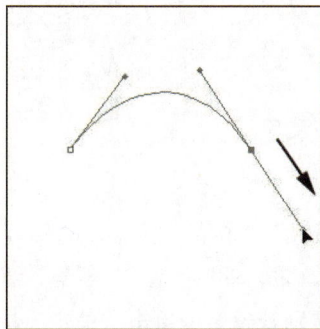

| 图2-265 | 图2-266 | 图2-267 | 图2-268 |

如果要绘制光滑的曲线，可单击拖曳鼠标创建平滑点，并在其他位置单击拖曳。如果向与前一条方向线的相反方向拖曳，可创建"C"形曲线，如图2-269和图2-270所示；如果按照与前一条方向线相同的方向拖曳，则可创建"S"形曲线，如图2-271所示。拖曳的同时还可以调整曲线的斜度。

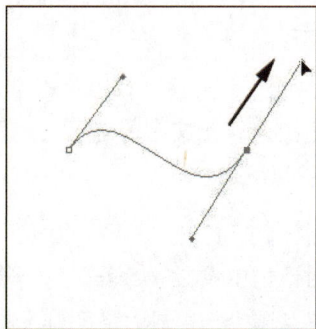

| 图2-269 | 图2-270 | 图2-271 |

如果要绘制与上一段曲线之间出现转折的曲线（即转角曲线），可将光标放在最后一个平滑点上，如图2-272所示，按住Alt键单击该点，将它转换为只有一条方向线的角点，如图2-273所示，在其他位置单击拖曳便可以绘制转角曲线，如图2-274所示。

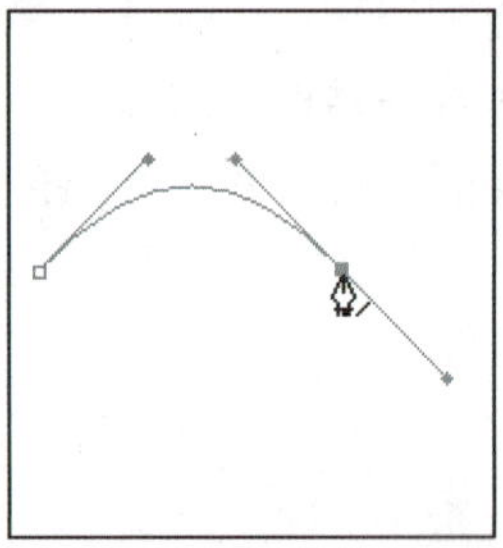

图2-272 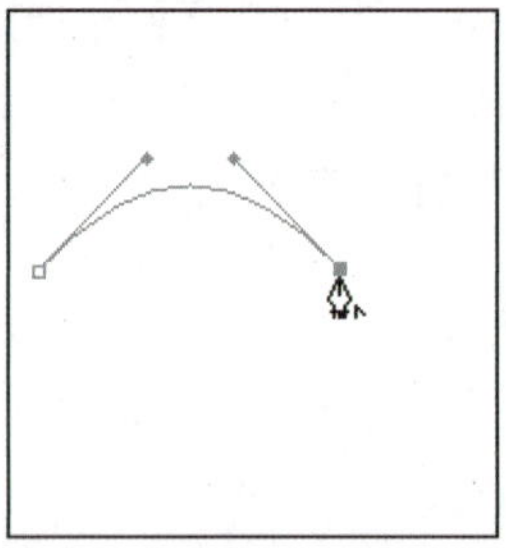　　　　　　　　图2-273 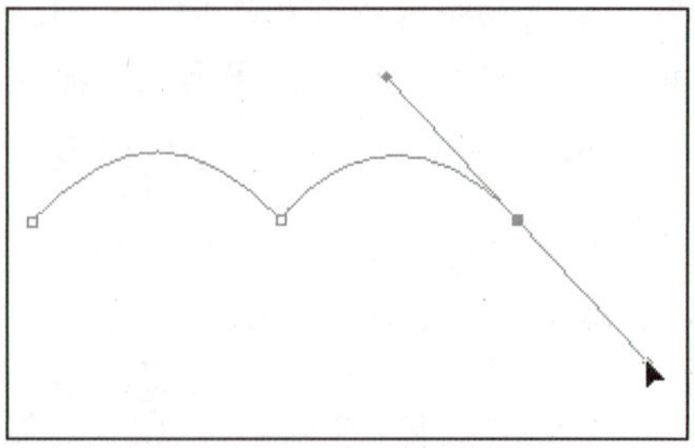　　　　　　　　　图2-274

⊙ 提示

使用"路径选择"工具 ▶ 单击路径可以选择路径，选中路径后，可以拖曳鼠标将它移动；使用"直接选择"工具 ▶ 单击路径可以选择锚点，选中的锚点显示为实心的方块。选中平滑点还会显示出方向线和方向点，移动锚点可以修改路径的形状，移动方向点可以调整曲线的形状。

2.10.3　制作贴图效果

01 按快捷键Ctrl+N，弹出"新建"对话框，在"预设"下拉列表中选择Web选项，在"大小"下拉列表中选择1024×768选项，单击"确定"按钮，新建一个文件。

02 使用"横排文字"工具 T 输入文字，如图2-275所示，如果没有这种字体也不要紧，可以打开光盘中提供的文件（光盘>素材>2.10a）进行操作。按快捷键Ctrl+T显示定界框，在工具选项栏的"缩放比例"文本框中输入78%，在"水平斜切"文本框中输入-30.4°，如图2-276所示，按下回车键，对文字进行变形。

图2-275 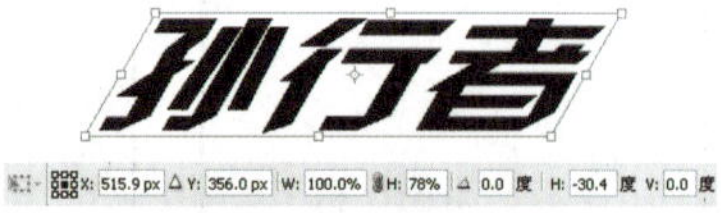　　　　　　　图2-276

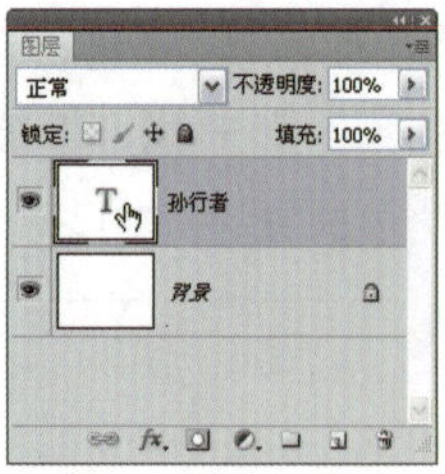

03 按住Ctrl键单击文本图层的缩览图，载入文字的选区，如图2-277和图2-278所示。

图2-277　　　　　　　图2-278

04 打开"路径"面板，执行面板菜单中的"建立工作路径"命令，如图2-279所示，在打开的对话框中设置"容差"为0.8像素，如图2-280所示。"容差"值用于定义锚点的数量，该值越高，锚点越少，生成的路径与原选区的差别就越大。单击"确定"按钮，将选区保存为工作路径，如图2-281所示。

图2-279

图2-280

图2-281

05 由于工作路径是临时路径，如果取消了对它的选择（在"路径"面板空白处单击），再绘制新的路径时，原工作路径将被新绘制的工作路径替换掉，因此，还需要保存工作路径。双击工作路径的名称，在弹出的"存储路径"对话框中输入一个新名称，也可以使用默认的名称，单击"确定"按钮即可保存路径，如图2-282和图2-283所示。

图2-282

图2-283

06 使用"直接选择"工具 在路径上单击，显示锚点，如图2-284所示。拖曳锚点改变路径的形状，如图2-285所示。在移动下面笔画的锚点时，由于该转折处存在多个锚点，只移动一个锚点，路径的形状并不理想，如图2-286所示。可以将该位置的锚点都移开，如图2-287所示，并用"删除锚点"工具 在如图2-288所示的两个锚点上单击，将它们删除，再按住Ctrl键切换为"直接选择"工具 ，拖曳方向线，调整路径的形状，如图2-289所示。

图2-284   图2-285   图2-286   图2-287   图2-288   图2-289

07 用同样方法编辑其他路径，如图2-290所示。

08 选择文字图层，按Delete键删除。再新建一个图层，如图2-291所示。单击"路径"面板中的用"前景色填充路径"按钮 ，填充路径区域，在"路径"面板的空白处单击，隐藏路径，如图2-292所示。

图2-290

图2-292

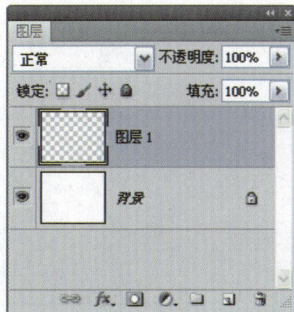

图2-291

09 双击"图层1"，打开"图层样式"对话框，添加"渐变叠加"效果，如图2-293和图2-294所示。

图2-293

图2-294

10 单击背景图层将其选中。选择"钢笔"工具，单击工具选项栏中的"形状图层"按钮，将前景色设置为黑色，基于文字的轮廓创建一个稍大的路径，如图2-295和图2-296所示。

图2-295

图2-296

11 按住Ctrl键单击"创建新图层"按钮，在当前图层的下方新建一个图层。选择"自定形状"工具，在工具选项栏中单击·按钮，打开"形状"面板，在面板菜单中选择"台词框"形状库，将它载入到面板中，并选择如图2-297所示的形状，将前景色设置为浅灰色，绘制该图形，如图2-298所示。

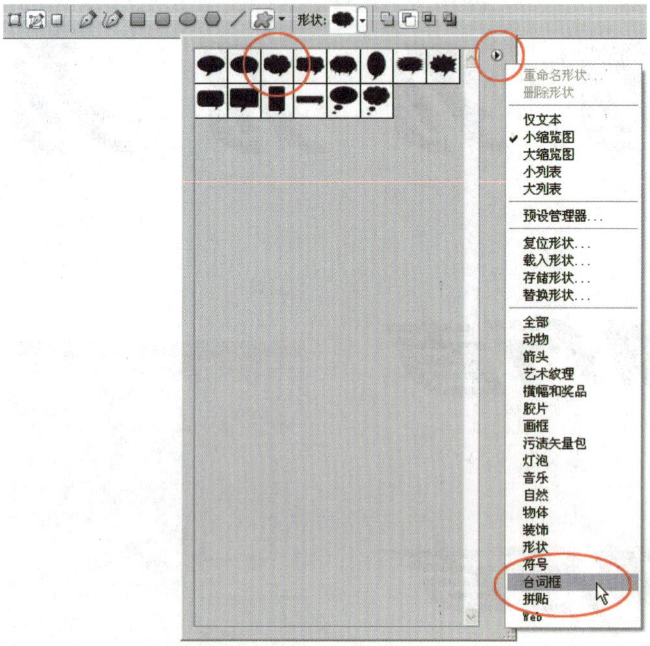

图2-297

图2-298

12 选择除"背景"图层以外的其他图层，按快捷键Ctrl+E合并。执行"编辑">"变换">"变形"命令，对标志进行扭曲。打开一个"餐具"文件（光盘>素材>2.10b），将标志贴在餐具表面，再设置图层的混合模式为"正片叠底"，如图2-299所示。

图2-299

2.11 实战混合模式：超可爱鼠标

- 学习技巧：将图像素材贴在鼠标上，通过设定混合模式，使素材的图案融入到"鼠标"图像中。用剪贴蒙版将素材的显示范围限定在"鼠标"图像之内。
- 学习时间：1小时
- 技术难度：★★★★
- 实用指数：★★★★

实例效果

2.11.1 混合模式的用途

图层混合模式决定了当前图层中的像素与下面图层像素的混合方式，通过设置混合模式可以创建特殊的图像合成效果。

在"图层"面板中选中一个图层，单击面板顶部的 ✔ 按钮，可以打开混合模式下拉列表，选择一种模式后，该层中的图像就会与下面层中的图像混合。其中，"正常"是默认的模式，它表示不生成混合效果，如图2-300和图2-301所示。

图层结构
图2-300

"正常"模式不生成混合效果
图2-301

Photoshop提供的混合模式分为6组，如图2-302所示，每一组中的模式都有着相近的用途。例如，如果要使混合效果变深，可以用加深模式组中的模式，如图2-303所示；要使混合效果变浅，可以用减淡模式组中的模式，如图2-304所示；要创建特殊的融合效果，可以使用对比模式组中的模式，如图2-305所示。

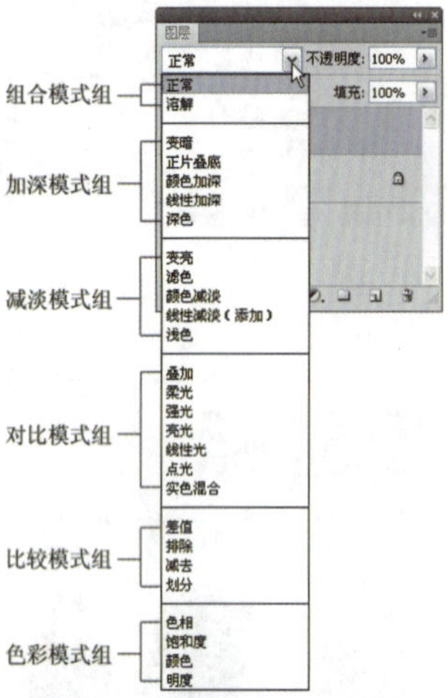

图2-302

图2-303

图2-304

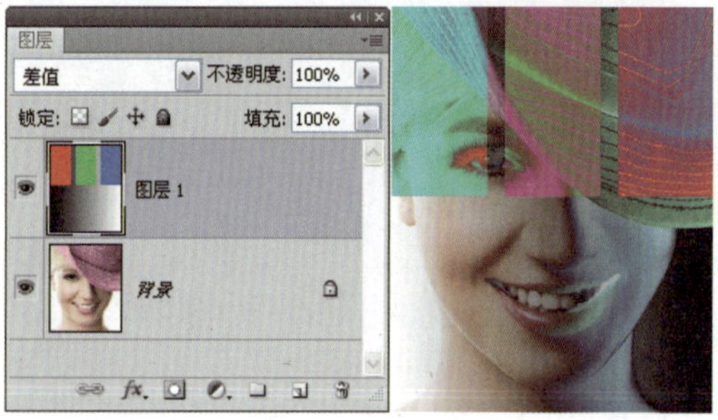

图2-305

> **提示**
>
> 选择一个图层，按快捷键Shift+Alt++或Shift+Alt+ -，可以切换混合模式。

2.11.2 制作个性化鼠标

01 打开一个文件（光盘>素材>2.11a），如图2-306所示，这是一个分层文件，"鼠标"位于一个单独的图层中，如图2-307所示。

图2-306

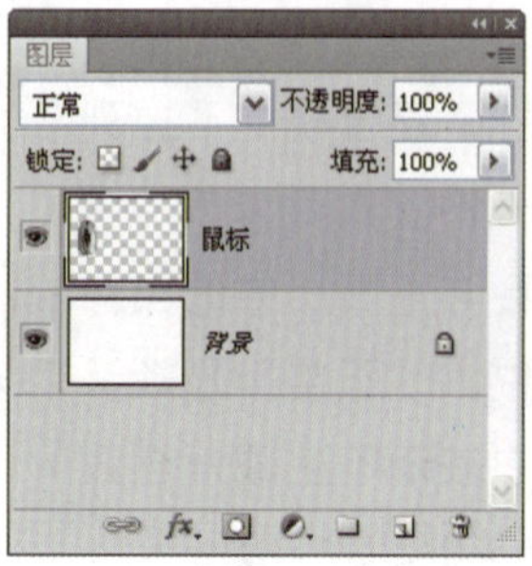

图2-307

02 双击"鼠标"图层，添加"投影"和"内发光"样式，设置参数如图2-308和图2-309所示，效果如图2-310所示。

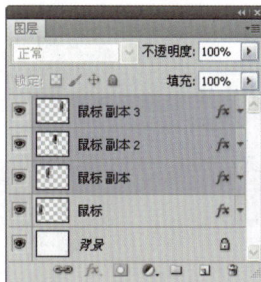

图2-308　　　　　　　　　　　　　图2-309　　　　　　　　　　图2-310

03 使用"移动"工具 ▶⊹ 按住Alt键拖曳进行复制，如图2-311所示，"图层"面板中会新增一个图层。用同样方法再复制两个"鼠标"。选中这3个"鼠标副本"图层，如图2-312所示，分别单击工具选项栏中的"底对齐"按钮 和"水平居中分布"按钮，将它们对齐，如图2-313所示。

图2-311　　　　　　　　　　图2-312　　　　　　　　　　图2-313

04 将这3个图层拖曳到"创建新图层"按钮 上，进行复制，如图2-314所示。使用"移动"工具 ▶⊹ 按住Shift键将它们向下移动，如图2-315所示。

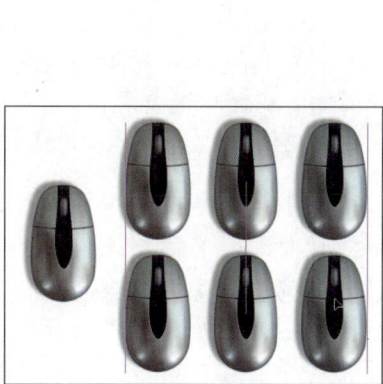

图2-314　　　　　　　　　　图2-315

> **→ 提示**
>
> 　　在移动这几个鼠标前，可以先执行"视图">"显示">"智能参考线"命令，这样移动图像时，会显示智能参考线，方便进行对齐操作。

05 打开一个文件（光盘 >素材>2.11b），如图2-316所示。这些是用来制作鼠标艺术效果的图案，它们都位于单独的图层中，如图2-317所示。

图2-316 　　　　　图2-317

06 先将卡通图案拖曳到"鼠标"文件中，将它所在的图层移至"鼠标"图层的上方，按快捷键Ctrl+Alt+ G，创建剪贴蒙版，这样作为基底图层的"鼠标"即可限定卡通图案的显示范围，如图2-318和图2-319所示。

07 设置该图层的混合模式为"正片叠底"，效果如图2-320所示。使用"横排文字"工具 **T** 输入文字，设置文字图层的混合模式为"叠加"，效果如图2-321所示。

图2-318 　　　　图2-319 　　　　图2-320 　　　　图2-321

> ➡ **提示**
>
> 　　制作完第一个"艺术鼠标"后，可以将与它相关的图层同时选中，并按快捷键Ctrl+G编入图层组内，这样有利于管理图层。

08 下面来制作啤酒质感"鼠标"。将素材文件中的"啤酒"图像拖曳到"鼠标"文件中，使它位于第1行第1个鼠标上方，如图2-322所示。在"图层"面板中，也要将"啤酒"图层调整到该"鼠标"图层的上方，并按快捷键Ctrl+Alt+G，创建剪贴蒙版，效果如图2-323所示。

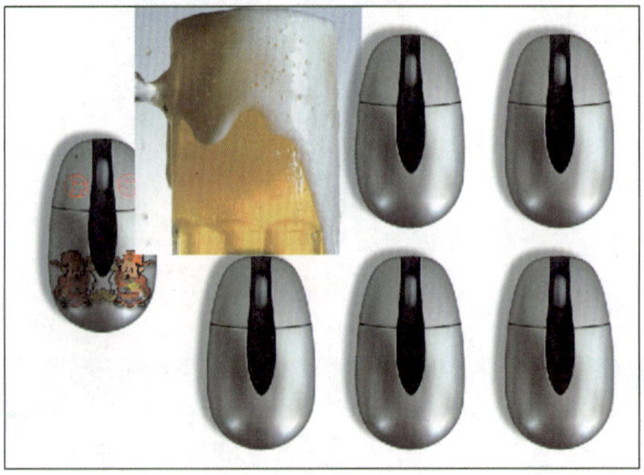

图2-322 　　　　　　　　图2-323

09 创建剪贴蒙版后，鼠标的滚轮和接缝被挡住了，下面要将它们选取出来。先隐藏"啤酒"图层，并选择"鼠标"所在的图层，如图2-324所示。使用"椭圆选框"工具○在"鼠标"的接缝处创建一个选区，如图2-325所示，按下工具选项栏中的"从选区减去"按钮□，再创建一个选区，创建的过程中可以按住空格键移动选区，如图2-326所示，释放鼠标后可得到如图2-327所示的选区。按下工具选项栏中的"添加到选区"按钮□，将滚轮部分选中，如图2-328所示，这样选区就制作完成了，如图2-329所示。

10 按快捷键 Ctrl+C 复制选中的图像。选中"啤酒"图层，并单击"创建新图层"按钮□，在该图层上面新建"图层1"，按快捷键 Ctrl+V 粘贴图像，再按快捷键 Ctrl+D 取消选择。显示"啤酒"图层，如图 2-330 和图 2-331 所示。将组成"啤酒鼠标"的这 3 个图层选中，按快捷键 Ctrl+G 编入图层组中。

11 将树叶素材拖曳到"鼠标"文件中，使它位于第1行第2个"鼠标"上方，在"图层"面板中，也要将它调整到该"鼠标"图层的上方，按快捷键 Ctrl+Alt+G创建剪贴蒙版，设置"树叶"图层的混合模式为"叠加"。按快捷键Ctrl+T显示定界框，将"树叶"朝顺时针方向旋转，如图2-332所示。按下回车键确认操作。同样，将组成"树叶鼠标"的两个图层放置在一个图层组内，如图2-333所示。

图2-324　　　　图2-325　　　　图2-326

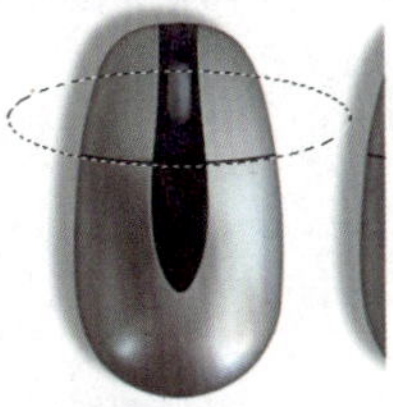

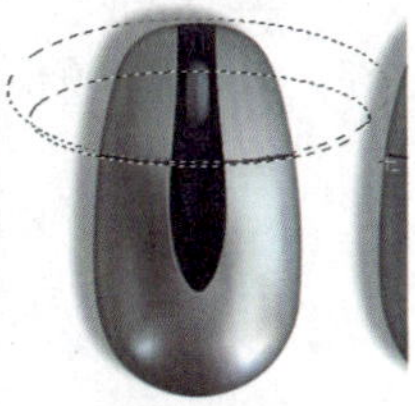

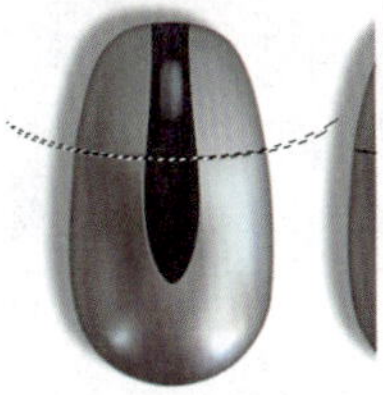

图2-327　　　　图2-328　　　　图2-329

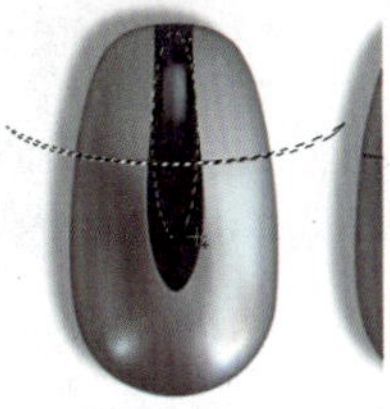

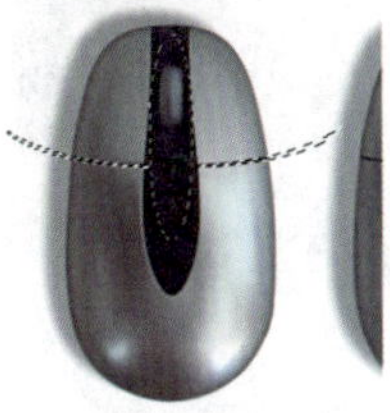

图2-330

图2-331

图2-332

图2-333

12 用同样方法制作"脸谱鼠标"，设置"脸谱"图层的混合模式为"叠加"，效果如图 2-334 所示。

13 制作"橄榄球鼠标"时，设置它的混合模式为"强光"，效果如图2-335所示。"鼠标"的滚轮被挡住了，可以复制"啤酒鼠标"上的滚轮图层，将它移动到这个"鼠标"上面，设置混合模式为"线性光"，再单击"添加图层蒙版"按钮 ▣ ，使用黑色的柔角画笔将"滚轮"以外的部分擦除，如图2-336和图2-337所示。

图2-334   图2-335   图2-336   图2-337

14 制作"传统图案鼠标"时，设置图案的混合模式为"叠加"，如图2-338所示，并复制该图层，设置混合模式为"线性加深"，不透明度为60%，效果如图2-339所示。制作"蓝色水晶石鼠标"时，设置"石头"图层的混合模式为"强光"，效果如图2-340所示。最终的效果如图2-341所示。

图2-338   图2-339   图2-340   图2-341

2.12 实战通道：项链坠

- 学习技巧：在通道中制作选区，将其载入到图像中，基于选区创建蒙版，将Baby图像合成到"吊坠"中。
- 学习时间：45分钟
- 技术难度：★★★★
- 实用指数：★★★

素材   实例效果

2.12.1 通道的类型与操作方法

Photoshop中包含3种通道，分别是：颜色通道、Alpha通道和专色通道。颜色通道保存了图像的颜色信息，Alpha通道用来保存选区，专色通道用来存储专色，如图2-342和图2-343所示。

图2-342

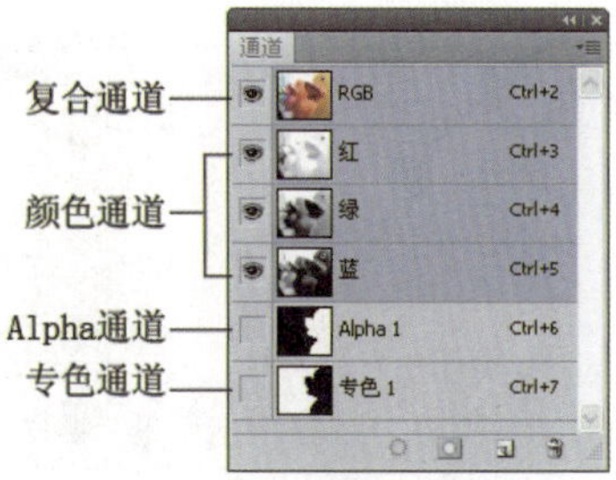

图2-343

如果要编辑一个通道，可单击该通道，文档窗口中就会显示该通道中的灰度图像，如图2-344所示，可以使用绘画工具和滤镜对其进行编辑。编辑完成后，可单击RGB复合通道查看彩色图像，如图2-345所示。

图2-344

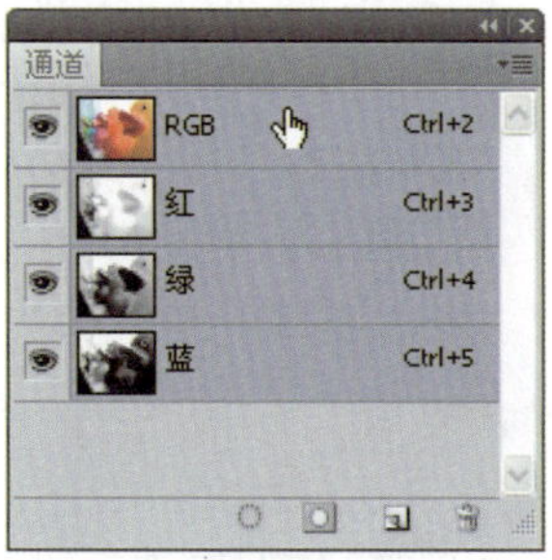

图2-345

单击"通道"面板中的"创建新通道"按钮，可新建一个Alpha通道。如果创建了选区，如图2-346所示，可单击"将选区存储为通道"按钮，将选区保存到Alpha通道中，如图2-347所示。如果要载入通道中的选区，可按住Ctrl键单击通道，如图2-348所示。如果要删除一个通道，可将它拖曳到"删除当前通道"按钮上。

图2-346

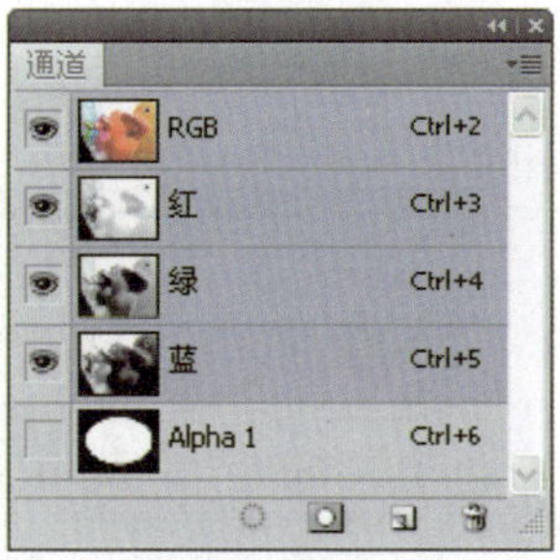

图2-347

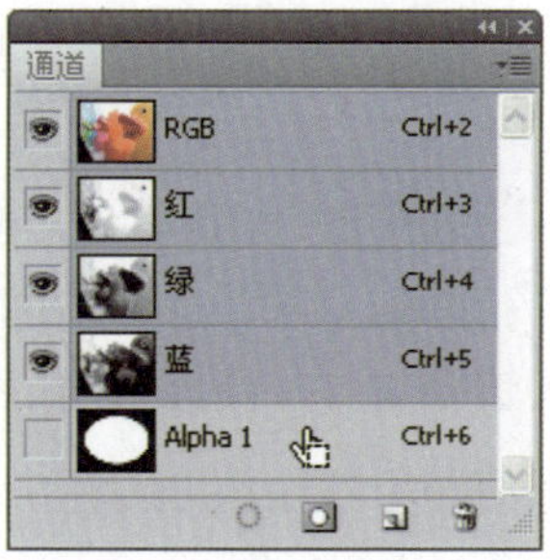

图2-348

2.12.2 制作项链坠

01 打开一个文件（光盘>素材>2.12a），如图2-349所示。先在通道中制作选区，将心形吊坠的高光中间色调选中。打开"通道"面板，将绿通道拖曳到"创建新通道"按钮复制，得到"绿副本"通道，如图2-350所示。

02 按快捷键Ctrl+L，打开"色阶"对话框，拖曳滑块增加对比度，如图2-351和图2-352所示。

| 图2-349 | 图2-350 | 图2-351 | 图2-352 |

03 选择"柔角画笔"工具，如图2-353所示，将前景色设置为白色，用画笔将心形吊坠以外的图像都涂为白色，如图2-354所示。按快捷键Ctrl+2，返回到RGB主通道，重新显示彩色图像。

04 打开一个文件（光盘>素材>2.12b），如图2-355所示。使用"移动"工具将它拖入"吊坠"文档中，如图2-356所示。

| 图2-353 | 图2-354 | 图2-355 | 图2-356 |

05 按住Ctrl键单击"绿副本"通道，如图2-357所示，载入该通道中的选区，如图2-358所示。

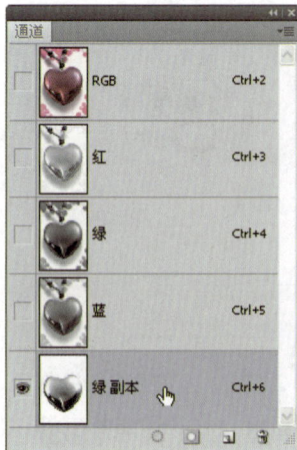

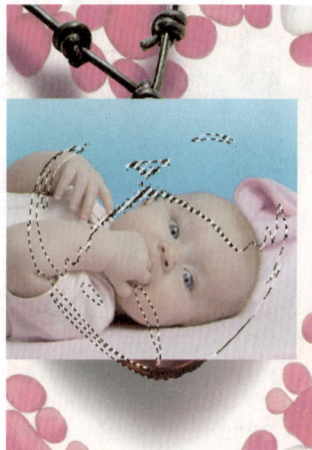

图2-357   图2-358

06 按住Alt键单击"图层"面板底部的 按钮，基于选区创建一个反相的蒙版，如图2-359和图2-360所示。

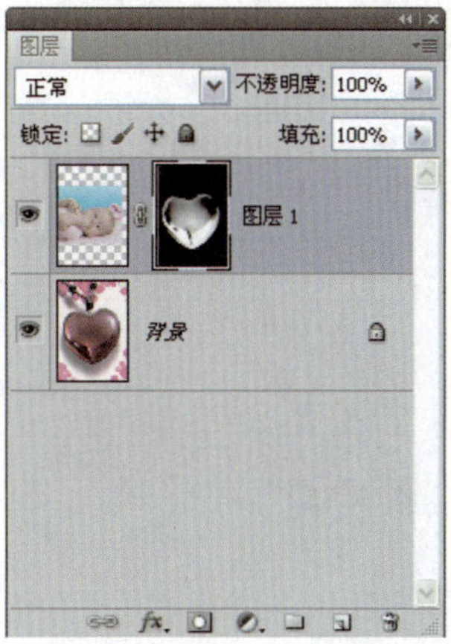

图2-359

图2-360

→ **提示**

通道中的白色区域可以载入选区；灰色区域可以载入带有羽化的选区；黑色区域不包含选区。

07 选择柔角"画笔"工具，在"吊坠"周围涂抹黑色，将Baby图像隐藏，让吊坠显示出更多的内容，使合成效果更加真实，如图2-361和图2-362所示。如果要隐藏吊坠图像，可以按X键，将前景色切换为白色，用白色涂抹。

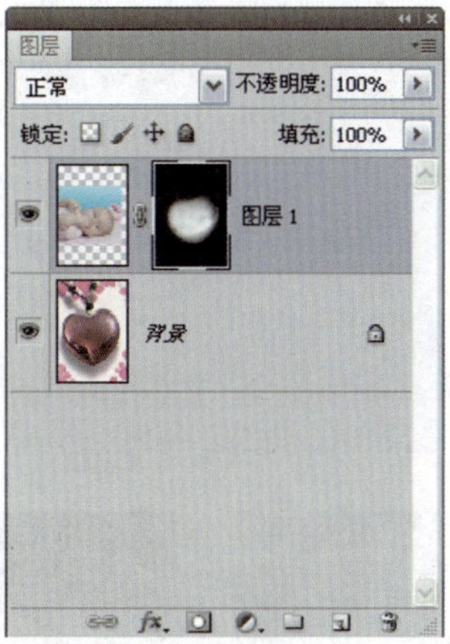

图2-361

图2-362

第2章 Photoshop CS5 重要功能全接触

Ps

Photoshop

第3章

美轮美奂特效字

3.1 奶牛花纹字

- 学习技巧：在通道中制作塑料包装效果，载入选区后应用到图层中，制作出奶牛花纹字。
- 学习时间：30分钟
- 技术难度：★★
- 实用指数：★★★

素材 　　　　　　　　　　实例效果

01 按快捷键Ctrl+O，打开一个文件（光盘>素材>3.1），如图3-1和图3-2所示。单击"通道"面板中的 按钮，创建一个通道，如图3-3所示。

图3-1 　　　　　　　　　图3-2 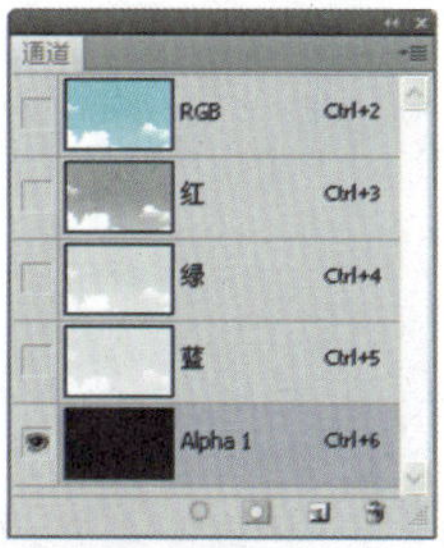　　　　　　　　　图3-3

02 选择"横排文字"工具 T，调出"字符"面板，选择字体并设置字号，文字颜色为白色，如图3-4所示，在画面中单击并输入文字，如图3-5所示。

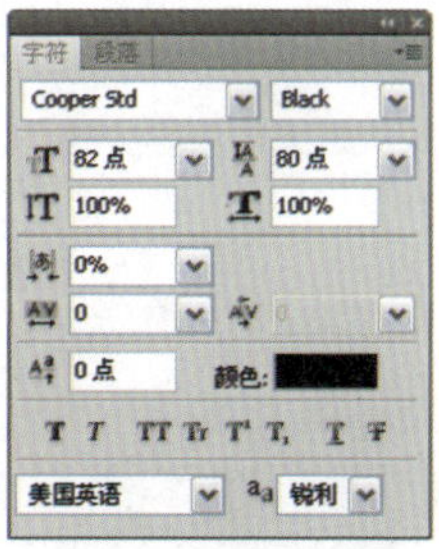

图3-4 　　　　　　　　　图3-5

03 按快捷键Ctrl+D取消选择。将Alpha 1通道拖到面板底部的 按钮上复制，如图3-6所示。执行"滤镜">"艺术效果">"塑料包装"命令，设置参数如图3-7所示，效果如图3-8所示。

图3-6

图3-7　　　　　　　　　图3-8

04 按住Ctrl键单击"Alpha1副本"通道，载入选区，如图3-9所示，按快捷键Ctrl+2返回到RGB复合通道，显示彩色图像，如图3-10所示。

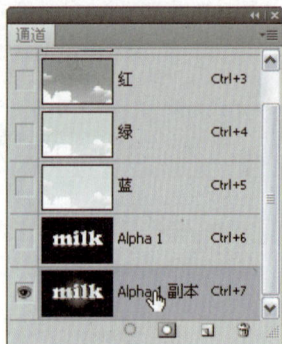

图3-9

图3-10

05 单击"图层"面板底部的 按钮，新建一个图层，在选区内填充白色，如图3-11和图3-12所示。按快捷键Ctrl+D取消选择。

图3-11

图3-12

06 按住Ctrl键单击"Alpha1"通道，载入选区，如图3-13所示。执行"选择">"修改">"扩展"命令扩展选区，如图3-14和图3-15所示。

图3-13

图3-14

图3-15

07 单击"图层"面板底部的 按钮基于选区创建蒙版，如图3-16和图3-17所示。

图3-16

图3-17

08 双击文字图层，打开"图层样式"对话框，在左侧列表中选择"投影"和"斜面和浮雕"选项，添加这两种效果，如图3-18~图3-20所示。

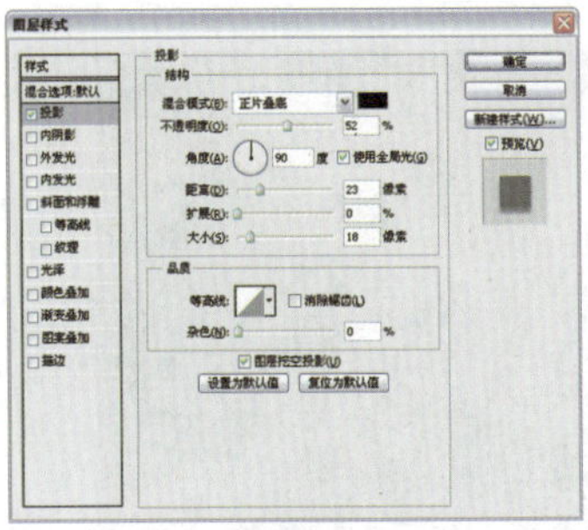

图3-18 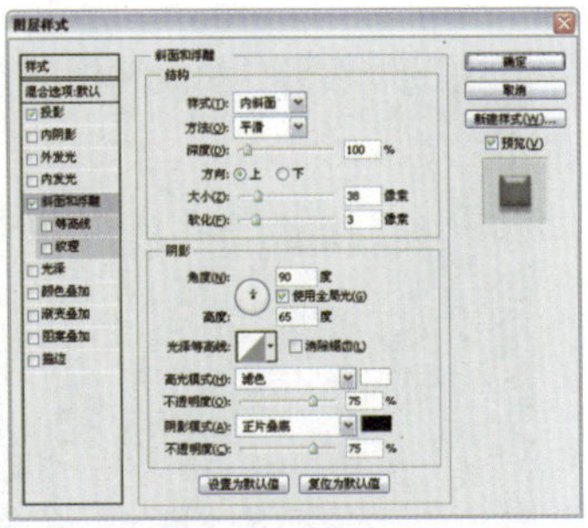　　　　　　　　　　　　图3-19 　　　　　　　　　　　　图3-20

09 单击"图层"面板底部的 按钮，新建一个图层，如图3-21所示。将前景色设置为黑色，选择"椭圆"工具 ，在工具选项栏单击"填充像素"按钮 ，按住Shift键在画面中绘制几个正圆形，如图3-22所示。

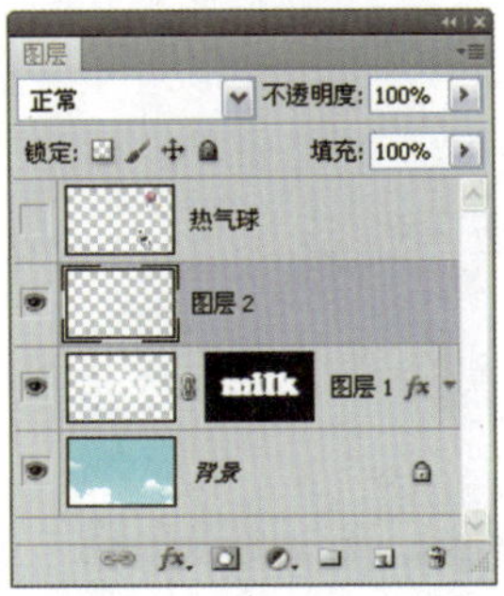

图3-21 　　　　　　　　　　　　图3-22

10 执行"滤镜">"扭曲">"波浪"命令，对圆点进行扭曲，如图3-23和图3-24所示。

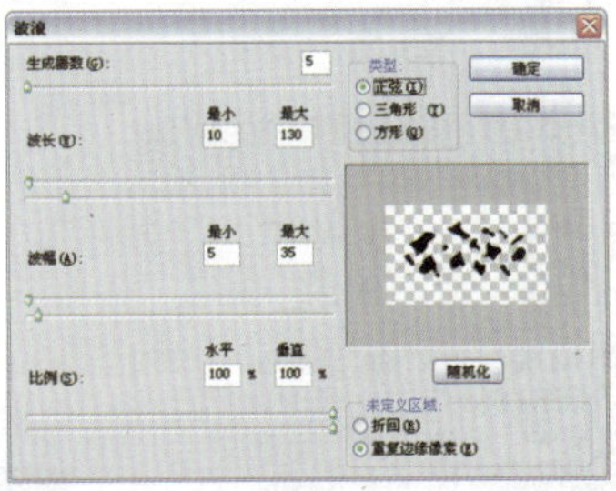

图3-23 　　　　　　　　　　　　图3-24

11 按快捷键Ctrl+Alt+G创建剪贴蒙版，将花纹的显示范围限定在下面的文字区域内，如图3-25和图3-26所示。在画面中添加其他文字，显示"热气球"图层，如图3-27所示。

图3-25 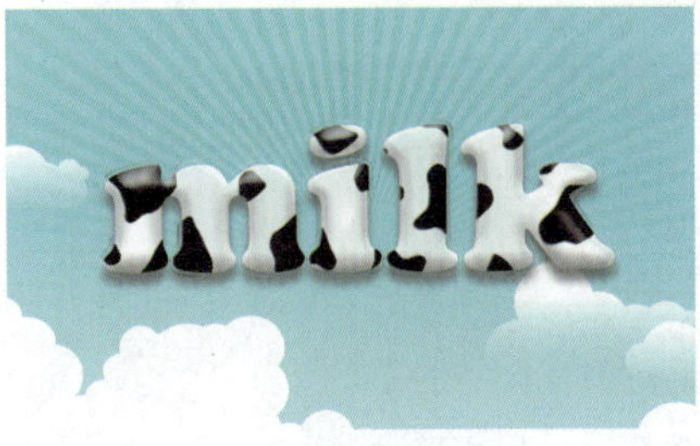　　　　　　　　　　　　图3-26　　　　　　　　　　　　图3-27

3.2 甜蜜糖果字

- 学习技巧：使用图层样式制作立体字，再将自定义的纹理图案通过"图案叠加"效果应用于文字表面，制作出可爱的糖果特效字。
- 学习时间：30分钟
- 技术难度：★★★
- 实用指数：★★★

实例效果

01 按快捷键 Ctrl+N 打开"新建"对话框，创建一个 14×6.5 厘米，分辨率为 200 像素/英寸的 RGB 模式文档。选择"渐变"工具▣，打开"渐变编辑器"对话框，调整渐变颜色，如图 3-28 所示，在画面中填充径向渐变，如图 3-29 所示。

图3-28

图3-29

02 选择"横排文字"工具T，在"字符"面板中设置字体和大小，如图3-30所示，在画面中输入文字，如图3-31所示。

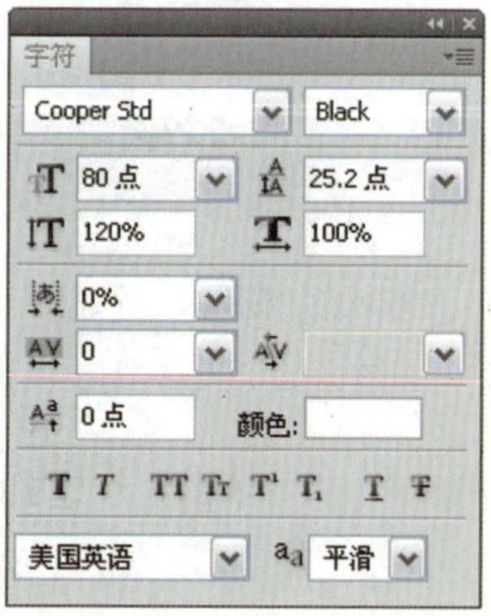

图3-30

图3-31

03 打开一个纹理文件（光盘>素材>3.2），如图3-32所示。执行"编辑">"定义图案"命令，弹出"图案名称"对话框，如图3-33所示，单击"确定"按钮将纹理定义为图案，后面的操作中会用到它。

图3-32

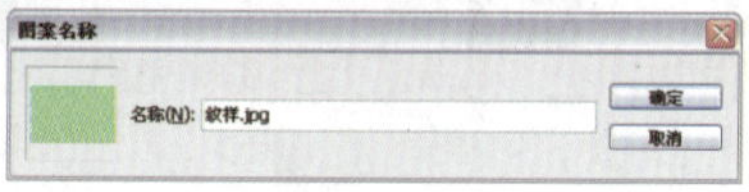

图3-33

04 按快捷键Ctrl+F6切换到文字文档中。双击文字图层，打开"图层样式"对话框，添加"投影"和"内阴影"效果，设置参数如图3-34和图3-35所示，文字效果如图3-36所示。

图3-34

图3-35

图3-36

05 在对话框左侧列表中选择"外发光"和"内发光"选项，添加这两种效果，设置参数如图3-37和图3-38所示。

图3-37

图3-38

06 在左侧列表中选择"斜面和浮雕"和"颜色叠加"选项，添加这两种效果，设置参数如图3-39和图3-40所示。

图3-39

图3-40

07 在左侧列表中选择"渐变叠加"选项，设置参数如图3-41所示，文字效果如图3-42所示。

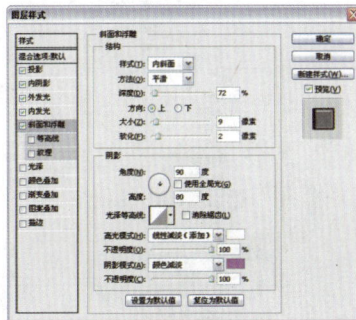

图3-41

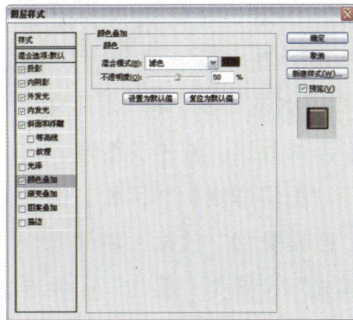

图3-42

08 在左侧列表中选择"图案叠加"选项，单击"图案"选项右侧的三角按钮，打开面板，选择自定义的图案，设置图案的缩放比例为150%，如图3-43所示，效果如图3-44所示。

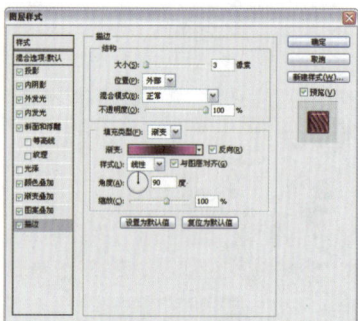

图3-43

图3-44

09 在左侧列表中选择"描边"选项，设置参数如图3-45所示，效果如图3-46所示。按下回车键关闭对话框。

图3-45

图3-46

10 按住Alt键双击"背景"图层，将它转换为普通图层，其名称会变为"图层0"，如图3-47所示。下面来为它添加效果。双击该图层，打开"图层样式"对话框，选择"图案叠加"效果，将"混合模式"设置为"叠加"，并选择自定义的图案，设置缩放比例为50%，如图3-48所示，效果如图3-49所示。

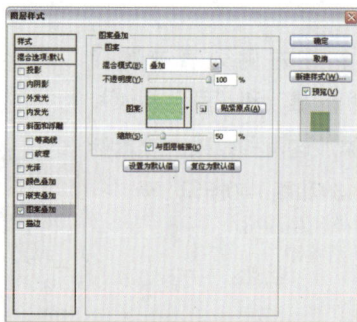

图3-47

图3-48

图3-49

3.3 干面包片字

- 学习技巧：在通道中制作带有面包质感的纹理图，通过光照效果滤镜将通道图像映射到文字中。
- 学习时间：30分钟
- 技术难度：★★★
- 实用指数：★★★★

实例效果

01 按快捷键Ctrl+O，打开一个文件（光盘>素材>3.3），如图3-50所示。这是一个分层文件，文字已转换成图像，如图3-51所示。

图3-50

图3-51

02 双击"面包干"图层，添加"内发光"和"颜色叠加"效果，使文字呈现为面包的暖橙色，如图3-52～图3-54所示。

图3-52

图3-53

图3-54

03 按住Ctrl键单击"创建新图层"按钮，在文字下方新建"图层1"，如图3-55所示。按住Ctrl键单击"面包干"图层，选中这两个图层，如图3-56所示，按快捷键Ctrl+E合并，图层样式会转换到图像中，图层名称依然为"面包干"，如图3-57所示。

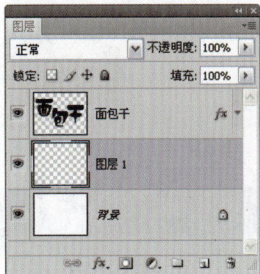

图3-55

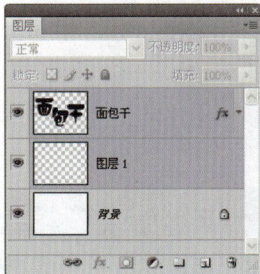

图3-56

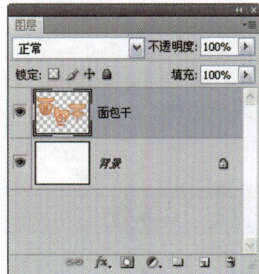

图3-57

04 单击"通道"面板中的"创建新通道"按钮 ⬜ ，新建Alpha 1通道，如图3-58所示。执行"滤镜" > "渲染" > "云彩"命令，效果如图3-59所示。执行"滤镜" > "渲染" > "分层云彩"命令，效果如图3-60所示。

图3-58

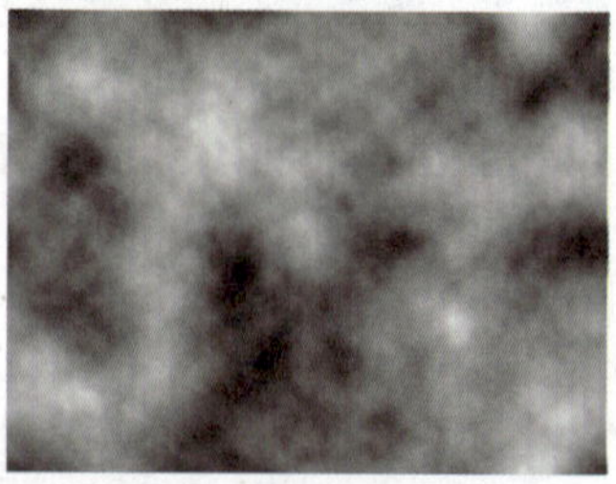

图3-59

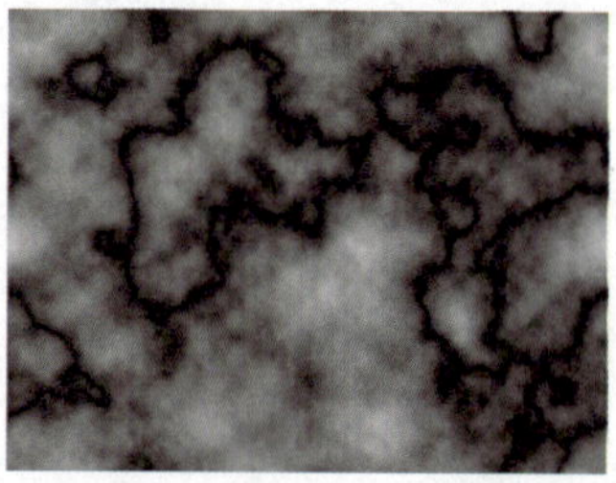

图3-60

> **➡ 提示**
>
> "云彩"滤镜可以使用介于前景色与背景色之间的随机值生成柔和的云彩图案。要生成色彩较为分明的云彩图案，可按住Alt键执行"云彩"命令。

05 按快捷键Ctrl+L打开"色阶"对话框，向左侧拖曳白色滑块，使灰色变为白色，如图3-61和图3-62所示。

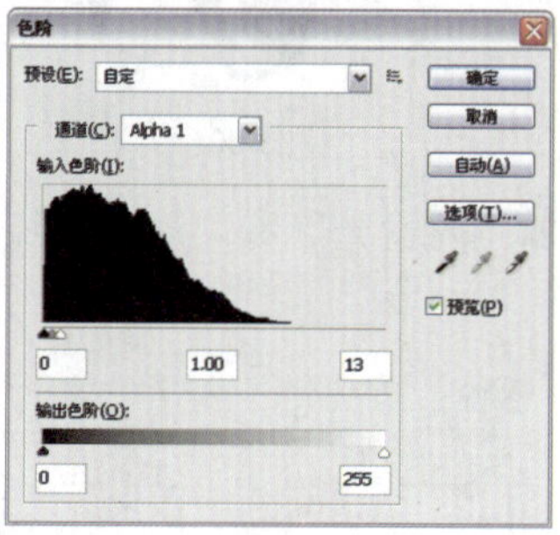

图3-61

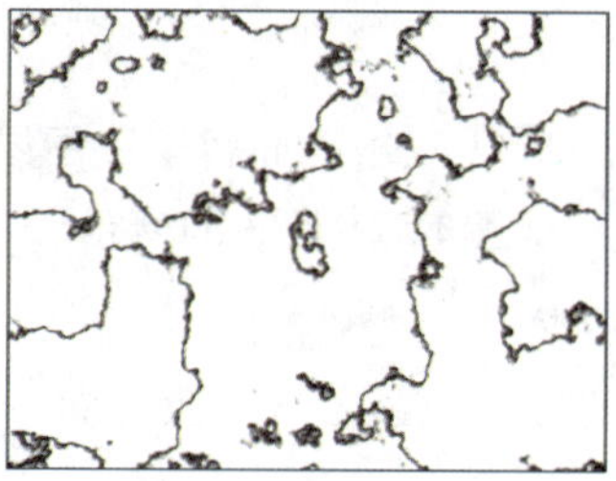

图3-62

06 执行"滤镜" > "扭曲" > "海洋波纹"命令，使图像看起来像在水下面，如图3-63所示。执行"滤镜" > "扭曲" > "扩散亮光"命令，在图像中添加白色杂色，并从图像中心向外渐隐亮光，使图像产生一种光芒漫射的效果，如图3-64所示。

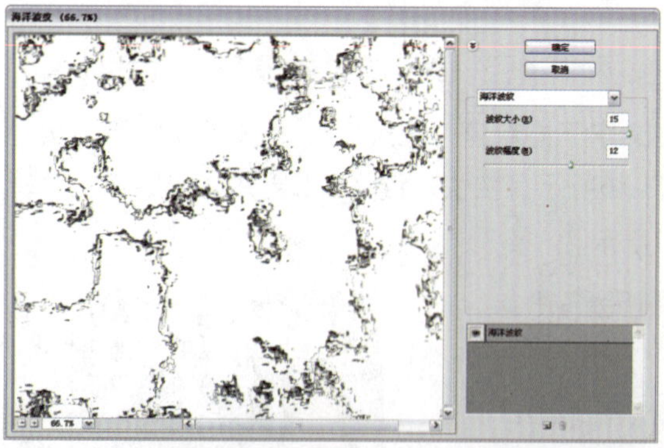

图3-63

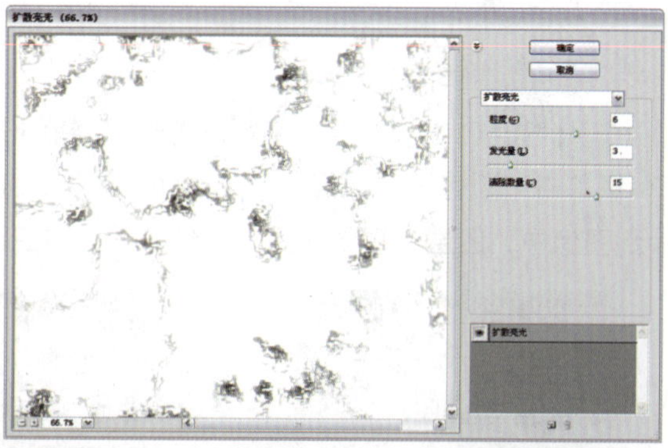

图3-64

> **➡ 提示**
>
> "扩散亮光"滤镜可以将照片处理为柔光照射效果，亮光的颜色由背景色决定，因此，选择不同的背景色，可以产生不同的视觉效果。

07 执行"滤镜">"杂色">"添加杂色"命令,在画面中添加颗粒,如图3-65和图3-66所示。按快捷键Ctrl+I反相,如图3-67所示。

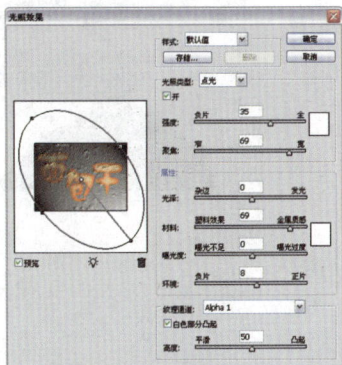

图3-65　　　　　　　　　　图3-66　　　　　　　　　　图3-67

08 按快捷键Ctrl+2返回彩色图像编辑状态,当前的工作图层为"面包干"图层。执行"滤镜">"渲染">"光照效果"命令,默认的光照类型为"点光",它是一束椭圆形的光柱,拖曳中央的圆圈可以移动光源位置,拖曳手柄可以旋转光照,将光照方向定位在右下角,在"纹理通道"下拉列表中选择Alpha 1通道,如图3-68所示,将Alpha通道中的图像映射到文字,这样即可生成干裂粗糙的表面了,如图3-69所示。

图3-68　　　　　　　　　　　　　　图3-69

> **提示**
>
> 　　将光源预览框底部的"光源"图标拖曳到预览区域的图像上,可以添加光源,最多可以添加16个光源。单击光源的中央圆圈,并将其拖曳到预览区域右下角的图标上,可以删除光源。

09 双击"面包干"图层,分别添加"投影"和"斜面和浮雕"效果,表现出"面包"的厚度,如图3-70～图3-72所示。

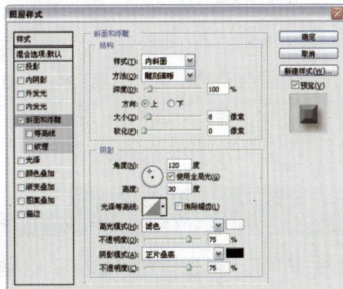

图3-70　　　　　　　　　　图3-71　　　　　　　　　　图3-72

10 按住Ctrl键单击该图层的缩览图，载入文字的选区，如图3-73所示。单击"调整"面板中的 按钮，如图3-74所示，显示色阶设置选项，分别拖曳灰色和白色滑块将图像调亮，如图3-75和图3-76所示，同时，"图层"面板中会基于选区生成一个色阶调整图层，原来的选区范围会变为调整图层蒙版中的白色区域，如图3-77所示。

图3-73

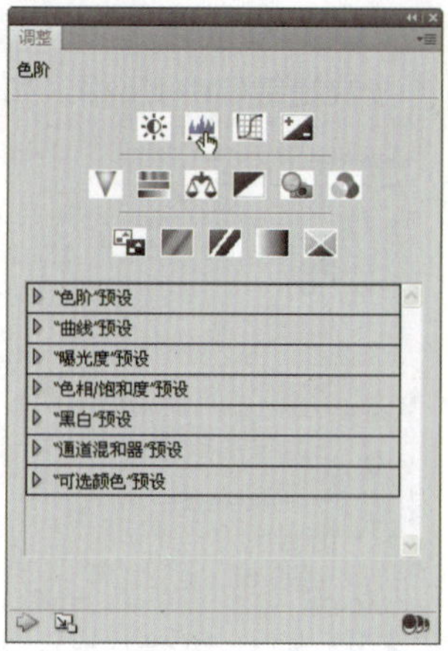

图3-76

图3-74

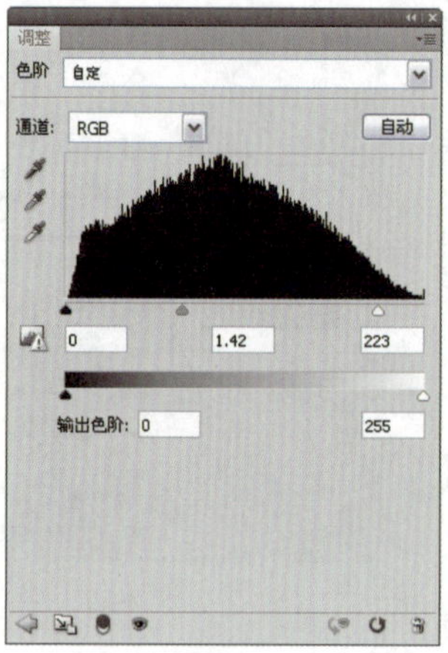

图3-75

图3-77

11 单击"调整"面板下方的 按钮，显示各种调整按钮，再单击 按钮，创建"色相/饱和度"调整图层，适当增加饱和度，使"面包干"颜色鲜亮，如图3-78和图3-79所示。

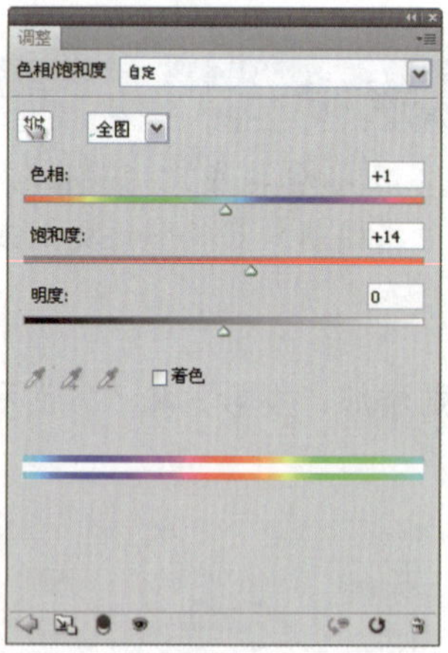

图3-78

图3-79

➡ **提示**

勾选"色相/饱和度"面板中的"着色"选项，可以将图像转换为只有一种颜色的单色图像。

3.4 沙滩手写字

- 学习技巧：制作文字选区，通过图层样式制作立体字，用滤镜制作沙子效果。
- 学习时间：30分钟
- 技术难度：★★★
- 实用指数：★★★

实例效果

01 新建一个大小为850×600像素，72像素/英寸的RGB文件。将前景色设置为浅黄色（R217、G205、B163），背景色设置为褐色（R113、G84、B19），按快捷键Alt+Delete填充前景色，如图3-80所示。

02 执行"滤镜">"杂色">"添加杂色"命令，生成沙子颗粒，如图3-81和图3-82所示。

图3-80

图3-81

图3-82

03 选择"横排文字蒙版"工具，在工具选项栏中设置字体和大小，在画面中单击，画面呈现浅红色蒙版状态，输入Pro字样，如图3-83所示。单击"图层"面板中的义字缩览图完成文字的输入，创建文字选区，如图3-84所示。

图3-83

图3-84

04 执行"选择">"变换选区"命令，在选区周围显示定界框，拖曳定界框的一角将选区旋转，如图3-85所示，按回车键确认变换操作。连按快捷键Ctrl+J两次，将选区内的图形复制到新的图层中。选择"图层1"，并隐藏"图层1副本"，如图3-86所示。

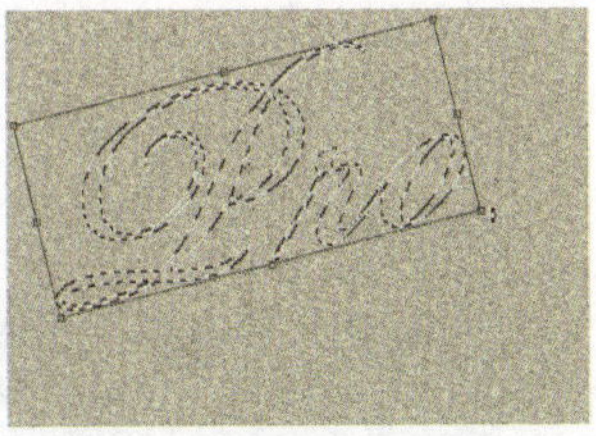

图3-85

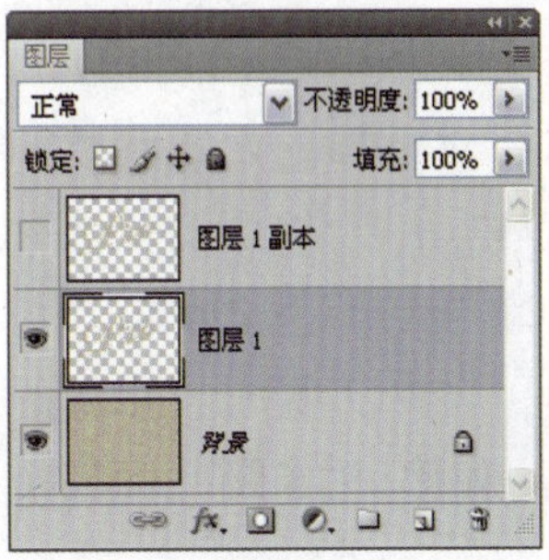

图3-86

图3-87

图3-88

05 双击"图层1"，打开"图层样式"对话框，选择"斜面和浮雕"选项，设置参数如图3-87所示，效果如图3-88所示。

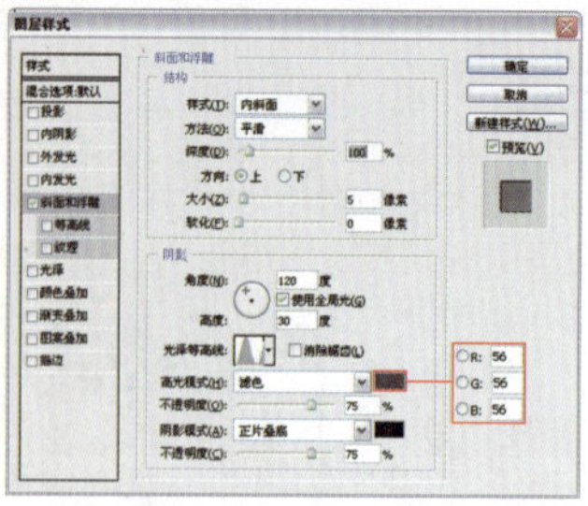

图3-89

图3-90

06 显示"图层1副本"图层。双击该图层，打开"图层样式"对话框，同样选择"斜面和浮雕"选项，采用默认参数即可，如图3-89和图3-90所示。

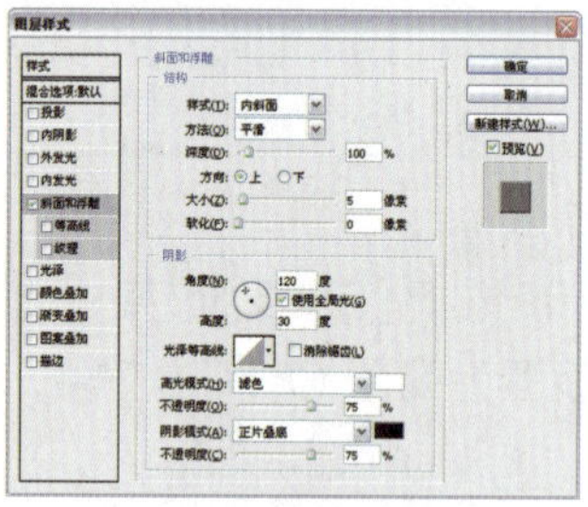

图3-91

图3-92

07 按快捷键Ctrl+A全选，按下Delete键删除副本图层上的文字内容，只留下图层效果，如图3-91所示，按快捷键Ctrl+D取消选择。选择"画笔"工具，在"画笔"面板中选择喷溅46像素画笔，如图3-92所示。

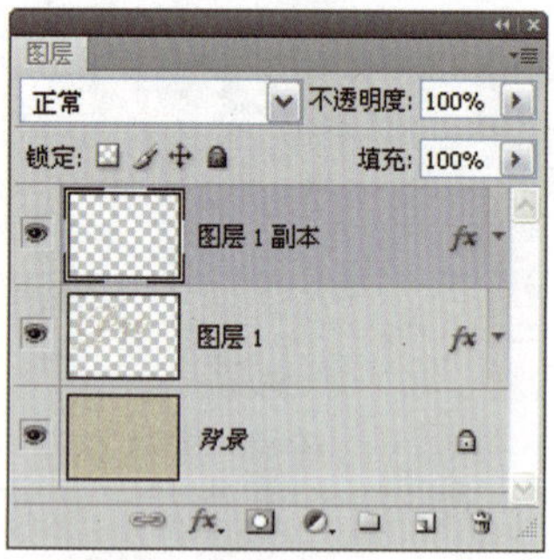

图3-93

图3-94

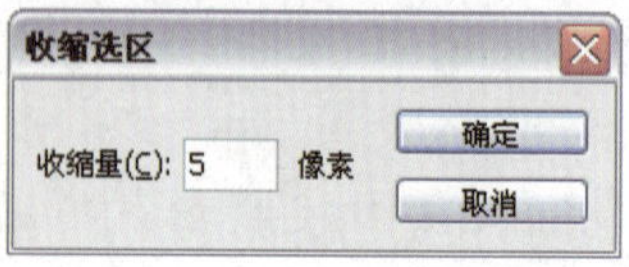

08 在文字上点画，将文字覆盖住，使光滑的文字边缘呈现手指涂抹时的自然效果，如图3-93所示。按住Ctrl键单击"图层1"的缩览图载入选区。按快捷键Ctrl+Shift+D打开"羽化"对话框，设置参数如图3-94所示，对选区进行羽化；执行"选择">"修改">"收缩"命令，收缩羽化后的选区，如图3-95和图3-96所示。

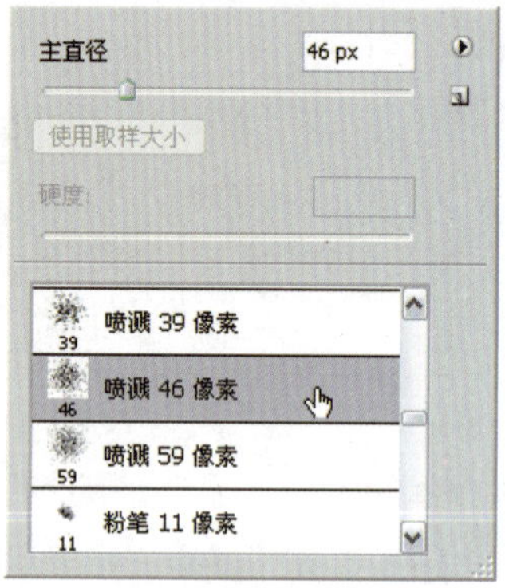

图3-95

图3-96

突破平面 Photoshop CS5 设计与制作深度剖析

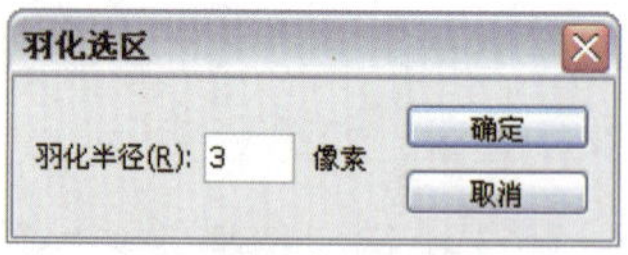

09 按下Delete键删除选区内图像，制作出凹陷的效果，如图3-97所示，按快捷键Ctrl+D取消选择。选择"图层1"，执行"滤镜">"模糊">"高斯模糊"命令，设置参数如图3-98所示，效果如图3-99所示。

图3-97

图3-98

图3-99

10 执行"滤镜">"杂色">"添加杂色"命令，设置参数如图3-100所示，效果如图3-101所示。选择"图层1副本"，按快捷键Ctrl+F重复执行"添加杂色"命令，效果如图3-102所示。

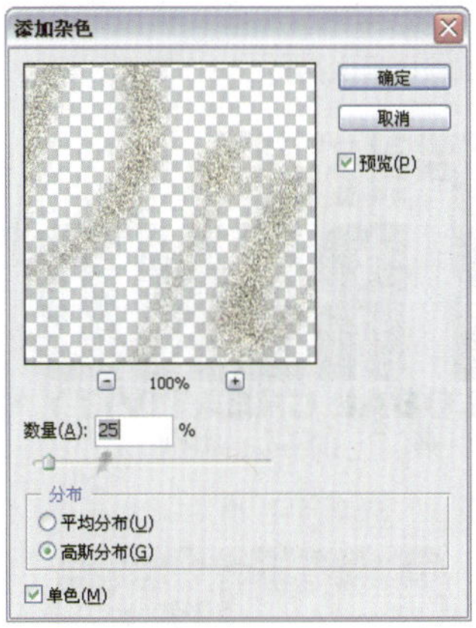

图3-100

图3-101

图3-102

11 新建一个图层。选择"自定形状"工具，在工具选项栏单击"填充像素"按钮，单击 按钮打开"形状"面板，选择"信封2"形状，如图3-103所示，按住Shift键锁定比例绘制一个信封。按快捷键Ctrl+T显示定界框，将信封图形朝逆时针方向旋转，使它与文字的角度一致，如图3-104所示。

12 信封效果的制作方法与文字相同，可以通过两个图层将图形变成划沙效果，使它们与文字更加完美地结合起来，令画面变得丰富，如图3-105所示。

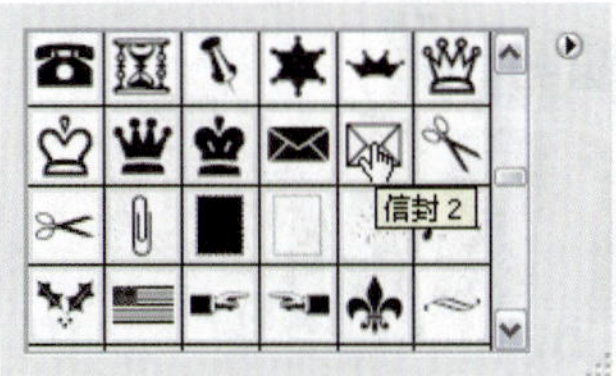

图3-103

图3-104

图3-105

3.5 时尚海报字

- 学习技巧：在文字的蒙版中通过滤镜制作特效，创建特殊的合成效果，通过混合模式生成沙粒质感。
- 学习时间：25分钟
- 技术难度：★★
- 实用指数：★★★★★

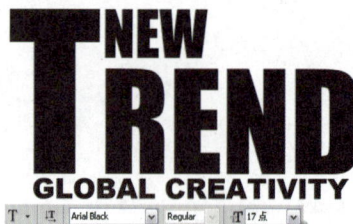

实例效果

01 新建一个大小为148×105毫米，300像素/英寸的RGB文件。选择"横排文字"工具 T，在工具选项栏中设置字体为Impact，大小为80点，在画面中单击输入文字，如图3-106所示。在字母T上面拖曳将它选取，调整大小为125点，如图3-107所示。

02 在下面输入一行文字，调整字体为Arial Black，大小为17点，如图3-108所示。

图3-106

图3-107

图3-108

03 按住Ctrl键单击，同时选中两个文字图层，如图3-109所示，按快捷键Ctrl+E合并，合并后的文字会栅格化，不能再修改文字内容，如图3-110所示。

图3-109

图3-110

04 按住Ctrl键单击上面的文本图层，选中这两个图层，如图3-111所示。按快捷键Ctrl+T显示定界框，将文字向逆时针方向旋转（-6.2°），按下回车键确认操作，如图3-112所示。

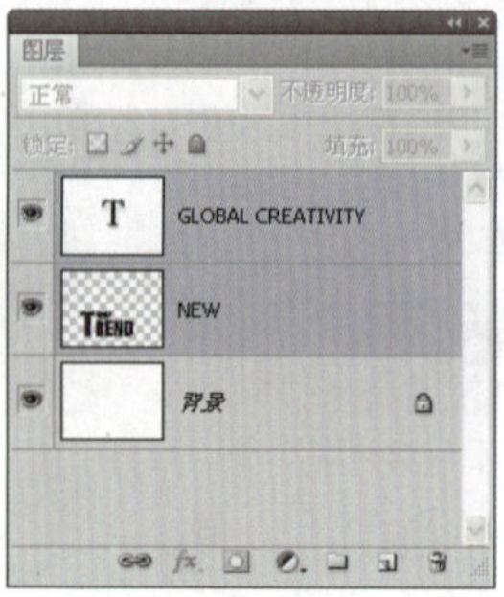

图3-111

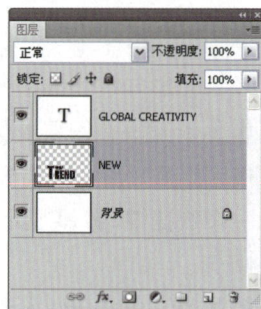

图3-112

05 双击NEW文字图层，在打开的"图层样式"对话框中选择"描边"选项，为文字添加描边效果，如图3-113和图3-114所示。

06 按住Alt键将NEW图层的"效果"图标 *fx* 拖曳到上面的文字图层中，将效果复制到该图层，使最下面一行的小字也具有相同的描边效果，如图3-115和图3-116所示。

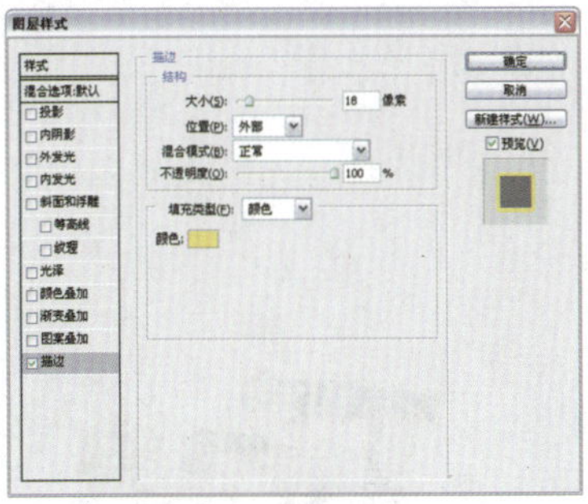

图3-113

图3-114

图3-116

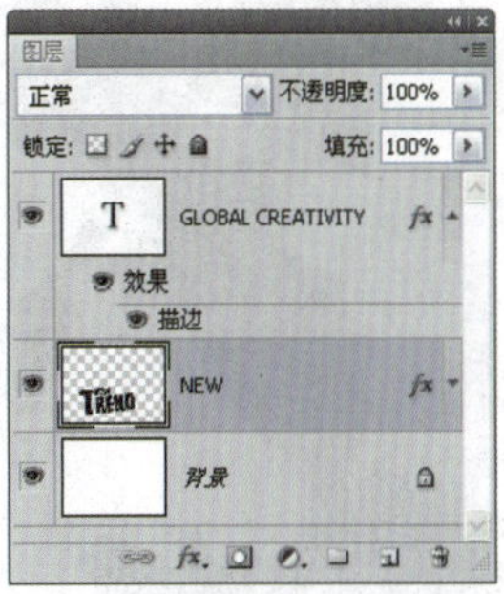

图3-115

07 由于字号小的原因，复制的描边效果与文字大小不匹配，显得有些大，可以通过缩放效果，使描边与文字协调。选中该图层，如图3-117所示，执行"图层">"图层样式">"缩放效果"命令，设置缩放参数为50%，如图3-118和图3-119所示。

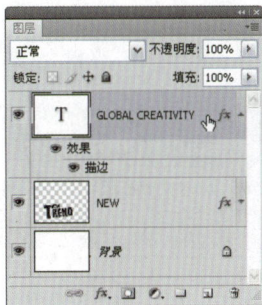

图3-117

图3-118

图3-119

➡ **提示**

"缩放效果"命令只缩放图层添加的效果，而不会缩放图层中的图像内容。

08 选择NEW图层，单击"添加图层蒙版"按钮 添加蒙版，如图3-120所示。执行"滤镜">"渲染">"云彩"命令，在蒙版中生成云彩纹理，通过纹理对文字进行遮盖，产生特殊的混合效果，如图3-121和图3-122所示。

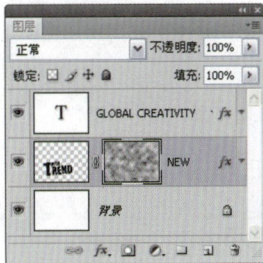

图3-120

图3-121

图3-122

09 执行"滤镜">"素描">"撕边"命令，使纹理的边缘变得粗糙，生成撕纸的效果，如图3-123和图3-124所示。

图3-123

图3-124

10 选择"画笔"工具，在"画笔"下拉面板中选择半湿描边油彩笔，如图3-125所示。按X键将前景色切换为白色，在文字区域涂抹，显示更多的文字部分，只保留极少的粗糙纹理，如图3-126所示，蒙版效果如图3-127所示。

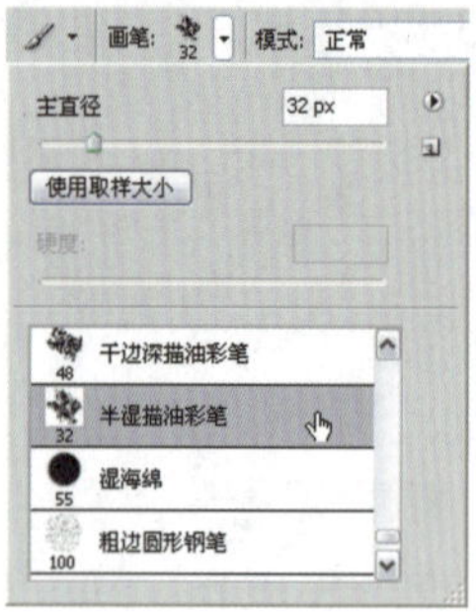

图3-125

图3-126

图3-127

11 双击该图层，在打开的"图层样式"对话框中选择"内发光"选项，为文字添加"内发光"效果，如图3-128和图3-129所示。

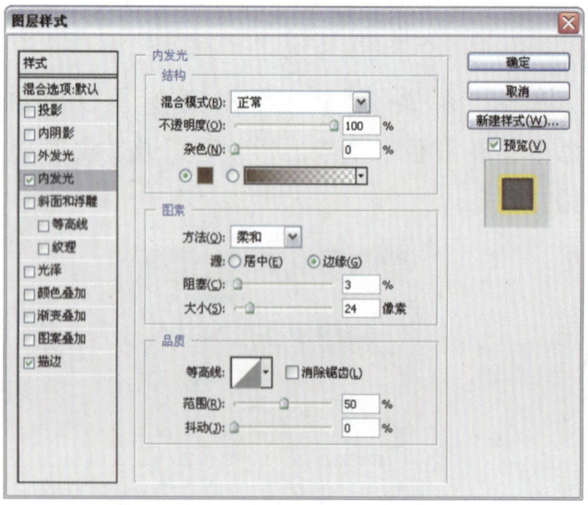

图3-128

图3-129

12 在"背景"图层上方新建一个图层，用来制作大文字的描边，如图3-130所示。按住Ctrl键单击NEW图层缩览图，载入文字的选区，如图3-131所示。执行"选择">"修改">"扩展"命令扩展选区，如图3-132和图3-133所示。

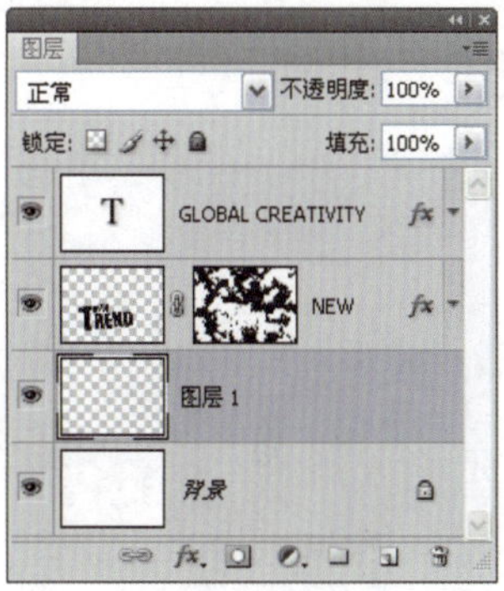

图3-130

图3-131

13 按D键恢复系统默认的前景色与背景色，按快捷键Alt+Delete在选区内填充黑色，按快捷键Ctrl+D取消选择，如图3-134所示。修改图层的混合模式和不透明度，如图3-135和图3-136所示。可以看到，描边区域出现沙粒一样的质感，这是"溶解"模式的特点，当降低图层的不透明度时，该模式可以使半透明区域上的像素离散，产生点状颗粒。

扩展选区

扩展量(E): 32 像素

确定
取消

图3-132

图3-133

图3-134

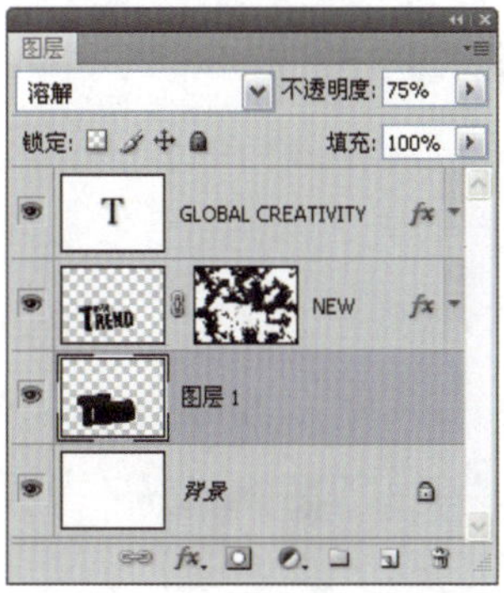

图3-135

图3-136

14 用同样方法制作小字的描边，在扩展选区时设置扩展量为18像素，如图3-137和图3-138所示。在画面右侧添加人物（光盘>素材>3.5），使画面构图均衡，如图3-139所示。

图3-138

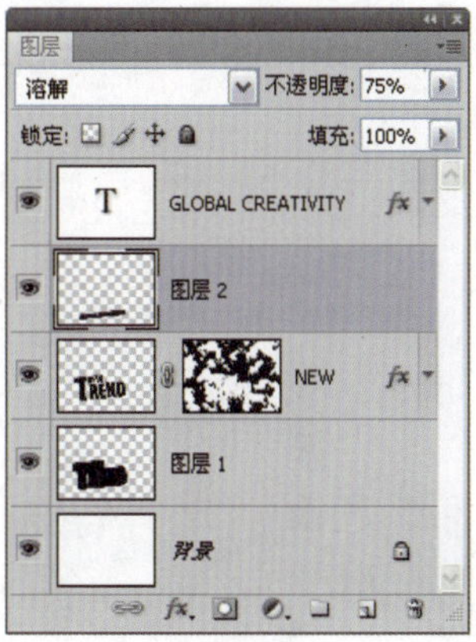

图3-137

图3-139

3.6 光影时空字

- 学习技巧：通过动感模糊命令制作出文字的立体效果。
- 学习时间：30分钟
- 技术难度：★★
- 实用指数：★★★

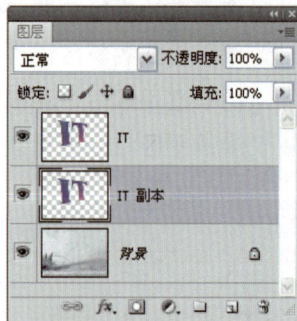

素材

实例效果

01 按快捷键Ctrl+O，打开一个文件（光盘>素材>3.6a），如图3-140和图3-141所示。

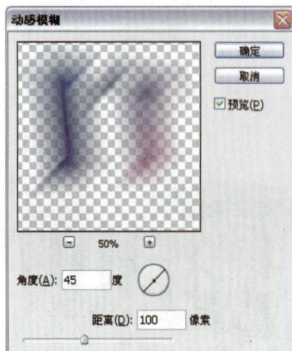

图3-140

图3-141

02 按快捷键Ctrl+T显示定界框，单击鼠标右键，执行"扭曲"命令，拖曳控制点对文字进行变形处理，如图3-142所示。按住Alt键向下拖曳文字图层进行复制，如图3-143所示。

图3-142

图3-143

03 执行"滤镜">"模糊">"动感模糊"命令，对文字进行模糊，如图3-144和图3-145所示。再调整文字的位置，如图3-146所示。

图3-144

图3-145

图3-146

04 复制"IT副本"图层，设置不透明度为70%，使文字的立体效果更加明显，如图3-147和图3-148所示。

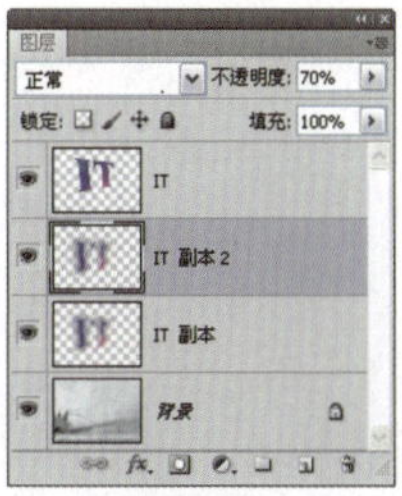

图3-147

图3-148

05 双击"IT"图层，打开"图层样式"对话框，在左侧列表中选择"内阴影"和"斜面和浮雕"选项，设置参数如图3-149和图3-150所示。

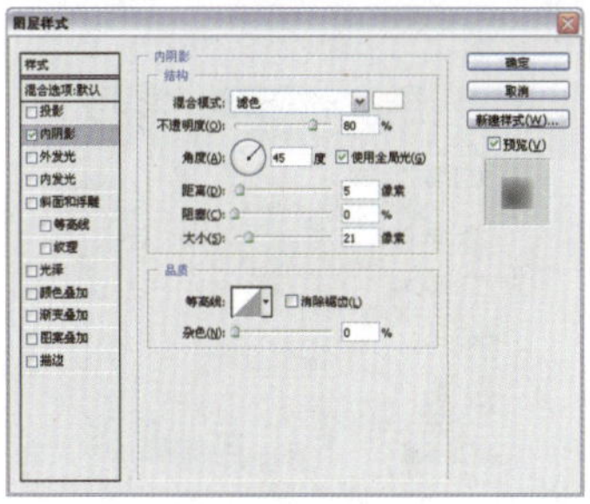

图3-149

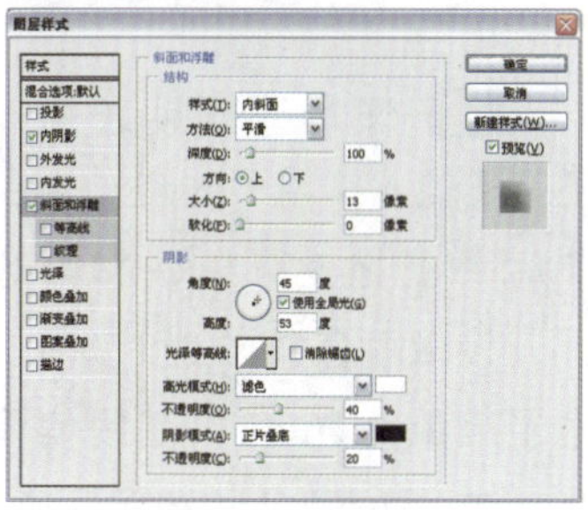

图3-150

06 在左侧列表中选择"描边"选项，将描边颜色设置为白色，其他参数设置如图3-151所示，文字的效果如图3-152所示。

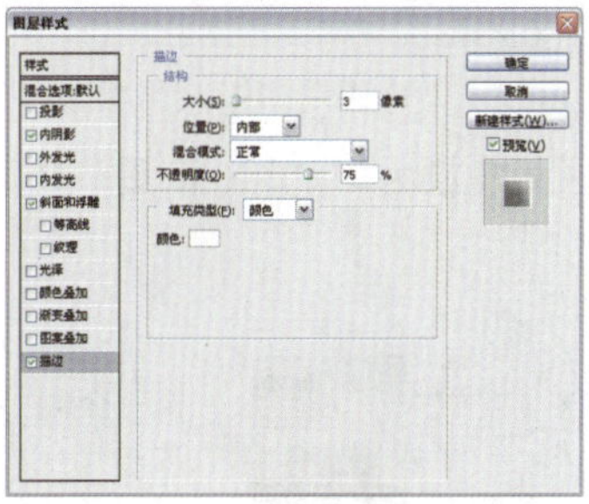

图3-151

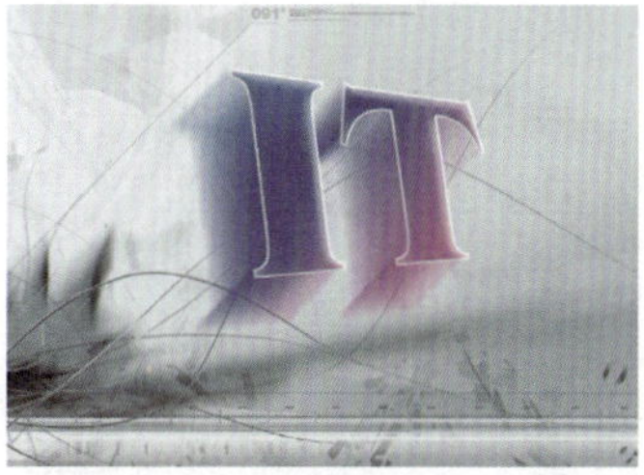

图3-152

07 打开一个文件（光盘>素材>3.6b），如图3-153所示。将白色的数字图像拖曳到当前文件中，设置混合模式为"叠加"，不透明度为25%，如图3-154和图3-155所示。

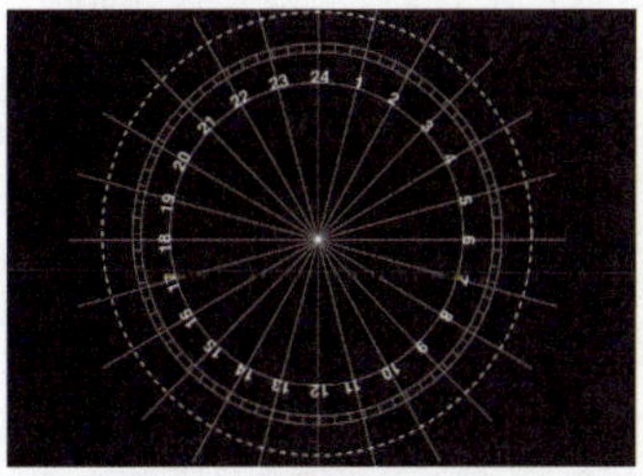

图3-153

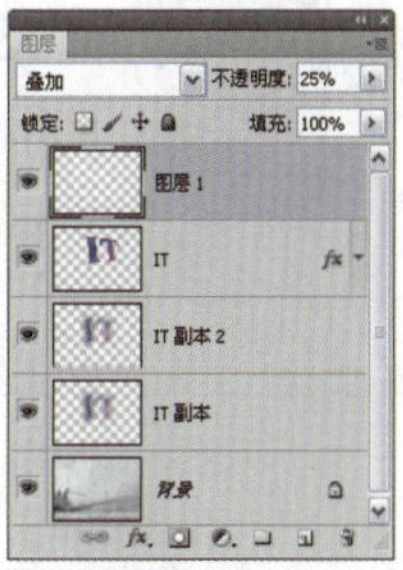

图3-154

图3-155

08 用"横排文字"工具 **T** 输入文字，单击工具选项栏中的 按钮，调出"字符"面板，设置字体、大小和间距，如图3-156所示，文字的效果如图3-157所示。

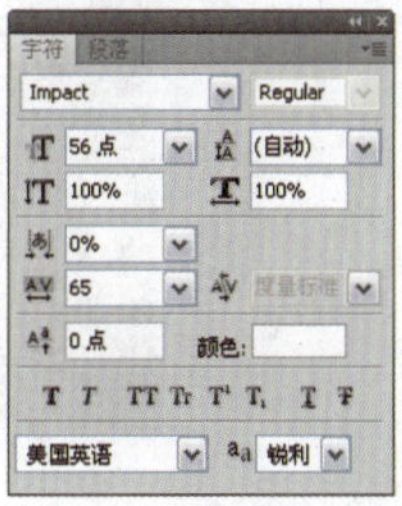

图3-156

图3-157

09 为文字图层添加"描边"样式，将描边颜色设置为深蓝色，如图3-158所示，文字的效果如图3-159所示。

图3-158

图3-159

10 使用"横排文字"工具T输入文字"时空"，在"时"上拖曳鼠标，将其选择，设置垂直缩放为130%，水平缩放为160%，基线偏移为-5点，如图3-160和图3-161所示。

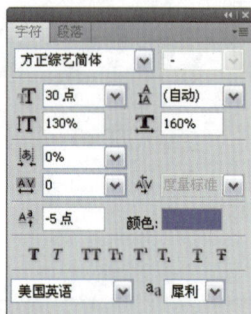

图3-160

图3-161

11 选择文字"空"，设置垂直缩放为310%，如图3-162和图3-163所示。最终的效果如图3-164所示。

图3-162

图3-163

图3-164

3.7 有机玻璃字

🔹 学习技巧：通过图层样式制作出文字的立体效果，再将背景用的木板纹理剪切到文字中。

🔹 学习时间：30分钟

🔹 技术难度：★★

🔹 实用指数：★★★

实例效果

01 按快捷键Ctrl+O，打开一个文件（光盘>素材>3.7），如图3-165所示。单击"图层"面板底部的 按钮，在"背景"图层上方新建一个图层，如图3-166所示。

图3-165 　　　　　　　　　　　图3-166

02 选择"椭圆"工具 ，在工具选项栏单击"填充像素"按钮 ，绘制一个白色的椭圆形，如图3-167所示。按住Ctrl键单击Glass图层缩览图，如图3-168所示，载入文字的选区，如图3-169所示。

图3-167　　　　　　　　图3-168 　　　　　　　　图3-169

03 单击Glass图层前的"眼睛"图标 ，隐藏该图层，如图3-170和图3-171所示。

图3-170 　　　　　　　　图3-171

04 按住Alt键单击"图层"面板底部的 按钮，创建一个反相的蒙版，将选区内的图像隐藏，如图3-172和图3-173所示。

图3-172 　　　　　　　　图3-173

05 双击"图层1"，打开"图层样式"对话框，添加"投影"和"内阴影"效果，如图3-174~图3-176所示。

图3-174　　　　　　　　　　图3-175

图3-176

06 在左侧列表中选择"外发光"和"内发光"选项，如图3-177~图3-179所示。

图3-177　　　　　　　　　　图3-178

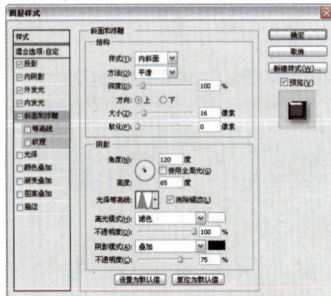

图3-179

07 在左侧列表中选择"斜面和浮雕"和"等高线"选项，添加这两种效果，设置参数如图3-180和图3-181所示。

图3-180　　　　　　　　　　图3-181

08 在左侧列表中选择"光泽"和"颜色叠加"选项，设置参数如图3-182和图3-183所示，效果如图3-184所示。

图3-182　　　　　　　　　　图3-183

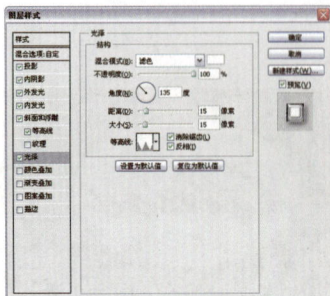

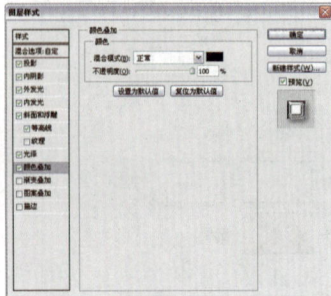

图3-184

09 拖曳"背景"层到"图层"面板底部的 ▣ 按钮上进行复制，将复制后的图层拖曳到"图层1"上方，如图3-185所示。设置该图层的不透明度为70%，按快捷键Ctrl+Alt+G创建剪贴蒙版，如图3-186和图3-187所示。

图3-185

图3-186

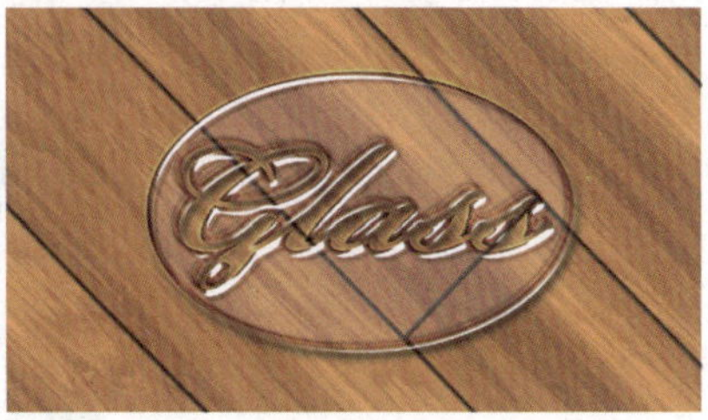

图3-187

10 新建一个图层，设置混合模式为正片叠底。使用"画笔"工具 ✎（柔角500px）在图像边缘涂抹深棕色，形成暗角效果，如图3-188和图3-189所示。

图3-188

图3-189

3.8　圆润玉石字

- 学习技巧：将大理石纹理素材定义为图案，并通过图层样式中的"图案叠加"效果应用于文字表面，生成真实的玉石质感。
- 学习时间：45分钟
- 技术难度：★★
- 实用指数：★★★

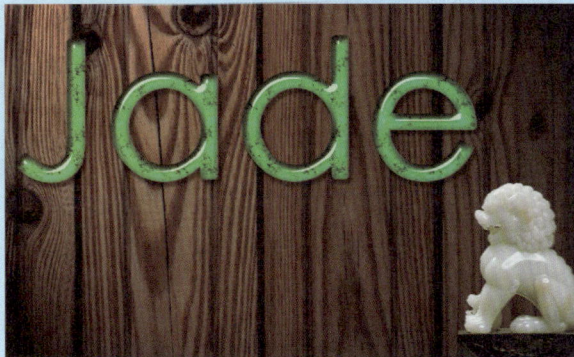

实例效果

01 按快捷键Ctrl+O，打开一个文件（光盘>素材>3.8a），如图3-190所示。执行"编辑">"定义图案"命令，打开"图案名称"对话框，输入图案的名称，如图3-191所示，单击"确定"按钮，将该图像定义为一个图案。

02 打开一个文件（光盘>素材>3.8b），这是一个分层文件，文字已经栅格化，位于单独的图层中，如图3-192和图3-193所示。

03 双击Jade图层，打开"图层样式"对话框，选择"投影"选项，将投影颜色设置为灰色，其他参数如图3-194所示。单击对话框左侧列表中的"内阴影"效果，设置内阴影颜色为墨绿色（R3、G69、B64），其他参数如图3-195所示。

04 单击对话框左侧列表中的"内发光"效果，设置发光颜色为深绿色（R0、G133、B22），其他参数如图3-196所示。单击左侧列表中的"斜面和浮雕"效果，设置"高光模式"的颜色为淡绿色（R210、G214、B175），"阴影模式"的颜色为墨绿色（R5、G58、B3），其他参数如图3-197所示。

图3-190　　　　　　　　　　图3-191

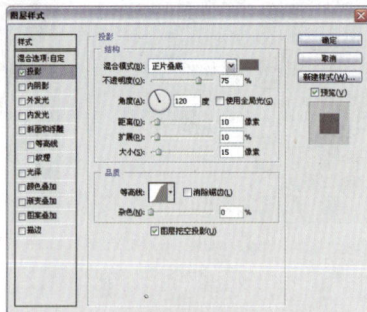

图3-192　　　　　　　　　　图3-193

图3-194　　　　　　　　　　图3-195

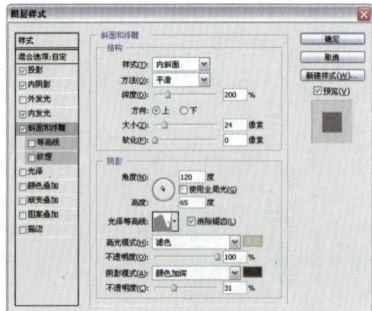

图3-196　　　　　　　　　　图3-197

05 单击左侧列表中的"颜色叠加"效果，设置叠加的颜色为绿色（110、G245、B117），如图3-198所示。单击左侧列表中的"光泽"效果，设置光泽颜色为淡青色（R237、G245、B253），其他参数如图3-199所示。

图3-198

图3-199

06 单击左侧列表中的"图案叠加"效果，单击图案缩览图，在弹出的面板中，选择前面定义的图案，如图3-200所示，设置"缩放"为25%，关闭对话框，为文字添加以上效果，如图3-201所示。

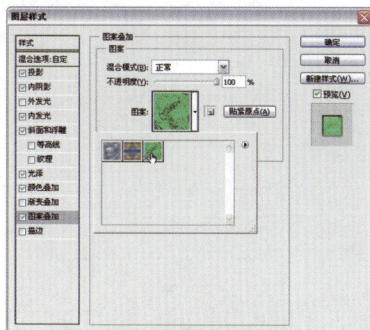

图3-200

图3-201

07 按快捷键Ctrl+O打开一个文件（光盘>素材>3.8c），如图3-202所示。使用"移动"工具将石狮拖到玉石字文档中，如图3-203所示。

图3-202

图3-203

3.9 立体镏金字

- 学习技巧：使用图层样式制作镏金字，并赋予文字金属的光泽与质感。
- 学习时间：20分钟
- 技术难度：★★
- 实用指数：★★★

实例效果

01 按快捷键Ctrl+O，打开一个文件（光盘>素材>3.9a），如图3-204所示，这是一个分层文件，文字在一个单独的图层中，如图3-205所示。

图3-204

图3-205

02 双击文字图层，打开"图层样式"对话框，选择"图案叠加"选项，单击"图案"选项右侧的按钮，打开图案面板，单击面板右上角的 ⊙ 按钮，执行"图案"命令，加载该图案库，选择木质图案，如图3-206和图3-207所示。

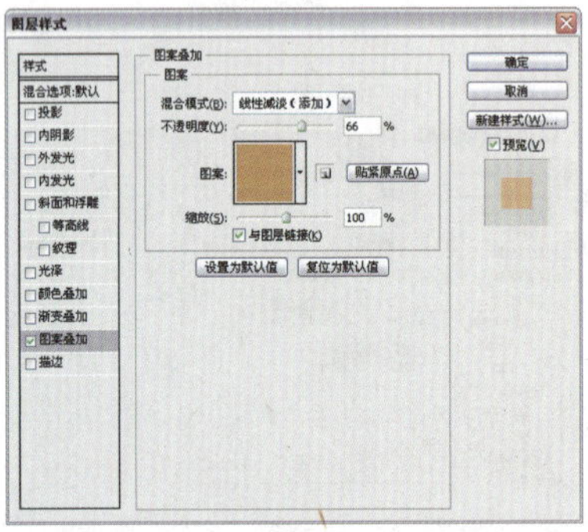

图3-206

图3-207

03 选择"投影"选项，取消"使用全局光"选项的勾选，设置其他参数如图3-208和图3-209所示。

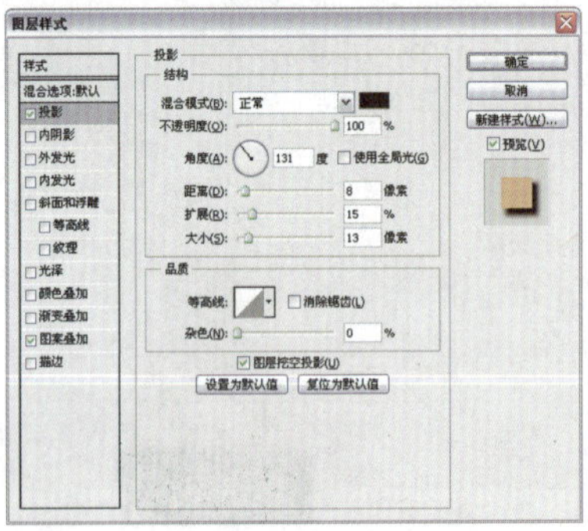

图3-208

图3-209

04 选择"内阴影"选项，单击"混合模式"后面的颜色块，在打开的"拾色器"对话框中将阴影调整为黄色，设置参数如图3-210所示。单击"等高线"选项右侧的缩览图，在打开的"等高线编辑器"对话框中调整曲线，如图3-211所示，效果如图3-212所示。

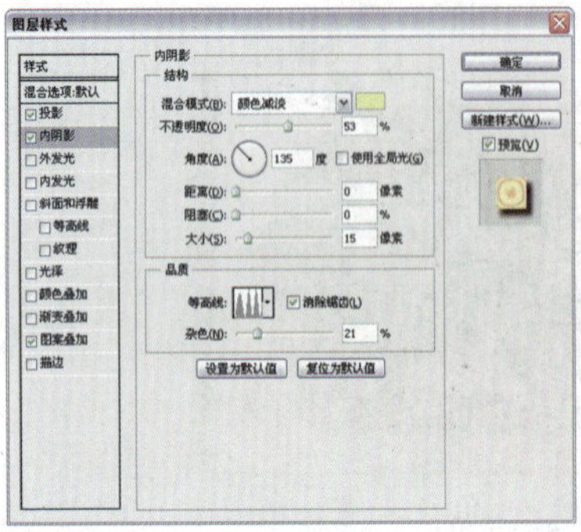

图3-210

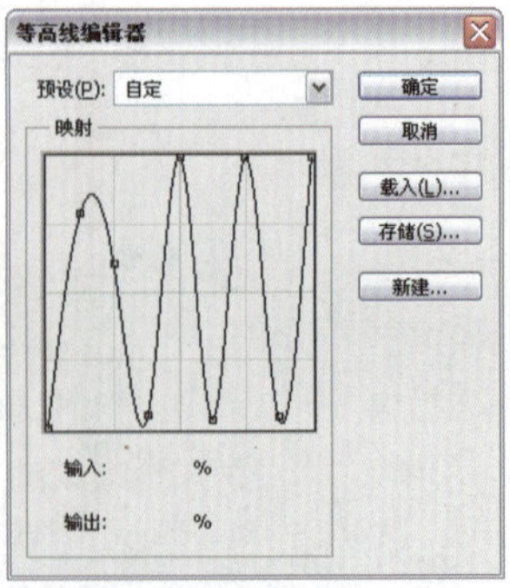

图3-211

图3-212

突破平面 Photoshop CS5 设计与制作深度剖析

PS

05 选择"外发光"和"内发光"选项，调整发光的颜色和参数，如图3-213~图3-215所示。

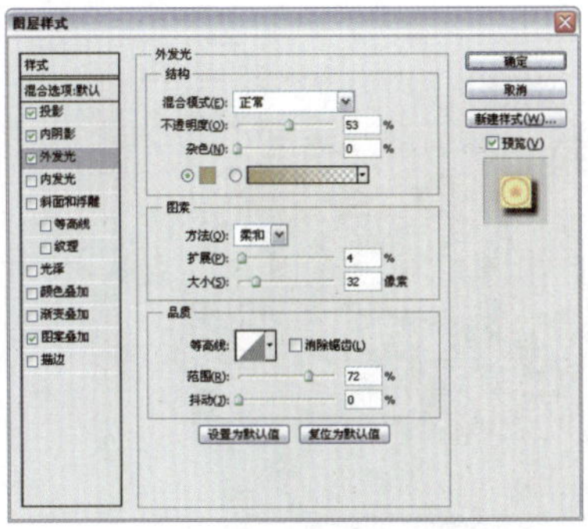

图3-213

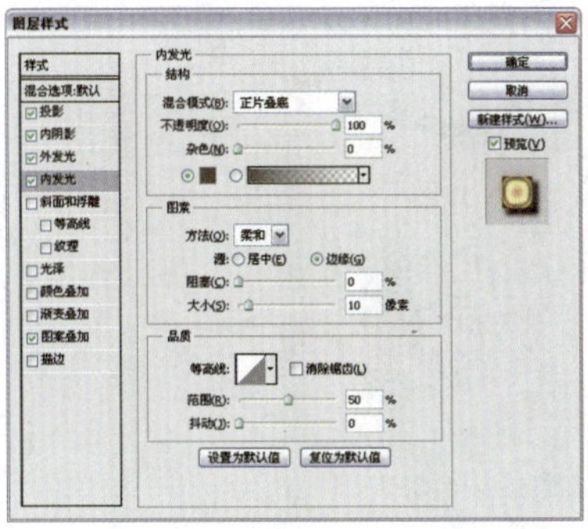

图3-214

图3-215

06 选择"斜面和浮雕"选项，在"样式"下拉列表中选择"内斜面"选项，将"高光模式"的颜色调整为黄色，如图3-216所示；选择"等高线"选项，设置参数如图3-217所示。选择"纹理"选项，在"图案"面板中选择金属画图案，如图3-218和图3-219所示。

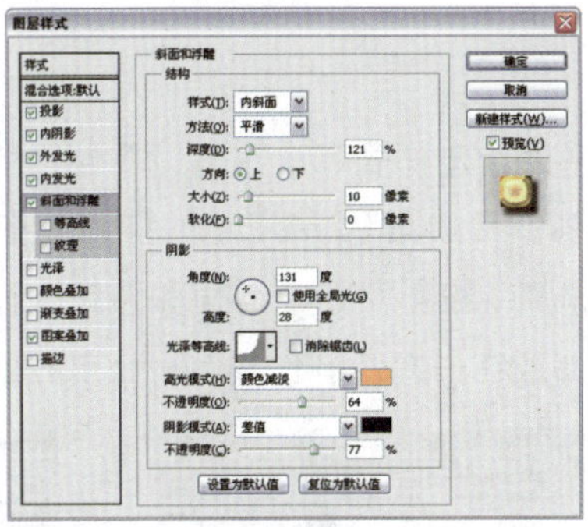

图3-216

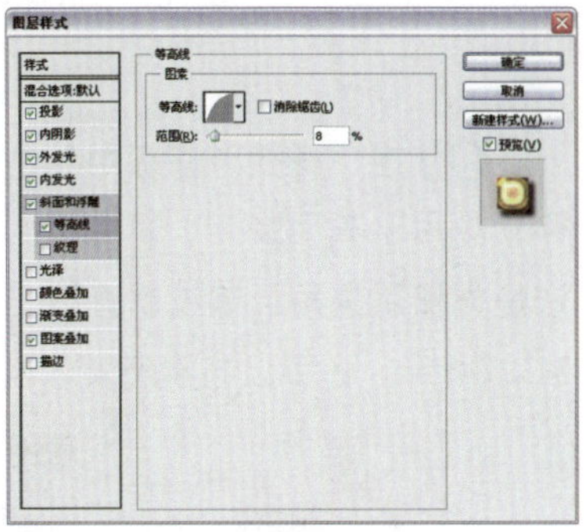

图3-217

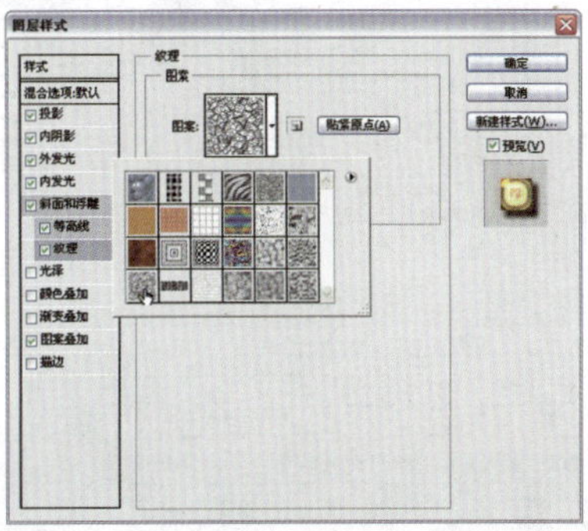

图3-218

图3-219

07 选择"渐变叠加"选项，使金属的光泽更加明亮，如图3-220和图3-221所示。

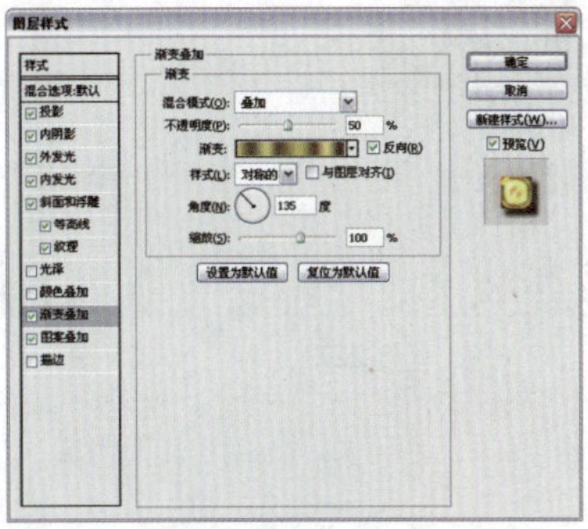

图3-220

图3-221

08 打开一个文件（光盘>素材> 3.9b），如图3-222所示，将该图像拖曳到金属字文档中作为背景，这样就成了一个有喜庆气氛的春节贺卡，如图3-223所示。

图3-222

图3-223

09 在"样式"面板中单击"创建新建样式"按钮，将制作的镏金效果保存，这样即可将该样式应用于其他文字，例如，可以制作出如图3-224所示的挂饰。在这个挂饰中，编织绳的制作方法是先使用尖角画笔绘制直线，再添加"投影"、"斜面和浮雕"和"纹理"效果，如图3-225~图3-227所示。还可以将春节贺卡与挂饰放在一起，制作成为一个节日的套装，如图3-228所示。

图3-224

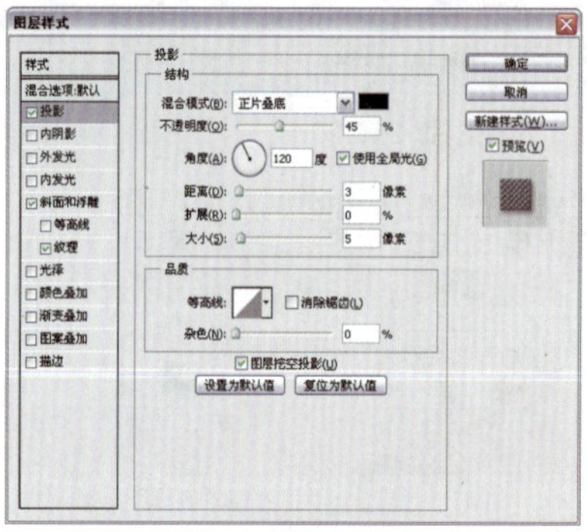

图3-225

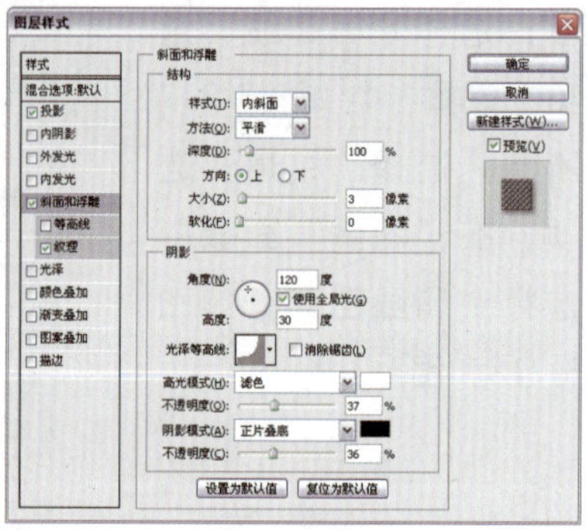

图3-226

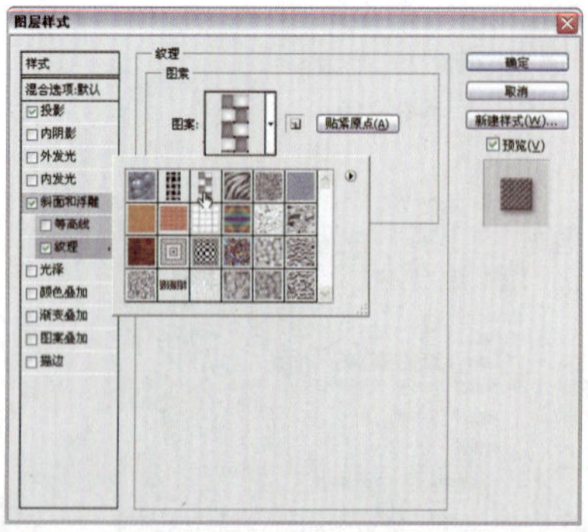

图3-227

图3-228

3.10 不锈钢板字

- 学习技巧：制作金属材质、表现立体字效果，了解图层蒙版隐藏效果的作用。
- 学习时间：30分钟
- 技术难度：★★★★
- 实用指数：★★★

素材

实例效果

01 按快捷键Ctrl+N打开"新建"对话框，新建一个A6大小，分辨率为300像素/英寸的RGB文件。按快捷键Ctrl+ Shift+Alt+N新建一个图层。选择"矩形"工具▢，单击工具选项栏中的"填充像素"按钮▢，并创建一个矩形。双击该图层，添加"斜面和浮雕"效果，如图3-229所示；单击光泽等高线后面的◪按钮打开"等高线编辑器"对话框，调整曲线形状，如图3-230所示，效果如图3-231所示。

图3-229

图3-230

图3-231

02 选择"等高线"选项，在等高线面板中选择"高斯"样式，如图3-232所示；选择"图案叠加"选项，单击图案后面的▦按钮打开面板，单击面板右上角的▶按钮打开菜单，选择"岩石图案"选项，加载该图案库，选择"纹理拼贴"图案，如图3-233所示；再分别选择"光泽"和"描边"选项，设置参数如图3-234和图3-235所示；效果如图3-236所示。

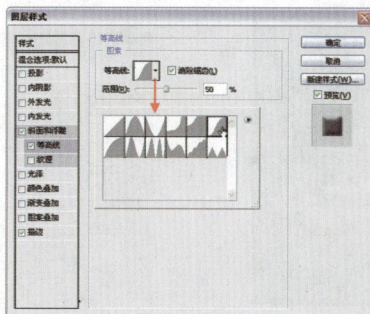

图3-232

图3-233

图3-234　　　　　图3-235　　　　　图3-236

03 打开"样式"面板，
单击"创建新样式"按钮，
打开"新建样式"对话框，如
图3-237所示，单击"确定"按
钮，将当前制作的金属板样式保
存到面板中，如图3-238所示。

图3-237　　　　　图3-238

04 选择"横排文字"工具 **T**，在工具选项栏中设置字体和大小，在画面中单击输入文字，如
图3-239所示。单击"样式"面板中新创建的样式，将其应用于文字，如图3-240和图3-241所示。

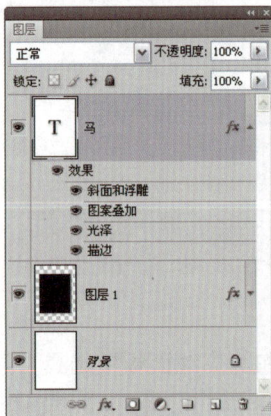

图3-239　　　　　图3-240　　　　　图3-241

05 输入文字"门"，通
过自由变换调整文字的高度，
使它适合于矩形金属板，如图
3-242所示。将文字"门"图层
与金属板所在的图层选中，按
快捷键Ctrl+E合并，如图3-243
所示。为下一步的变换操作做
准备。

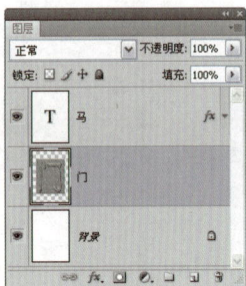

图3-242　　　　　图3-243

突破平面 Photoshop CS5 设计与制作深度剖析

PS

06 按快捷键Ctrl+T显示定界框，拖曳定界框的一侧使图像变窄，如图3-244所示；单击右键，执行"透视"命令，如图3-245所示；在定界框的一角拖曳进行透视调整，如图3-246所示；再次单击右键，执行"自由变换"命令，调整图像的角度，使金属板产生倾斜，如图3-247所示。按下回车键确认操作。

| 图3-244 | 图3-245 | 图3-246 | 图3-247 |

07 按住Ctrl键单击该图层的缩览图，载入选区，如图3-248所示。选择"移动"工具，按住Alt键的同时连续按←键，不断重复移动与复制的操作，生成如图3-249所示的效果，使金属板出现一定的厚度。

08 使用"橡皮擦"工具将金属板上面的边角擦除，如图3-250所示。使用"加深"工具（范围：高光，曝光度30%）对金属板上面的边缘处进行加深处理，使用"减淡"工具（范围：中间调，曝光度40%）涂抹出金属板立体面的高光，如图3-251所示。

| 图3-248 | 图3-249 | 图3-250 | 图3-251 |

09 选择"马"图层，单击"添加图层蒙版"按钮创建蒙版，使用"画笔"工具（尖角）在蒙版中涂抹，将文字的右半边隐藏，如图3-252和图3-253所示。

图3-252

图3-253

10 按快捷键Ctrl++将文档窗口放大，观察隐藏后的文字边缘，可以看到，它依然显示了添加的效果，如图3-254所示，现在对此进行处理。双击该图层，打开"图层样式"对话框，勾选"图层蒙版隐藏效果"选项，图层蒙版中的效果就不会显示了，如图3-255所示，文字也融合到金属板中，如图3-256所示。图像的整体效果如图3-257所示。

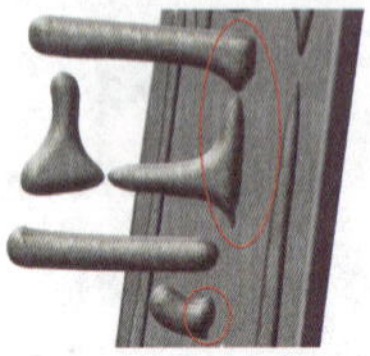

图3-254

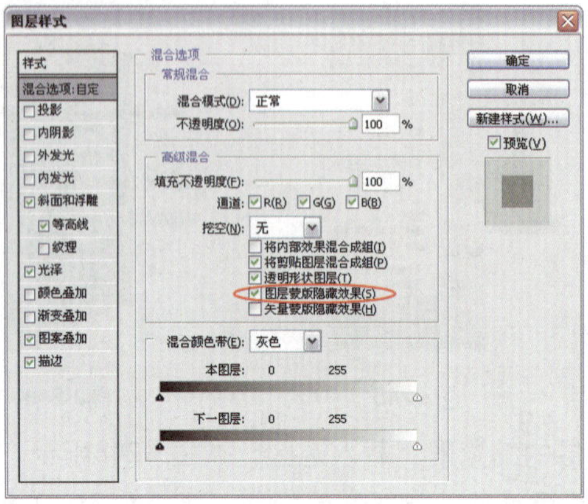

图3-255

图3-256

图3-257

3.11 塑料拼接字

- 学习技巧：用形状图层组成字母，添加图层样式，表现重叠与镂空的效果。
- 学习时间：2小时
- 技术难度：★★★★
- 实用指数：★★★★★

实例效果

01 打开一个文件（光盘>素材>3.11a），如图3-258和图3-259所示。根据文字的结构重新绘制路径，并为每个笔画添加图层样式，使文字有层次感。

图3-258

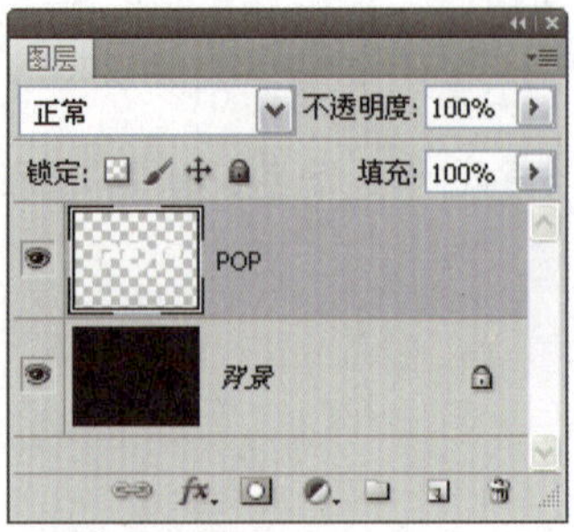

图3-259

02 选择"圆角矩形"工具▢，单击工具选项栏中的"形状图层"按钮▢，设置半径为5厘米，如图3-260所示。

图3-260

03 将前景色设置为蓝色（R0、G183、B238），根据字母P的笔画绘制一个圆角矩形，同时在"图层"面板中自动生成一个形状图层，如图3-261和图3-262所示。

图3-261

图3-262

04 调出"路径"面板，单击"路径1"，如图3-263所示。在画面中显示该路径，按快捷键Ctrl+C复制，单击"图层"面板中"形状1"图层蒙版缩览图，如图3-264所示，按快捷键Ctrl+V将复制的路径粘贴到形状图层中，效果如图3-265所示。

图3-263

图3-264

图3-265

05 选择"椭圆"工具◯，分别单击工具选项栏中的"路径"按钮▨和"重叠路径区域除外"按钮▣，如图3-266所示。

图3-266

06 按住Shift键绘制一个小的圆形，形成打孔效果，如图3-267所示。使用"路径选择"工具▸在圆形路径上单击，如图3-268所示，按快捷键Ctrl+C复制，按快捷键Ctrl+V粘贴，并将其移动到相应位置，形成如图3-269所示的效果。

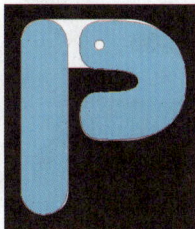

图3-267

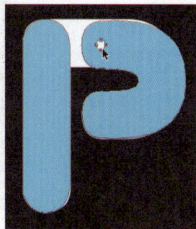

图3-268

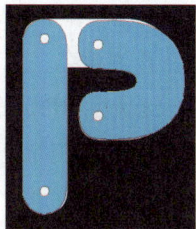

图3-269

第3章 美轮美奂特效字

99

07 双击"形状1"图层,打开"图层样式"对话框,在左侧列表分别选择"投影"和"内发光"效果,设置参数如图3-270和图3-271所示。

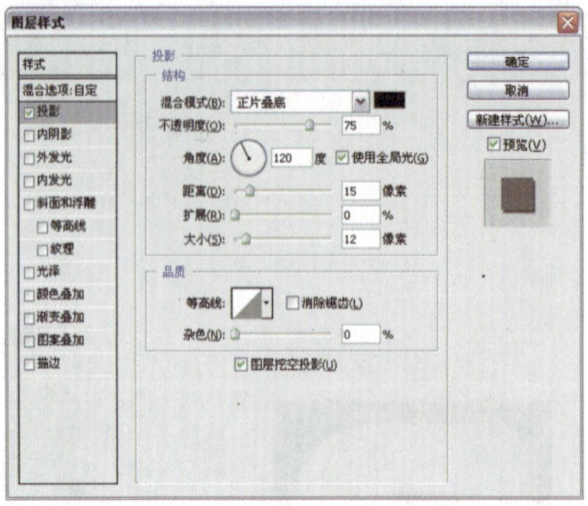

图3-270

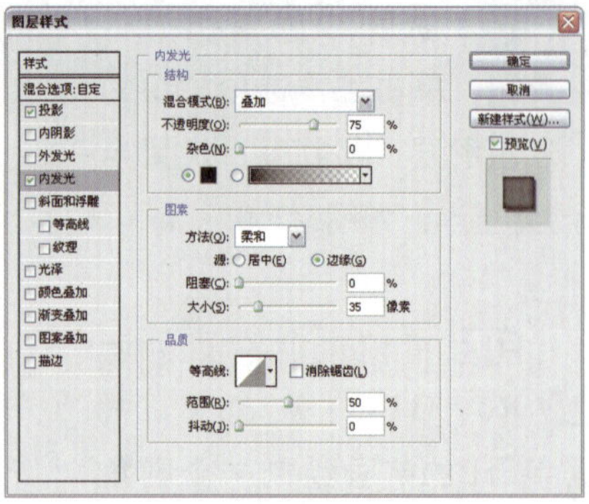

图3-271

08 选择"斜面和浮雕"效果,设置参数如图3-272所示,使字母产生一定厚度;选择"光泽"效果,设置参数如图3-273所示,在字母表面形成光泽感,效果如图3-274所示。

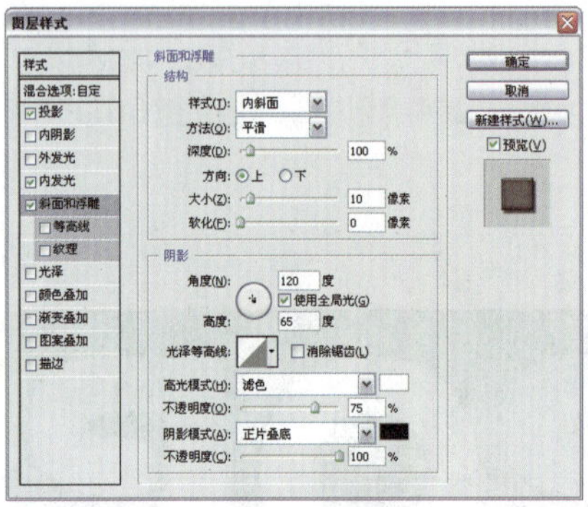

图3-272

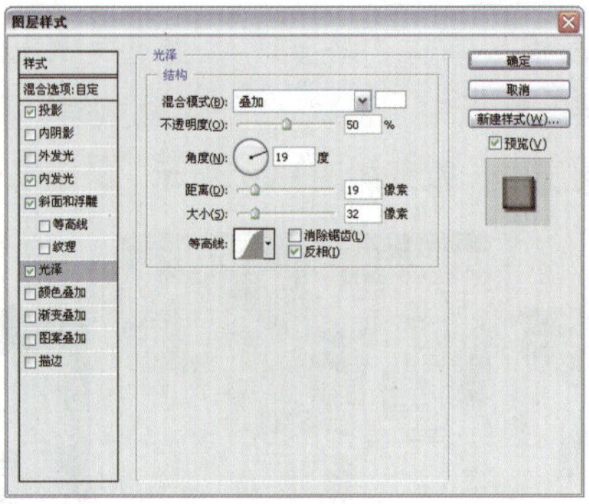

图3-273

图3-274

> **提示**
>
> 在为形状图层添加效果后,工具选项栏中的 按钮会处于锁定状态,在继续绘制时,新产生的形状图层也会拥有相同的效果。

09 继续绘制路径形状,形成完整的字母,可按快捷键Ctrl+[或Ctrl+]调整形状的前后位置。在制作字母O时,将前景色设置为黄色,然后再进行绘制。选择字母P所在的图层,按住Alt键向右侧拖曳进行复制,将前景色设置为绿色,按快捷键Alt+Delete将复制后的字母填充绿色,隐藏最底层的POP图层,效果如图3-275所示。

图3-275

10 按住Shift键选取字母所在图层，如图3-276所示，按快捷键Ctrl+G编组，如图3-277所示，按快捷键Ctrl+Shift+Alt+E盖印图层，将字母效果合并到一个新的图层中，如图3-278所示。

图3-276　　　　　图3-277　　　　　图3-278

11 按快捷键Ctrl+J复制图层，单击图层前面的"眼睛"图标👁，隐藏图层。选择第一个盖印的图层，如图3-279所示。执行"编辑">"变换">"垂直翻转"命令翻转图像，形成倒影效果，如图3-280所示。

图3-279

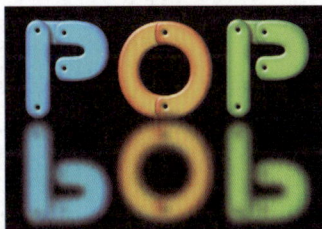

图3-280

12 执行"滤镜">"模糊">"动感模糊"命令，设置参数如图3-281所示，效果如图3-282所示。

图3-281

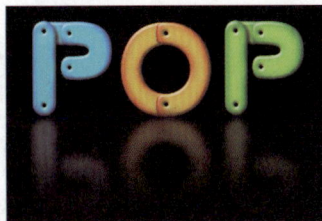

图3-282

13 单击"图层"面板底部的按钮，添加图层蒙版。使用"渐变"工具填充线性渐变，将字母的下半部分隐藏，设置该图层的不透明度为50%，如图3-283和图3-284所示。

图3-283　　　　　　　图3-284

14 选择并显示另一个盖印的图层，按快捷键Ctrl+Shift+ [将其移至底层，如图3-285所示。执行"滤镜">"模糊">"动感模糊"命令，设置参数如图3-286所示。按快捷键Ctrl+Alt+F再次打开该滤镜对话框，调整参数，沿垂直方向进行模糊，如图3-287所示，效果如图3-288所示。

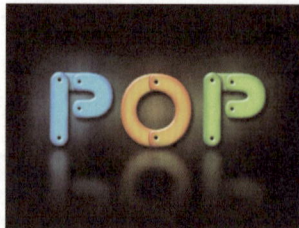

图3-285　　　　　　图3-286　　　　　　图3-287　　　　　　图3-288

15 使用"矩形选框"工具创建一个选区，如图3-289所示。在"图层"面板最上方新建一个图层。将前景色设置为黑色。使用"渐变"工具填充前景色到透明渐变，效果如图3-290所示。按快捷键Ctrl+D取消选择。

图3-289　　　　　　　　　　图3-290

16 设置混合模式为"叠加"，不透明度为60%，按住Ctrl键单击POP图层缩览图，载入字母的选区，如图3-291所示。单击按钮基于选区生成图层蒙版，将选区外的图像隐藏，如图3-292所示，效果如图3-293所示。

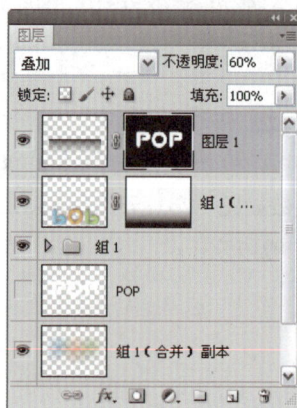

图3-291　　　　　　　　　　图3-292

17 打开一个飞鸟素材文件（光盘>素材>3.11b），将飞鸟拖入文档中，效果如图3-294所示。

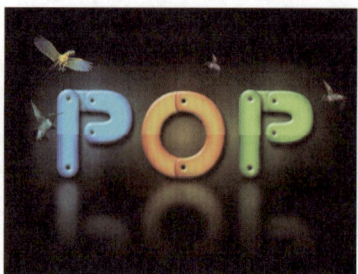

图3-293　　　　　　　　　　图3-294

突破平面 Photoshop CS5 设计与制作深度剖析

3.12 金属立体字

- 学习技巧：使用图层样式制作出金属质感的立体效果。
- 学习时间：1小时
- 技术难度：★★★
- 实用指数：★★★★★

素材　　　　　　　实例效果

01 按快捷键Ctrl+O，打开一个素材（光盘>素材>3.12a），如图3-295所示。使用"横排文字"工具T在画面中单击输入文字，在工具选项栏中设置字体及大小，如图3-296所示。

图3-295 　　　　　　　图3-296

02 双击该图层，打开"图层样式"对话框，在左侧列表中分别选择"投影"、"内发光"和"渐变叠加"选项并设置参数，如图3-297~图3-300所示。

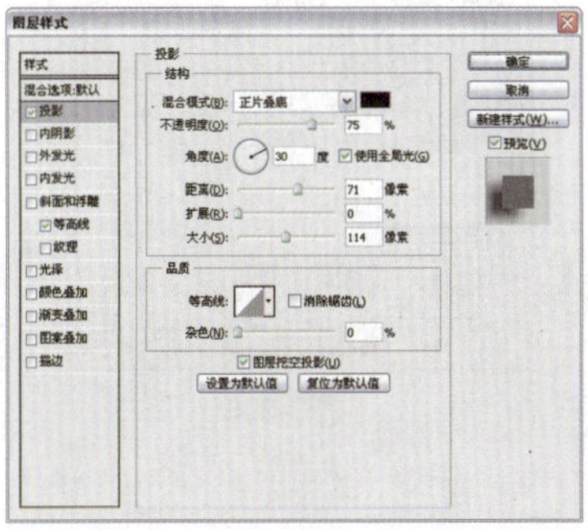

图3-297 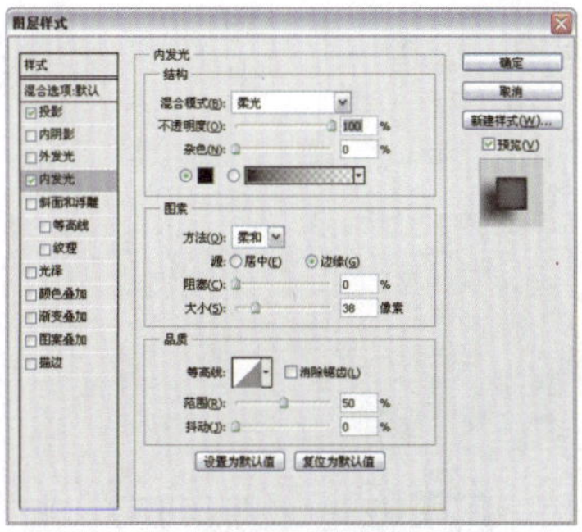　　　　　　　图3-298

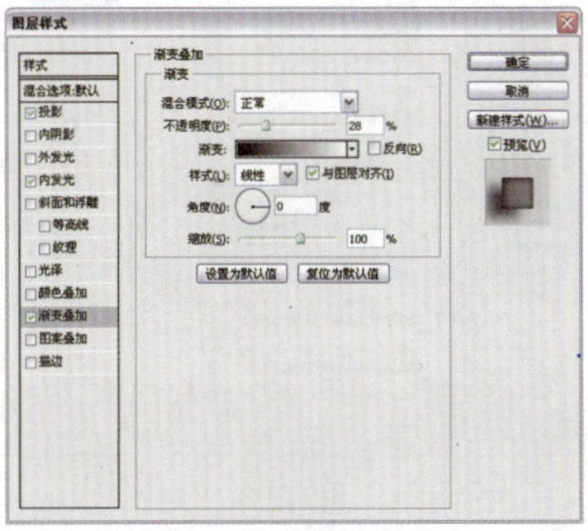

图3-299

图3-300

03 选择"斜面和浮雕"和"等高线"选项,使文字呈现立体效果,并具有一定的光泽感,如图3-301~图3-303所示。

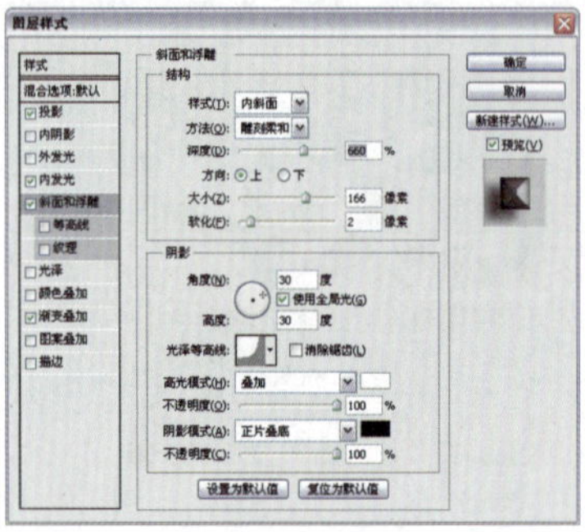

图3-301

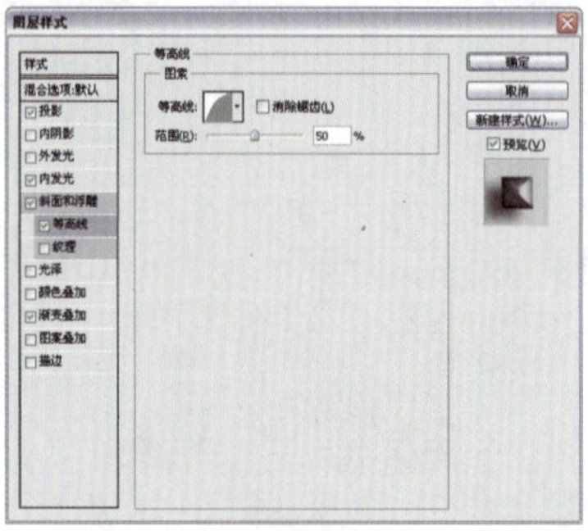

图3-302

图3-303

04 打开一个纹理素材(光盘>素材>3.12b),如图3-304所示。使用"移动"工具 ▸▸ 将素材拖到文字文档中,如图3-305所示。按快捷键Ctrl+Alt+G创建剪贴蒙版,将纹理图像的显示范围限定在文字区域内,如图3-306和图3-307所示。

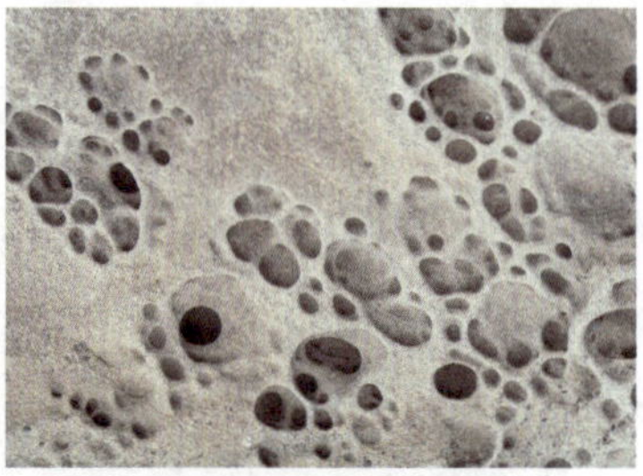

图3-304

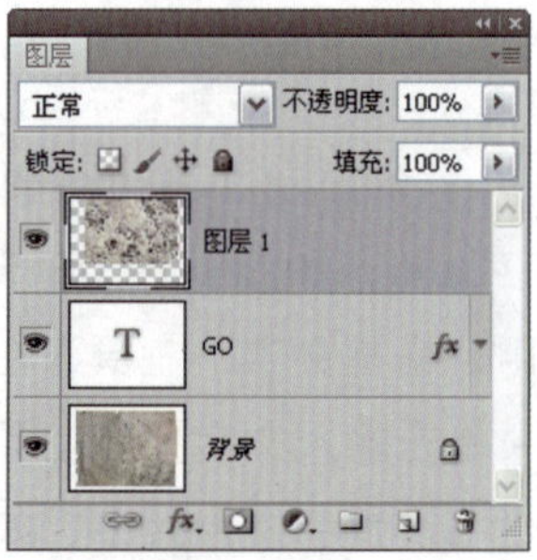

图3-305

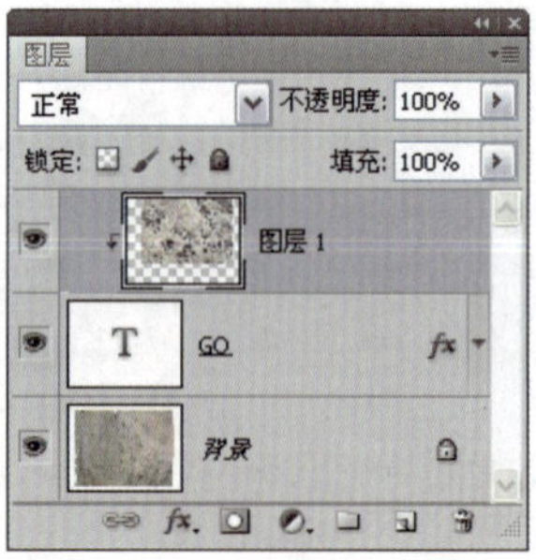

图3-306

图3-307

05 双击"图层1",打开"图层样式"对话框,按住Alt键拖曳"本图层"选项中的白色滑块,将滑块分开,拖曳时观察渐变条上方的数值到202时释放鼠标,如图3-308所示。此时纹理素材中色阶高于202的亮调图像会被隐藏起来,只留下深色图像,使金属字具有斑驳的质感,如图3-309所示。

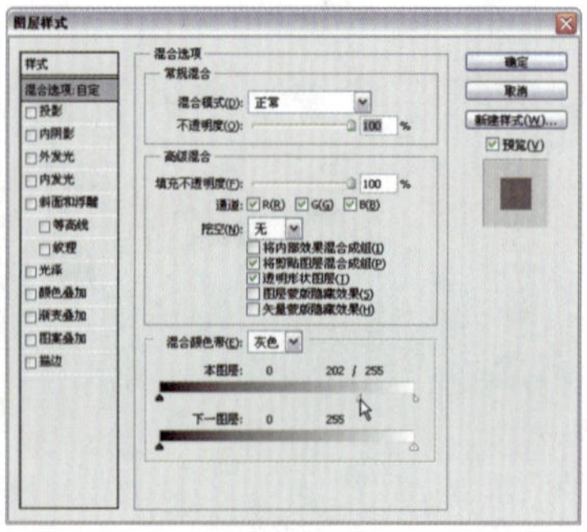

图3-308

图3-309

06 使用"横排文字"
工具**T**输入文字，如图3-310
所示。

图3-310

07 按住Alt键，将文字GO图层的效果图标 *fx* 拖曳到当前文字图层上，为当前图层复制效果，
如图3-311~图3-313所示。

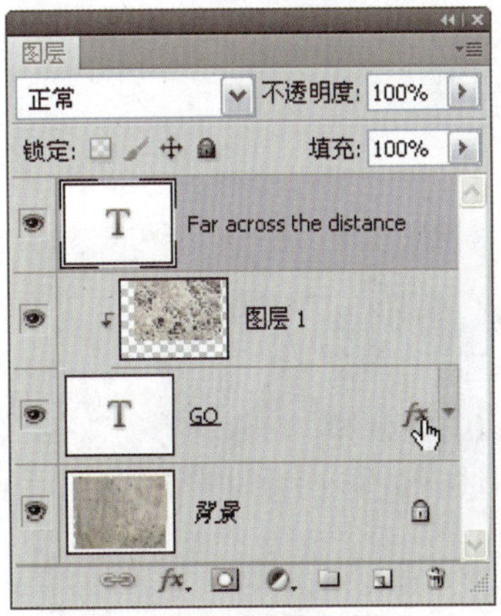

图3-311

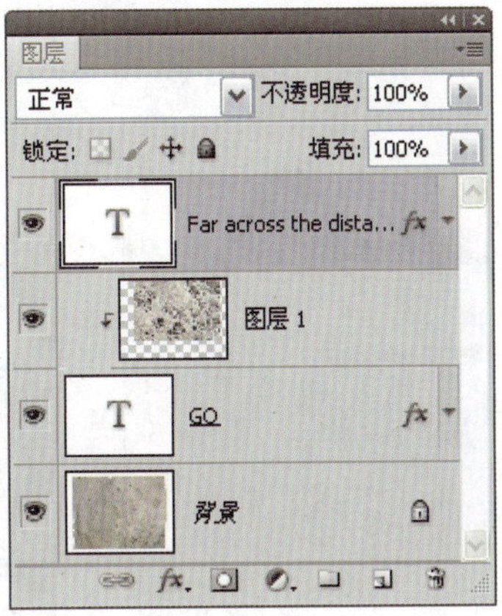

图3-312

图3-313

08 执 行 " 图
层">"图层样式">"缩放
效果"命令，对效果进行缩
放，使其大小与文字匹配，
如图3-314和图3-315所示。

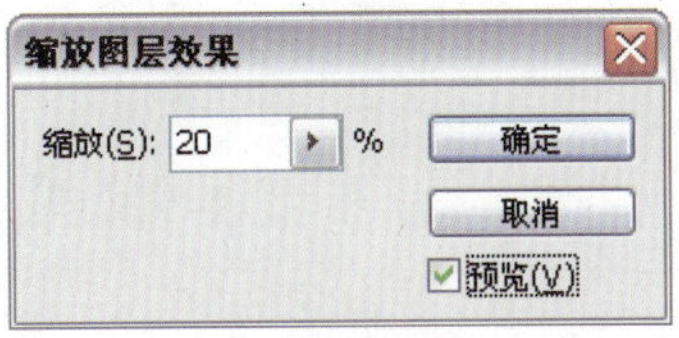

图3-314

图3-315

09 按住Alt键将"图层1"拖曳到当前文字层的上方，复制出一个纹理图层，按快捷键Ctrl+Alt+G创建剪贴蒙版，为当前文字也应用纹理贴图，如图3-316和图3-317所示。

图3-316

图3-317

10 单击"调整"面板中的 按钮，创建"色阶"调整图层，拖曳阴影滑块，增加图像色调的对比度，如图3-318所示，使金属质感更强。再输入其他文字，效果如图3-319所示。

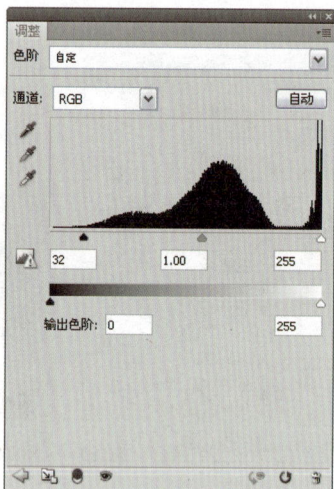

图3-318

图3-319

Ps
Photoshop

第4章

纹理和质感揭秘

4.1 丝网印刷小章鱼

- 学习技巧：用彩色半调、位图命令制作丝网印刷效果。
- 学习时间：1.5小时
- 技术难度：★★★★
- 实用指数：★★★

素材    实例效果

4.1.1 阴影区域的丝网表现方法

01 打开一个文件（光盘>素材>4.1），如图4-1所示。这是一个分层文件，为了便于管理，同类的图层放在了相同的图层组中，如图4-2所示。

图4-1 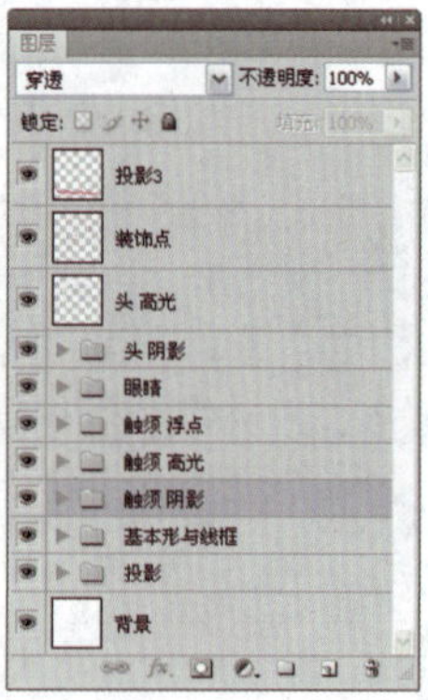   图4-2

02 隐藏除"背景"、"基本形与线框"图层组以及"触须 阴影"图层组以外的所有图层和组。选择"触须 阴影"图层组，按快捷键Ctrl+Alt+E，将图像盖印到"触须 阴影（合并）"图层中，并将"触须 阴影"图层组隐藏，如图4-3所示。按下Ctrl键单击"触须 阴影（合并）"图层缩览图，载入选区，按下Delete键删除。在"通道"面板中单击"创建新通道"按钮，新建一个通道，如图4-4所示。按快捷键Ctrl+Delete使用白色填充选区，再按快捷键Ctrl+D取消选择，如图4-5所示。

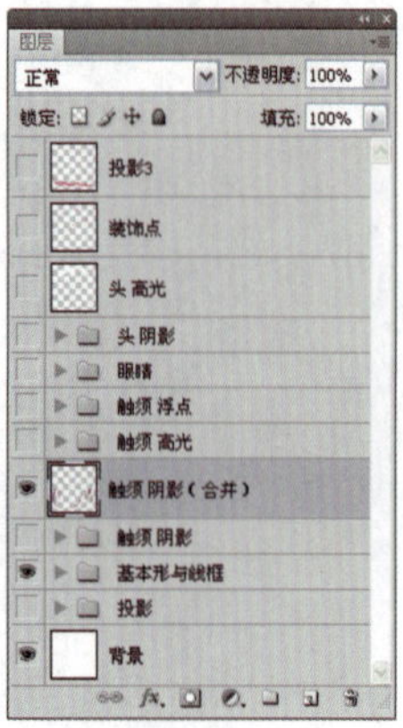

图4-3 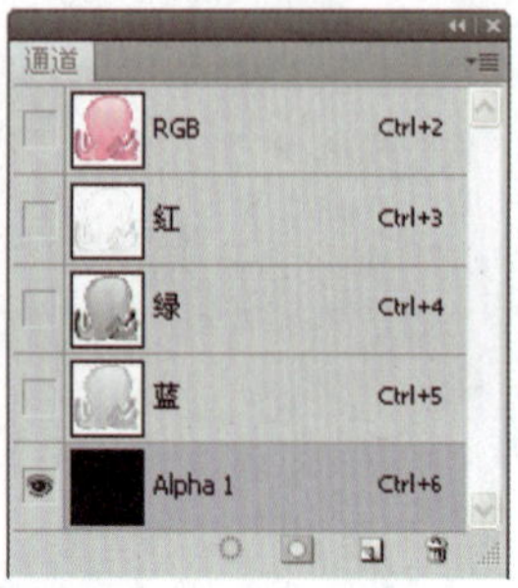   图4-4 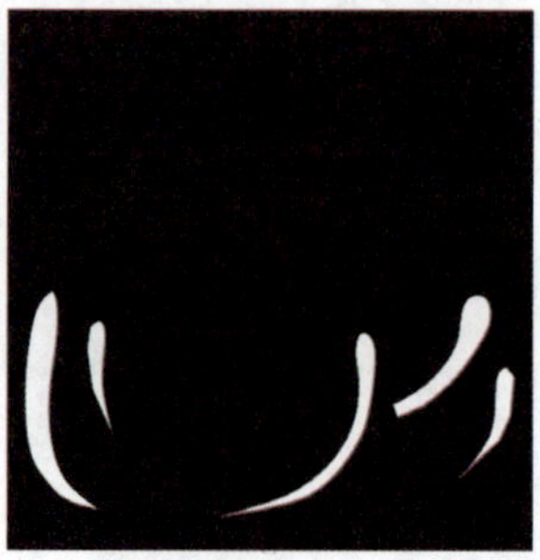   图4-5

03 按快捷键Ctrl+L打开"色阶"对话框，将"输出色阶"中的白色滑块向左拖曳，将通道中的白色调整为灰色，如图4-6和图4-7所示。

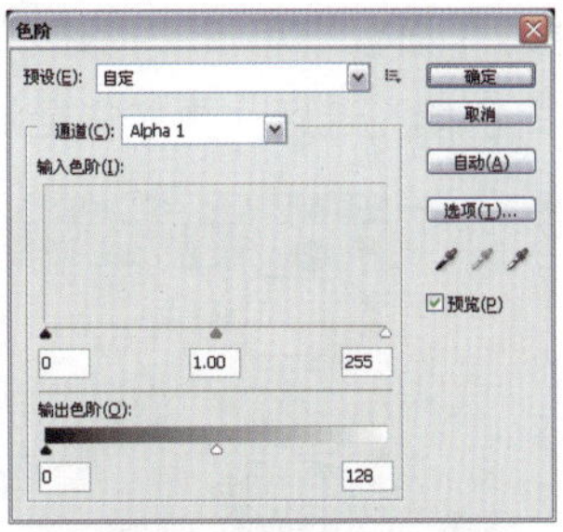

图4-6

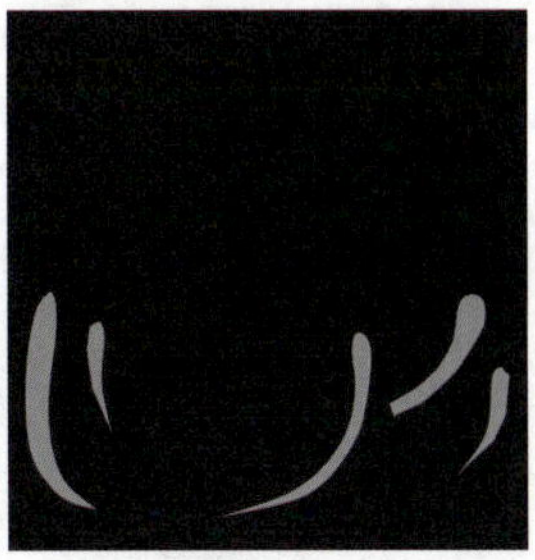

图4-7

04 选择"加深"工具，设置范围为"中间调"，曝光度为50%，在图像边缘涂抹，效果如图4-8所示。按快捷键Ctrl+I将颜色反相，如图4-9所示。

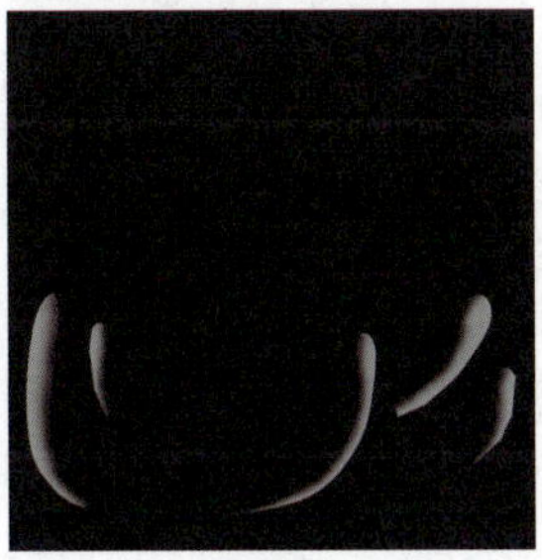

图4-8

图4-9

→ 提示

也可以将图像先反相后再使用"减淡"工具处理边缘。

05 执行"滤镜">"像素化">"彩色半调"命令，打开"彩色半调"对话框，设置最大半径为8像素，所有网屏角度都为45°，如图4-10所示，单击"确定"按钮，基于黑白图形生成网点图案，如图4-11所示。

06 按下"通道"面板底部的"将通道作为选区载入"按钮，载入网点图案选区，再按快捷键Ctrl+Shift+I反选。在"图层"面板中选中"触须 阴影（合并）"图层，调整前景色为粉红色（R 230、G 83、B143），按快捷键Alt+Delete在选区内填充前景色，按快捷键Ctrl+D取消选择，如图4-12所示。

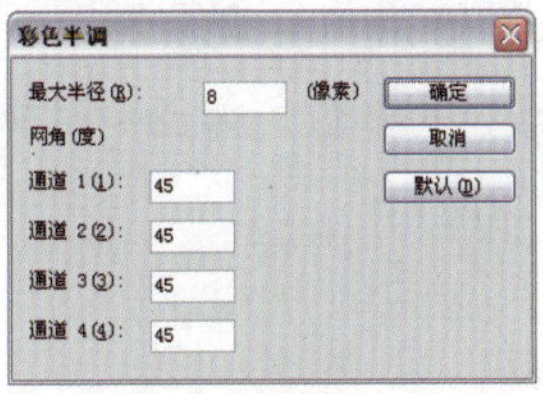

图4-10

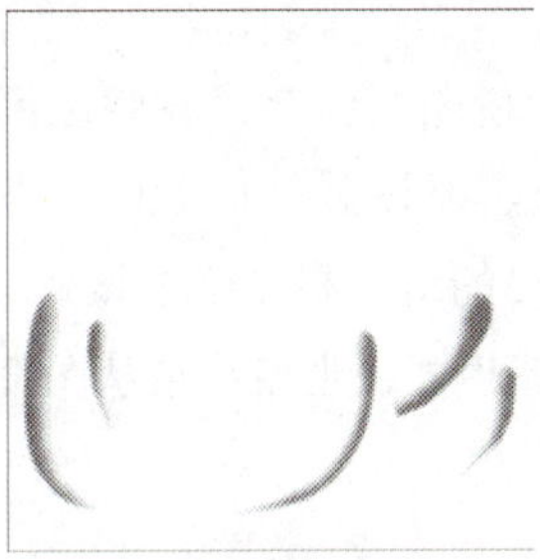

图4-11

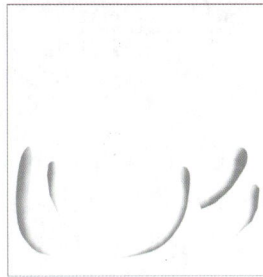

图4-12

4.1.2 高光区域的丝网表现方法

01 显示"触须 高光"图层组，按快捷键Ctrl+Alt+E盖印图层，生成"触须 高光（合并）"图层，并隐藏"触须 高光"图层组，如图4-13所示。按住Ctrl键单击图层缩览图，载入选区，按下

Delete键删除选区内的图像。在"通道"面板中单击"创建新通道"按钮，新建一个通道，如图4-14所示。按快捷键Ctrl+Delete使用白色填充选区，再按快捷键Ctrl+D取消选择，如图4-15所示。

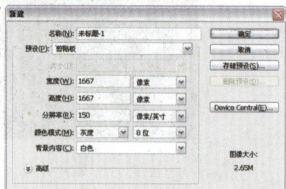

图4-13　　　　　　　　图4-14　　　　　　　　图4-15

02 按快捷键Ctrl+A全选，按快捷键Ctrl+C复制。按快捷键Ctrl+N打开"新建"对话框，创建一个"灰度"模式的文件，如图4-16所示。

03 按快捷键Ctrl+V将图像粘贴到新建的文档中。按快捷键Ctrl+I反相，执行"图像">"调整">"阈值"命令，设置参数如图4-17所示，将图像转换为只有黑白两种颜色。按快捷键Ctrl+L打开"色阶"对话框，将"输出色阶"中的黑色滑块向右拖曳，使图像中的黑色变亮，如图4-18和图4-19所示。

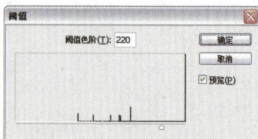

图4-16　　　　　　　　图4-17

图4-18　　　　　　　　图4-19

> **提示**
>
> 调整阈值这一步骤是为了使色调一致，在接下来的步骤中才可以生成等宽的线条。

04 执行"图像">"模式">"位图"命令，在弹出的对话框中单击"确定"按钮，合并图层，弹出"位图"对话框，将输出分辨率设置为150dpi，将使用方法设置为"半调网屏"，如图4-20所示，单击"确定"按钮，在弹出的对话框中继续设置"半调网屏"的参数，如图4-21所示。关闭对话框后，可以将图像转换为位图模式，生成线条状图案，如图4-22所示。

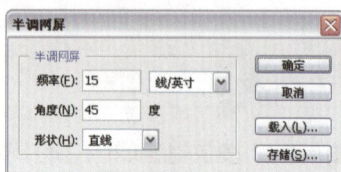

图4-20　　　　　　　　图4-21　　　　　　　　图4-22

05 按快捷键Ctrl+A全选，按快捷键Ctrl+C复制。返回到工作文档，新建一个通道，如图4-23所示。按快捷键Ctrl+V将线条图像粘贴在该通道中，单击 按钮载入选区，再按快捷键Ctrl+Shift+I反选。在"图层"面板中选择"触须 亮光（合并）"图层，按快捷键Ctrl+Delete使用背景色（白色）填充选区，按下Ctrl+D快捷键取消选择，如图4-24所示。

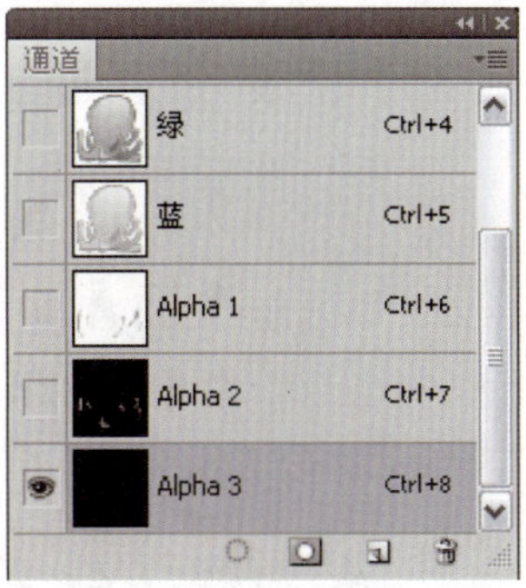

图4-23

图4-24

4.1.3 整体效果的表现方法

01 选择并显示"眼睛"图层组。选择组内的"图层1"并复制，然后隐藏"图层1"，按照之前处理阴影的方法处理"图层1 副本"，效果如图4-25所示。选择"图层3"并复制，再隐藏"图层3"，按照处理亮光的方法处理"图层3 副本"，选择"移动"工具，将图层内的图像向右下方移动几个像素，效果如图4-26所示。

02 按照处理阴影的方法处理"头 阴影"图层组，如图4-27所示。按照处理高光的方法处理"头 高光"图层，如图4-28所示。

图4-25

图4-26

图4-27

图4-28

03 显示"装饰点"图层。处理"投影3"和"投影"图层组，如图4-29所示。显示"触须 浮点"图层组，使用"移动"工具将所有描边图层向左上方移动，使内容偏离其轮廓，如图4-30所示。

图4-29

图4-30

4.1.4 制作丝网背景

01 选择背景图层并填充浅蓝色（R215、G236、B255），如图4-31所示。在"通道"面板中新建一个通道。选择"渐变"工具，按下Shift键从上至下拖曳鼠标填充一个黑白渐变，如图4-32所示。

图4-31

图4-32

02 按快捷键Ctrl+L打开"色阶"对话框，将"输出色阶"中的两个滑块向中间移动，如图4-33所示，通道效果如图4-34所示。按快捷键Ctrl+F，重复前面使用的"彩色半调"滤镜，将渐变图像转换为网点图案。如图4-35所示。

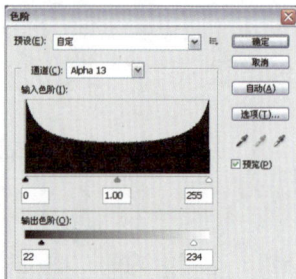

图4-33

图4-34

03 单击 按钮，载入图案选区，再按快捷键Ctrl+Shift+I反选。在"图层"面板中选择"背景"图层，单击 按钮在它上方新建一个图层，调整前景色设置为深蓝紫色（R52、G0、B184），按快捷键Alt+Delete使用前景色填充选区，按快捷键Ctrl+D取消选择，最终效果如图4-36所示。

图4-35

图4-36

4.2 炫光背景

- 学习技巧：通过变形命令对渐变图像进行扭曲，使光线效果起伏、流畅。
- 学习时间：40分钟
- 技术难度：★★★
- 实用指数：★★★★★

实例效果

突破平面 Photoshop CS5 设计与制作深度剖析

4.2.1 扭曲渐变图形

01 按快捷键Ctrl+N，打开"新建"对话框，在"预设"下拉列表中选择Web选项，在"大小"下拉列表中选择640×480，新建一个文件。

02 选择"渐变"工具 ，单击工具选项栏中的渐变色条 ，打开"渐变编辑器"对话框调整渐变颜色，如图4-37所示。由画面左上角向右下角拖曳鼠标，填充线性渐变，如图4-38所示。

图4-37　　　　　　　　　　图4-38

03 单击"创建新图层"按钮 ，新建"图层1"，如图4-39所示。使用"矩形选框"工具 创建一个选区，如图4-40所示。

图4-39　　　　　　　　　　图4-40

04 选择"渐变"工具 ，打开"渐变编辑器"对话框调整渐变颜色，如图4-41所示。按下工具选项栏中的"对称渐变"按钮 ，在矩形选区中间向边缘拖曳鼠标，创建对称渐变。按快捷键Ctrl+D取消选择，如图4-42所示。

图4-41　　　　　　　　　　图4-42

05 按快捷键Ctrl+J复制"图层1"，生成"图层1副本"，单击该图层前面的"眼睛"图标 ，将图层隐藏。单击"图层1"将其选中，如图4-43所示。

06 执行"编辑">"变换">"变形"命令，图像上会显示变形网格。将光标放在网格左上角的控制点上，如图4-44所示，向下拖曳控制点，图像的形状也会随之改变，如图4-45所示。在进行变形操作时，可以按快捷键Ctrl+-缩小视图，以扩展可调整区域。

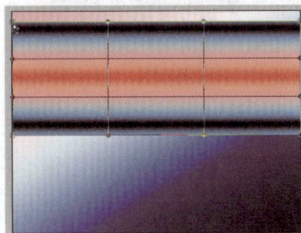

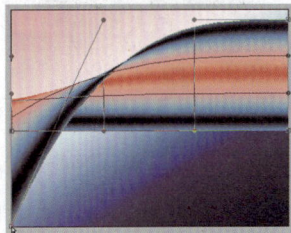

图4-43　　　　　　　图4-44　　　　　　　图4-45

变形网格适合进行比较随意和自由的变形操作，在变形网格中，网格点、方向线的手柄（网格点两侧的线）和网格区域都可以移动。

07 向下拖曳网格右上角的控制点，如图4-46所示，再将网格右下角的控制点拖曳到画面右上角的位置，如图4-47所示。

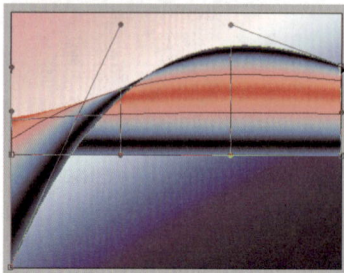
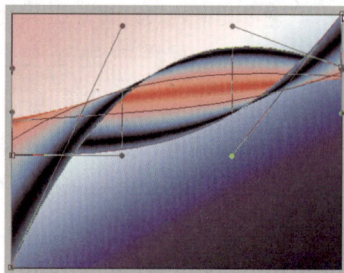

图4-46　　　　　　　　图4-47

08 将光标放在方向线的手柄上（光标会显示为▶状），如图4-48所示，拖曳手柄改变图像形状，如图4-49所示。按下回车键确认操作，通过变形可以使原来的水平渐变成为卷曲状的渐变，如图4-50所示。

图4-48　　　　　　　　图4-49　　　　　　　　图4-50

09 单击"图层1副本"前面的▢图标，显示该图层。按快捷键Ctrl+T显示定界框，并旋转图像，如图4-51所示。单击右键，在打开的快捷菜单中执行"变形"命令，拖曳控制点和控制手柄，改变图像的形状，如图4-52所示，按下回车键确认操作。使用"移动"工具 ▶ 调整这两个图形的位置，如图4-53所示。

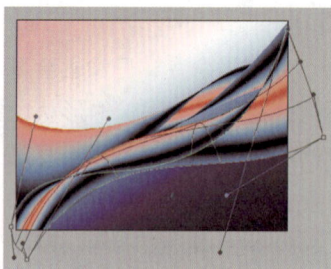

图4-51　　　　　　　　图4-52　　　　　　　　图4-53

10 按住Ctrl键单击"图层1"，将它和"图层1副本"同时选中，如图4-54所示，按快捷键Ctrl+Alt+E进行盖印，这样可以将"图层1"及其副本中的图像合并到一个新的图层中，设置该图层的混合模式为"滤色"，不透明度为80%，如图4-55所示。按快捷键Ctrl+T显示定界框，将图像旋转，如图4-56所示。按下回车键确认操作。

突破平面 Photoshop CS5 设计与制作深度剖析

PS

图4-54

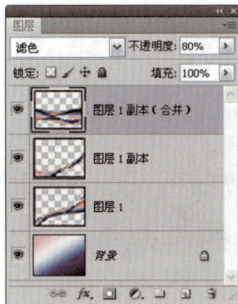
图4-55

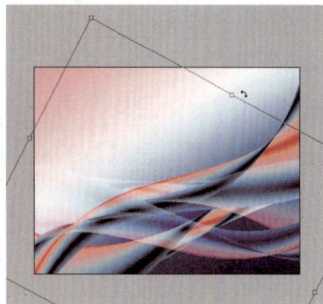
图4-56

11 单击"图层"面板中的"创建新图层"按钮▣，新建一个图层。将前景色设置为白色。选择"渐变"工具▣，在工具选项栏中选择菱形渐变▣，单击▪按钮，在打开的面板中选择"前景到透明"渐变，如图4-57所示。在画面中创建菱形渐变，由于渐变范围非常小，可以生成一个白色的星形，如图4-58所示。再创建多个大小不同的菱形渐变，完成壁纸的制作，如图4-59所示。按快捷键Ctrl+ Shift+Alt+E盖印图层，将所有图层盖印到一个新的图层中。

图4-57

图4-58

图4-59

4.2.2　将图形合成到书中

01 打开一个文件（光盘>素材>4.2），如图4-60所示。用"移动"工具▶✛将前面盖印的图层移动到当前文件中。按快捷键Ctrl+T显示定界框，单击右键，在打开的快捷菜单中执行"水平翻转"命令，然后再调整图像的角度和宽度，使它能够适合页面的大小，最好稍大于页面，以便于修改，如图4-61所示。按下回车键确认操作。

02 设置该图层的混合模式为"正片叠底"，如图4-62所示，效果如图4-63所示。

图4-60

图4-61

图4-62

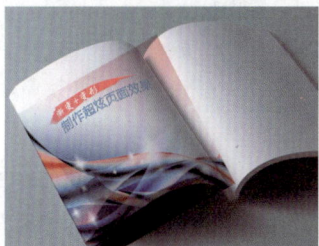
图4-63

03 使用"橡皮擦"工具 将超出图书页面的部分擦除，如图4-64所示。用同样方法制作右侧的页面，完成后的效果如图4-65所示。

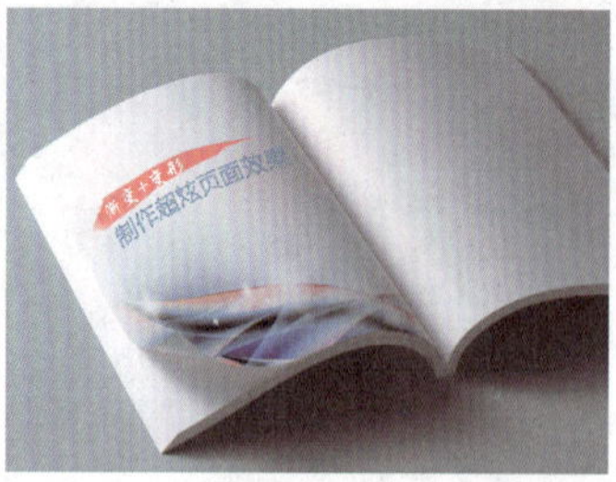

图4-64

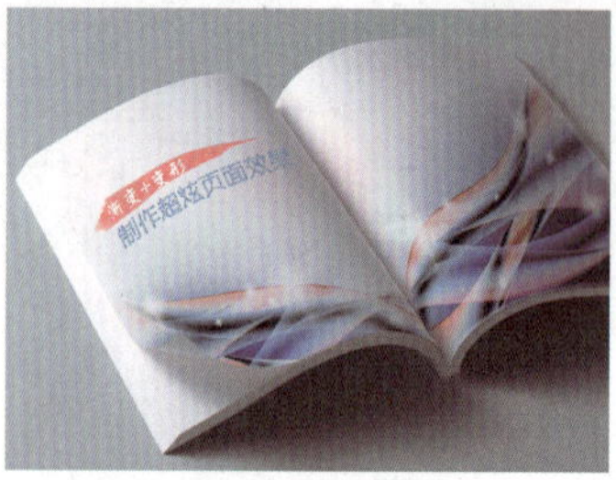

图4-65

4.3 流彩凤凰

- 学习技巧：用滤镜制作光点并进行扭曲，组合成"凤凰"形状，用渐变着色。
- 学习时间：50分钟
- 技术难度：★★★
- 实用指数：★★★

实例效果

4.3.1　制作凤凰羽毛

01 按快捷键Ctrl+N，打开"新建"对话框，在"预设"下拉列表中选择Web选项，在"大小"下拉列表中选择800×600选项，新建一个文件。按快捷键Ctrl+I，将背景调整为黑色。按快捷键Ctrl+J复制背景图层，生成"图层1"，如图4-66所示。

02 执行"滤镜">"渲染">"镜头光晕"命令，选择"电影镜头"选项，设置亮度为100%，在预览框中心单击，将光晕设置在画面的中心，如图4-67所示，效果如图4-68所示。

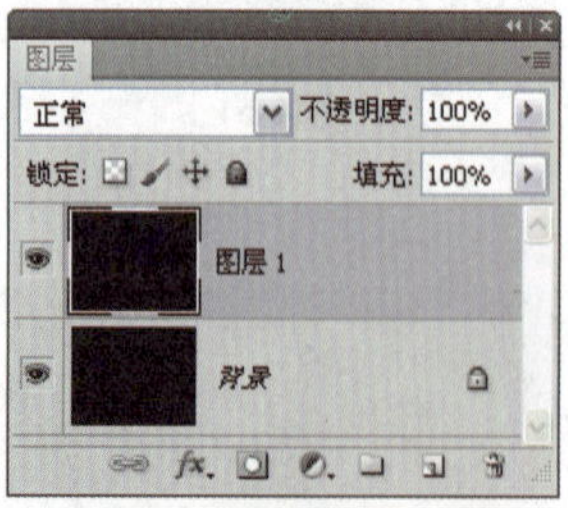

图4-66

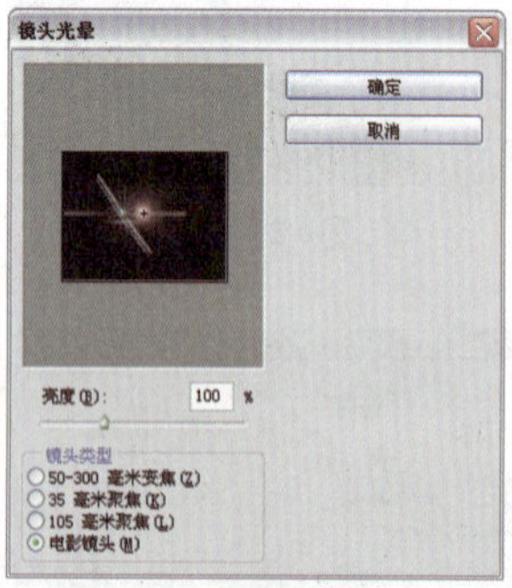

图4-67

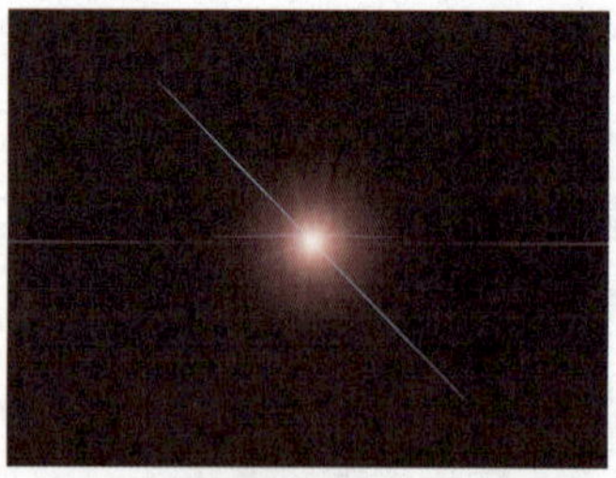

图4-68

03 按快捷键Ctrl+Alt+F重新打开"镜头光晕"对话框，在预览框的左上角单击，定位光晕中心，如图4-69所示，单击"确定"按钮关闭对话框。再次按快捷键Ctrl+Alt+F打开对话框，这一次将光晕定位在画面右下角，使3个光晕形成一条斜线，如图4-70所示，效果如图4-71所示。

图4-69 图4-70 图4-71

04 执行"滤镜">"扭曲">"极坐标"命令，在打开的对话框中选择"平面坐标到极坐标"选项，如图4-72和图4-73所示。按快捷键Ctrl+T显示定界框，单击右键，执行"垂直翻转"命令，再执行"逆时针旋转90度"命令，并将图像放大并调整位置，如图4-74所示。

图4-72 图4-73 图4-74

05 按快捷键Ctrl+J复制"图层1"，生成"图层1副本"，设置它的混合模式为"变亮"，如图4-75所示。按快捷键Ctrl+T显示定界框，将图像向逆时针方向旋转，并适当放大，如图4-76所示。

图4-75 图4-76

06 再次按快捷键Ctrl+J复制"图层1副本"，再将图像向顺时针方向旋转，如图4-77所示。使用"橡皮擦"工具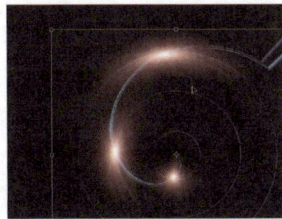擦除该图层中的小光晕，只保留如图4-78所示的大光晕。

07 按快捷键Ctrl+J复制当前图层，将复制后的图像缩小，向逆时针方向旋转，将光晕定位在如图4-79所示的位置，形成凤凰的头部。

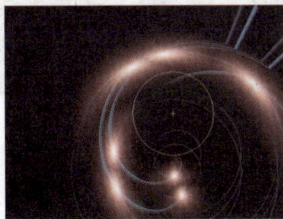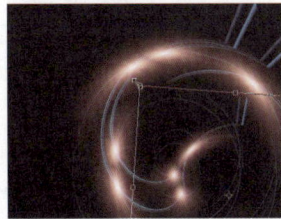

图4-77 图4-78 图4-79

08 选择"渐变"工具 ![] ，在工具选项栏中单击"径向渐变"按钮 ![] ，单击渐变颜色条，打开"渐变编辑器"，调整渐变颜色，如图4-80所示。新建一个图层，填充径向渐变，如图4-81所示。设置该图层的混合模式为"叠加"，如图4-82所示。

图4-80

图4-81

图4-82

4.3.2 制作凤尾

01 按快捷键Ctrl+ Shift+Alt+E，将图像盖印到一个新的图层（图层3）中，保留"图层3"和背景图层，将其他图层删除，如图4-83所示。调整图像的高度，并将它移动到画面中心，如图4-84所示。使用"橡皮擦"工具 ![] 擦除整齐的边缘，在处理靠近"凤凰"边缘时，将"橡皮擦"工具的不透明度设置为50%，这样修边时可以使边缘变浅，颜色不再强烈，如图4-85所示。

图4-83

图4-84

图4-85

02 按快捷键Ctrl+J复制当前图层，设置复制后的图层的混合模式为"变亮"，再将它向逆时针方向旋转，如图4-86所示。使用"橡皮擦"工具 ![] 擦除多余的区域，如图4-87所示。

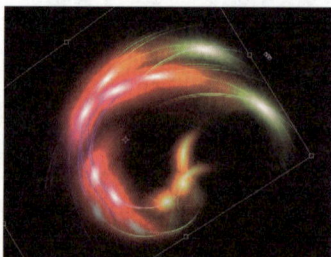

图4-86

图4-87

03 按快捷键Ctrl+U打开"色相/饱和度"对话框，调整色相参数为-180，如图4-88所示，效果如图4-89所示。

04 继续用上面的方法制作其余图像，可以先复制"凤尾"图像，再调整颜色和大小，组合排列成为"凤凰"的形状，完成后的效果如图4-90所示。

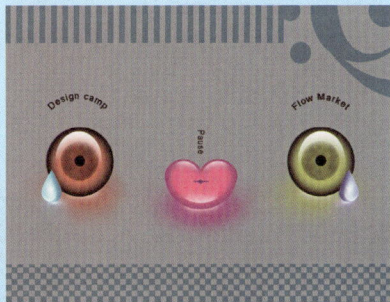

图4-88　　　　　　　　　　图4-89　　　　　　　　　　图4-90

4.4　卡哇伊风格图标设计

- 学习技巧：用基本的绘图工具、选区工具制作闪亮发光的水晶效果。
- 学习时间：50分钟
- 技术难度：★★★
- 实用指数：★★★★

实例效果

4.4.1　制作按钮外观

01 按快捷键Ctrl+N，打开"新建"对话框，在"预设"下拉列表中选择Web选项，在"大小"下拉列表中选择1024×768选项，新建一个文件。

02 单击"图层"面板中的"创建新图层"按钮▣，新建"图层1"。将前景色设置为洋红色，选择"椭圆"工具◯，在工具选项栏中单击"填充像素"按钮▢，绘制一个椭圆形，如图4-91所示。选择"移动"工具▸⊹，按住快捷键Alt+Shift向右侧拖曳椭圆形进行复制，如图4-92所示。

03 单击"创建新图层"按钮▣，新建"图层2"。创建一个稍大的圆形，将前面创建的两个圆形覆盖，如图4-93所示。使用"矩形选框"工具▢在圆形上半部分创建选区，按下Delete键删除选区内的图像，形成一个嘴唇的形状，如图4-94所示。按快捷键Ctrl+D取消选择。

图4-91　　　　　　图4-92　　　　　　图4-93　　　　　　图4-94

04 使用"椭圆"工具  按住Shift键在嘴唇图形左侧绘制一个黑色的正圆形，如图4-95所示。按快捷键Ctrl+E将当前图层与下面的图层合并，按住Ctrl键单击"图层1"的缩览图，载入图形的选区，如图4-96和图4-97所示。

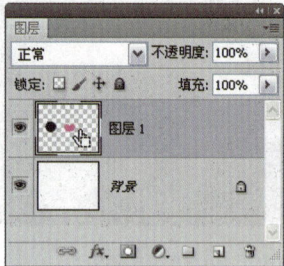

图4-95　　　　　　　　　　图4-96　　　　　　　　　　图4-97

05 选择"画笔"工具 （柔角65像素），在圆形内部涂抹橙色，再使用浅粉色填充嘴唇，如图4-98所示。按快捷键Ctrl+D取消选择。

06 用"椭圆选框"工具  按住Shift键创建一个正圆形选区，如图4-99所示。选择"油漆桶"工具 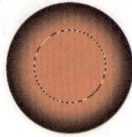，单击工具选项栏中的 按钮，在打开的菜单中选择"图案"选项。单击 按钮，打开"图案"面板，单击面板右上角的 按钮，执行面板菜单中的"图案"命令，载入该图案库。选择"生锈金属"选项，如图4-100所示，在选区内单击，填充该图案，如图4-101所示。

图4-98　　　　　　　图4-99　　　　　　　图4-100　　　　　　　图4-101

07 执行"滤镜">"模糊">"径向模糊"命令，打开"径向模糊"对话框。在"模糊方法"选项中选择"缩放"选项，将"数量"设置为60，如图4-102所示。单击"确定"按钮关闭对话框，图像的模糊效果如图4-103所示。

08 按快捷键Ctrl+D取消选择。使用"椭圆"工具 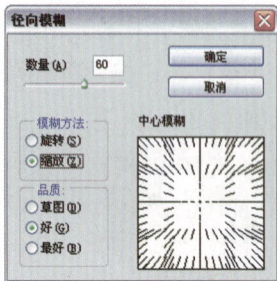 按住Shift键绘制一个黑色的正圆形，如图4-104所示。将前景色设置为紫色，选择"直线"工具 ，在工具选项栏中单击"填充像素"按钮 ，在嘴唇图形上绘制一条水平线，再使用"多边形套索"工具 创建一个小的菱形选区，用"油漆桶"工具 填充紫色，如图4-105所示。

图4-102　　　　　　图4-103　　　　　　图4-104　　　　　　图4-105

突破平面 Photoshop CS5 设计与制作深度剖析

09 选择"自定形状"工具 🎨，按下工具选项栏中的"填充像素"按钮 ▢，再单击 ▯按钮，打开"形状"面板，单击面板右上角的 ▶按钮打开面板菜单，执行"自然"命令，载入该形状库，选择"雨点"形状，如图4-106所示。新建一个图层，绘制一个浅蓝色的雨点形状，如图4-107所示。

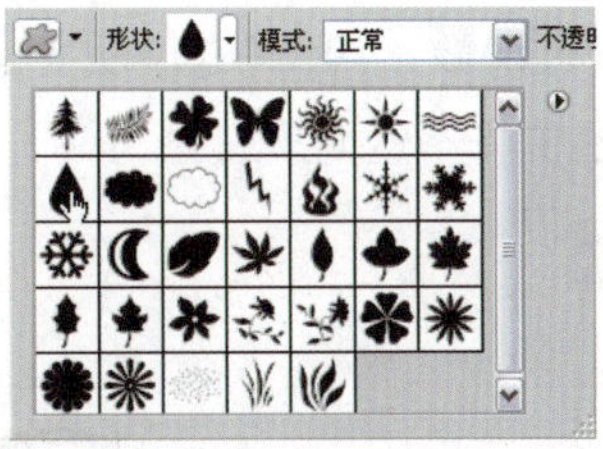

图4-106

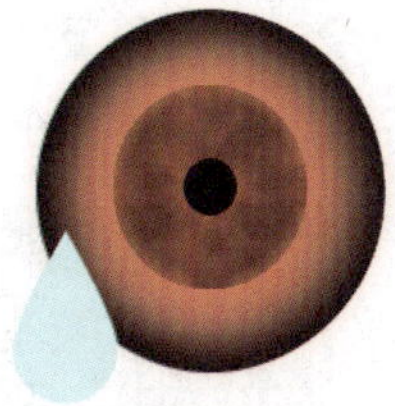

图4-107

10 单击"图层"面板中的"锁定透明像素"按钮 ▨，将该图层的透明区域保护起来，如图4-108所示。将前景色设置为蓝色，使用"画笔"工具 🖌（柔角35像素）在"雨点"的边缘涂抹蓝色，如图4-109所示。将前景色设置为深蓝色，在雨点右侧涂抹，创建立体效果，如图4-110所示。

图4-108

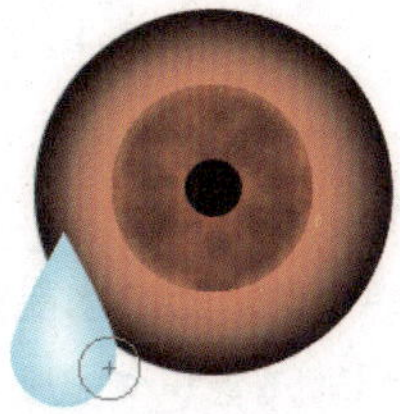

图4-109

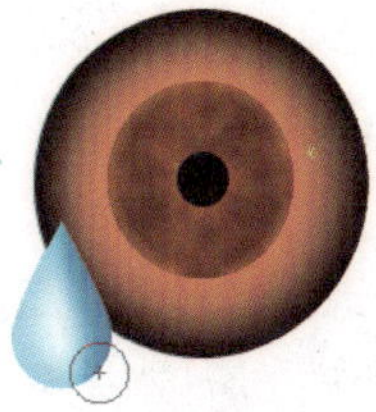

图4-110

4.4.2 加入高光与投影

01 新建一个图层，使用"椭圆"工具 ⬭绘制一个白色的圆形，如图4-111所示。使用"橡皮擦"工具 ✏，（柔角100像素）将椭圆形下面的区域擦除，通过这种方式可以创建眼球上的高光，如4-112所示。

图4-111

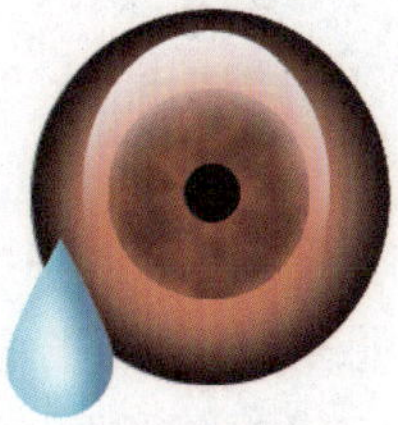

图4-112

02 用同样的方法制作泪滴和嘴唇上的高光，如图4-113所示。按快捷键Ctrl+E，将组成水晶按钮的图层合并。

图4-113

03 按住Ctrl键单击"创建新图层"按钮 ，在当前图层下面新建一个图层，如图4-114所示。选择一个柔角画笔 ，绘制按钮的投影，如图4-115所示。为了使投影的边缘逐渐变淡，可以用"橡皮擦"工具 （在工具选项栏中将不透明度设置为30%）对边缘进行擦除。

图4-114

图4-115

04 在靠近按钮处涂抹白色，创建反光的效果，如图4-116所示。选择"图层1"，按快捷键Ctrl+E将它与"图层2"合并，使水晶按钮及其投影成为一个图层。

图4-116

05 选择"移动"工具 ，按住Alt键拖曳"水晶按钮"进行复制，如图4-117所示。执行"编辑">"变换">"水平翻转"命令，翻转图像，如图4-118所示。

图4-117

图4-118

06 将复制后的图像移动到画面右侧，用"橡皮擦"工具 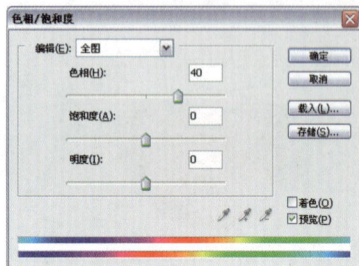将"嘴唇按钮"擦除。按快捷键Ctrl+U打开"色相/饱和度"对话框，调整"色相"参数，改变按钮的颜色，如图4-119和图4-120所示。

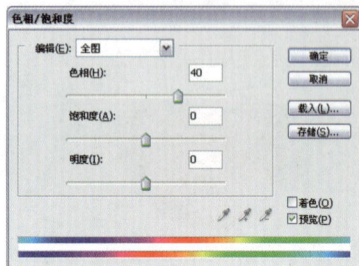

图4-119

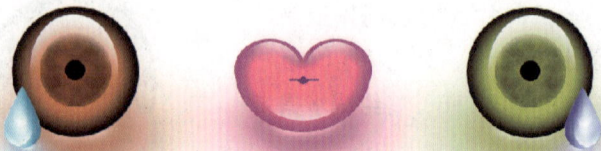

图4-120

07 打开一个文件（光盘>素材>4.4），如图4-121所示。这个素材中的条纹和格子是用"半调图案"滤镜制作的，右上角的花纹图案则是形状库中的低音符号。使用"移动"工具按住Shift键将该图像拖曳到水晶按钮文件中，按快捷键Ctrl+Shift+[将它移至底层作为背景。用"多边形套索"工具选取嘴唇按钮，按住Ctrl键切换为"移动"工具，将光标放在选区内单击并向下移动按钮，如图4-122所示。

图4-121   图4-122

08 选择"横排文字"工具 **T**，在工具选项栏中设置字体及大小，在画面中单击，然后输入文字，如图4-123所示。单击工具选项栏中的"创建文字变形"按钮，打开"变形文字"对话框，在"样式"下拉列表中选择"扇形"选项，设置"弯曲"为50%，如图4-124所示，弯曲后的文字看起来像眼眉一样，如图4-125所示。

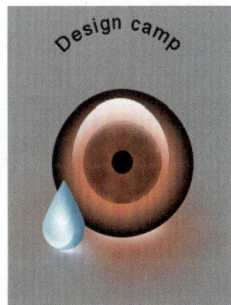

图4-123   图4-124   图4-125

09 用同样方法制作另一侧文字，完成后的效果如图4-126所示。

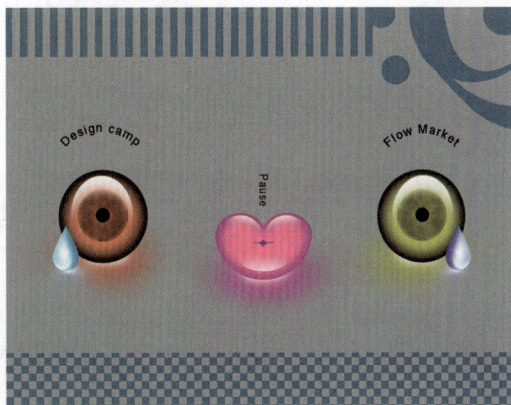

图4-126

4.5 金银纪念币

- 学习技巧：使用滤镜和图层样式制作浮雕效果，表现纪念币边缘的纹理。
- 学习时间：1小时
- 技术难度：★★★
- 实用指数：★★★★★

实例效果

4.5.1 制作浅浮雕效果

01 打开一个文件（光盘>素材>4.5），如图4-127所示。这是一个分层的 PSD文件，用来制作纪念币的图像位于一个单独图层中，如图4-128所示。

图4-127

图4-128

02 执行"滤镜">"风格化">"浮雕效果"命令，设置参数如图4-129所示，创建浮雕效果，如图4-130所示。

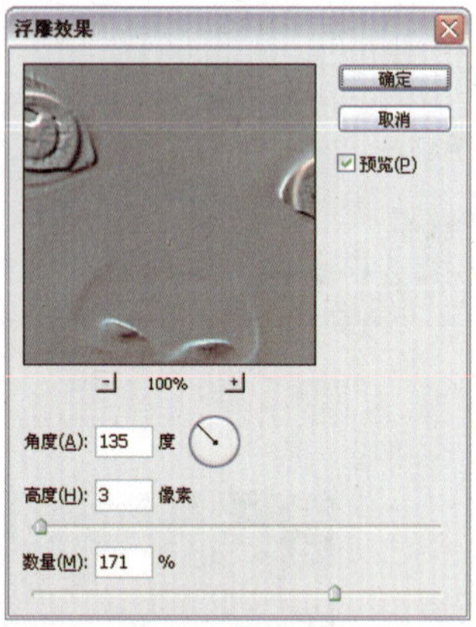

图4-129

图4-130

03 按快捷键Ctrl+Shift+U去除颜色，如图4-131所示，再按快捷键Ctrl+I将图像反相，从而反转纹理的凹凸方向，如图4-132所示。

图4-131

图4-132

突破平面 Photoshop CS5 设计与制作深度剖析

04 双击"图层1"，打开"图层样式"对话框，在左侧列表中选择"投影"和"渐变叠加"选项，设置参数如图4-133和图4-134所示，为图层添加这两种效果，如图4-135所示。

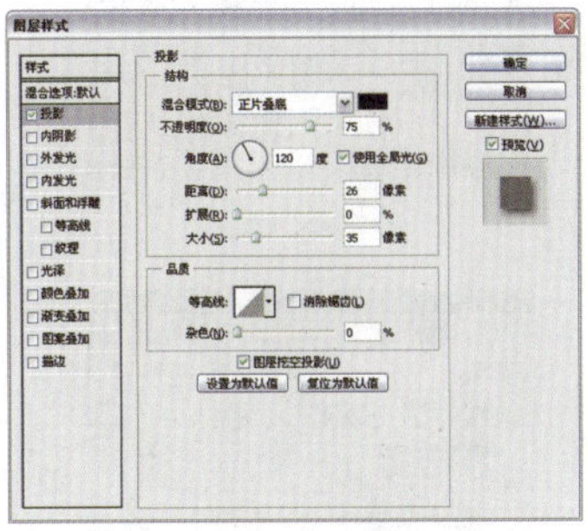

图4-133

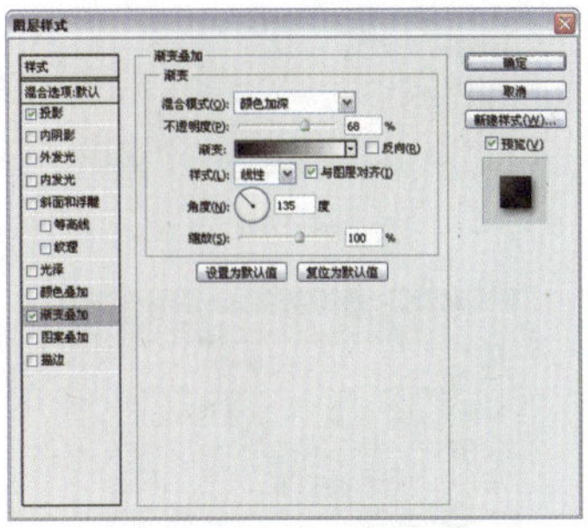

图4-134

图4-135

05 单击"调整"面板中的 按钮，创建"曲线"调整图层，单击面板底部的 按钮，创建剪贴蒙版，如图4-136所示。在曲线上单击添加4个控制点，拖曳这些控制点调整曲线，如图4-137所示。为纪念币增添光泽，如图4-138所示。

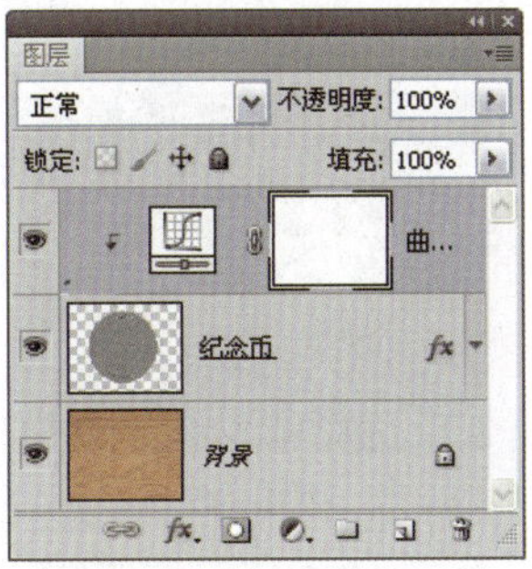

图4-136

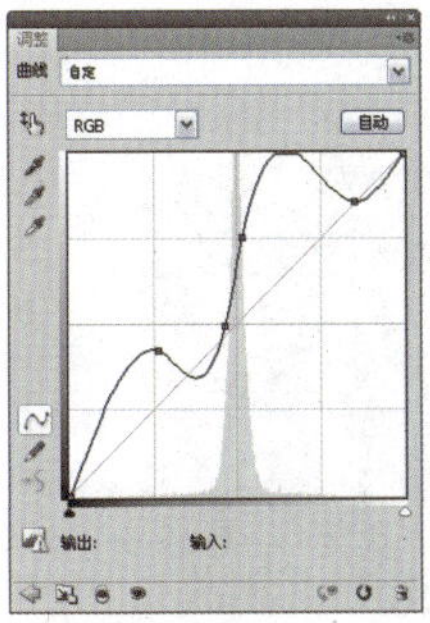

图4-137

图4-138

4.5.2 制作边缘纹理

01 新建一个图层，填充白色。执行"滤镜">"素描">"半调图案"命令，设置参数如图4-139所示。

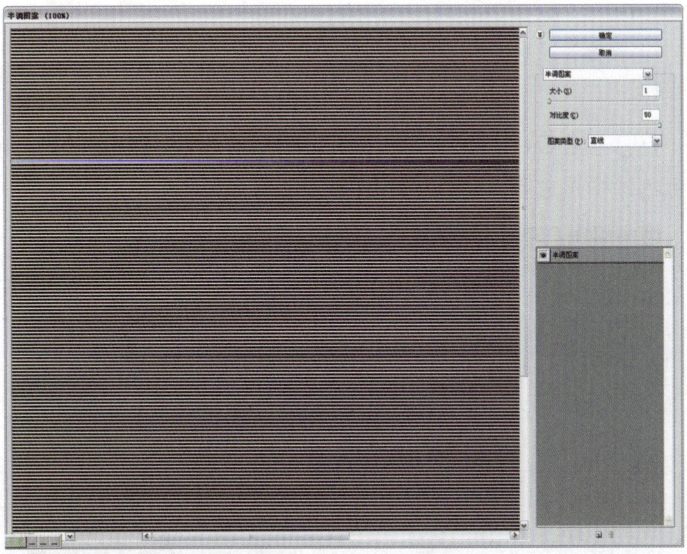

图4-139

02 执行"编辑">"变换">"旋转 90 度（顺时针）"命令，将图像旋转后按下回车键确认操作，如图4-140所示。使用"移动"工具▸将条纹图像移动到画面左侧，再按住快捷键Shift+Alt拖曳进行复制，使条纹布满画面，如图4-141所示。

图4-140

图4-141

03 复制条纹图像后，在"图层"面板中会新增一个图层，如图4-142所示，按快捷键Ctrl+E向下合并图层，如图4-143所示。

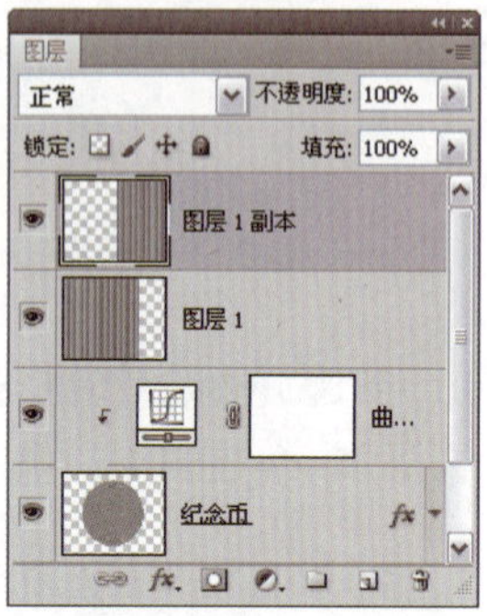

图4-142

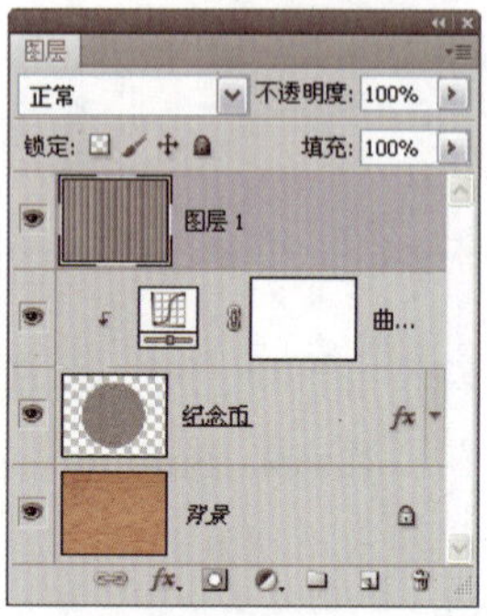

图4-143

04 执行"滤镜">"扭曲">"极坐标"命令，在打开的对话框中选择"平面坐标到极坐标"选项，如图4-144和图4-145所示。

05 按快捷键Ctrl+T显示定界框，调整图像的宽度，再将图像向左侧拖曳，使中心点与画面中心对齐，如图4-146所示。按下回车键确认操作。

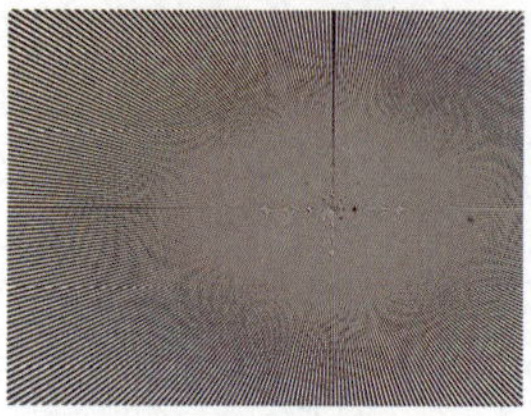

图4-144

图4-145

图4-146

06 按住Ctrl键单击"纪念币"图层缩览图，如图4-147所示，载入选区；单击 ▣ 按钮在选区基础上创建图层蒙版，将选区外的图像隐藏，如图4-148和图4-149所示。

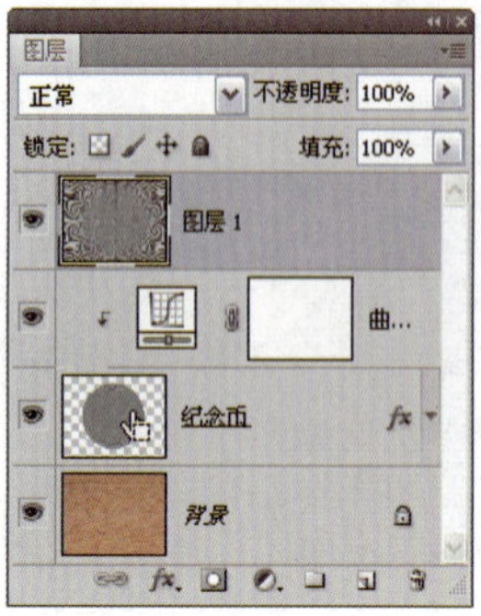

图4-147

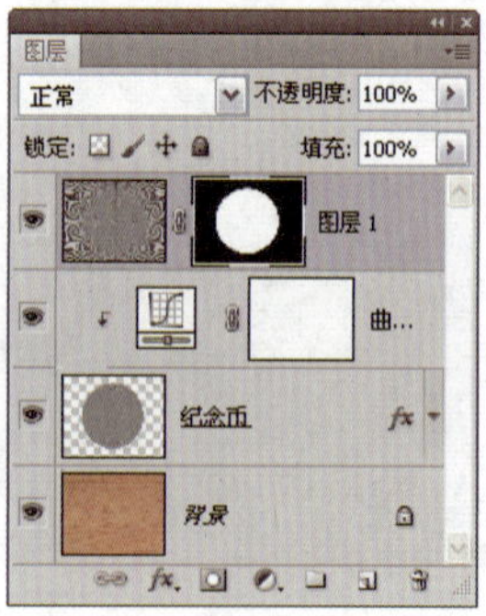

图4-148

图4-149

07 再次按住Ctrl键单击"纪念币"图层缩览图，载入选区，执行"选择">"变换选区"命令，在选区上显示定界框，如图4-150所示；按住快捷键Shift+Alt拖曳定界框的一角，保持中心点位置不变将选区成比例缩小，如图4-151所示。按下回车键确认操作。

08 单击"图层 1"的蒙版缩览图，并填充黑色，如图4-152所示，并取消选择，如图4-153所示。

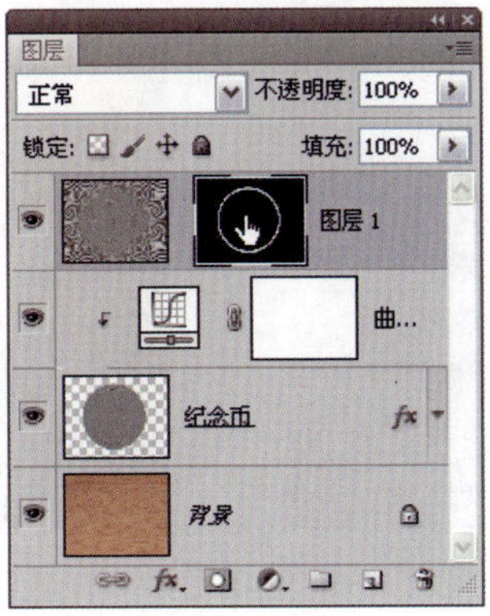

09 双击该图层，打开"图层样式"对话框，在左侧列表中选择"斜面和浮雕"选项，设置参数如图4-154所示，使"纪念币"边缘产生立体感，如图4-155所示。

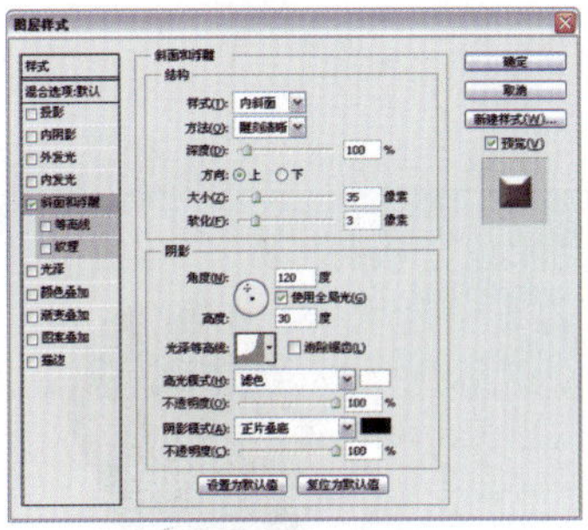

10 单击"调整"面板中的 ☀ 按钮，创建"亮度/对比度"调整图层，增加亮度和对比度参数，使"纪念币"更有光泽度，如图4-156和图4-157所示。

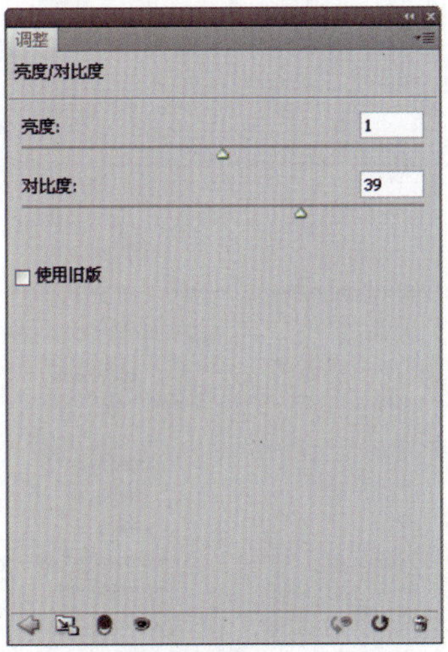

图4-150

图4-151

图4-152

图4-153

图4-154

图4-155

图4-156

图4-157

11 按快捷键Ctrl+Shift+Alt+E盖印图层，使用该图层制作金币。执行"滤镜">"渲染">"光照效果"命令，打开"光照效果"对话框，在"光照类型"下拉列表中选择"点光"选项，在右侧的颜色块上单击，打开"拾色器"对话框设置灯光颜色。设置亮部颜色为土黄色（R180、G140、B65）、暗部颜色为深黄色（R103、G85、B1），如图4-158所示，完成后的效果如图4-159所示。

图4-158

图4-159

4.6 人像拼图

- 学习技巧：自定义一个拼图用基本图案，用油漆桶填满画面，并应用于人物头像，基于图案制作残缺效果。
- 学习时间：1小时
- 技术难度：★★★
- 实用指数：★★★★

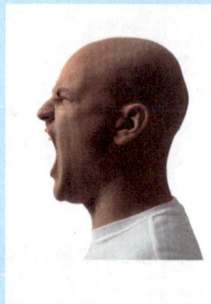

素材

实例效果

4.6.1 创建图案

01 按快捷键Ctrl+N打开"新建"对话框，创建一个240像素×240像素，分辨率为300像素/英寸的RGB文件，设置背景内容为"透明"，如图4-160所示。

图4-160

02 按快捷键Ctrl+R显示标尺。执行"视图">"对齐"命令，在"对齐到"子菜单中可以看到，默认设置下可以对齐到参考线、图层和文档边界，如图4-161所示，启用该项功能，有助于精确绘制图形。

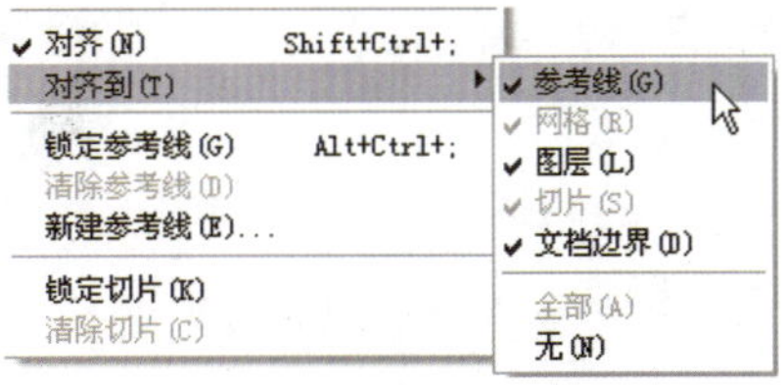

图4-161

03 在标尺上拖出两条参考线，将画面分成4等份。选择"矩形"工具，单击工具选项栏中的"填充像素"按钮，按住Shift键绘制一个黑色的正方形，如图4-162所示。选择"椭圆选框"工具，按住Shift键绘制一个正圆形选区，按下Delete键删除选区内图像，如图4-163所示。

图4-162   图4-163

04 将光标放在选区内，单击并将选区拖曳到正图形下方，按快捷键Alt+Delete填充黑色，如图4-164所示。按快捷键Ctrl+D取消选择。使用"移动"工具按住Alt键拖曳黑色图形进行复制，按快捷键Ctrl+I反相，将其转换为白色。执行"编辑">"变换">"旋转180度"命令，将其放置在画面右下角，如图4-165所示。

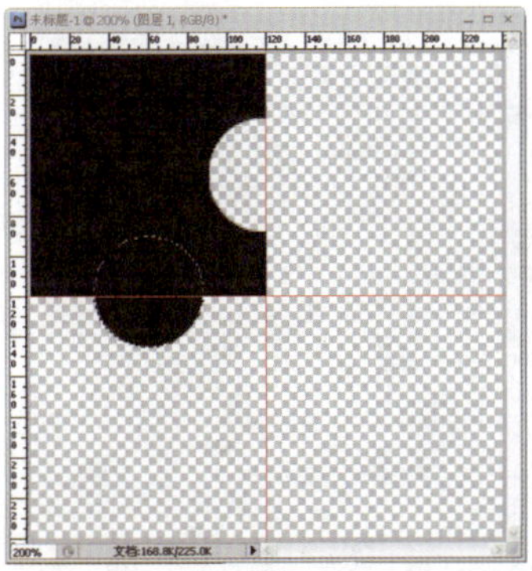

图4-164 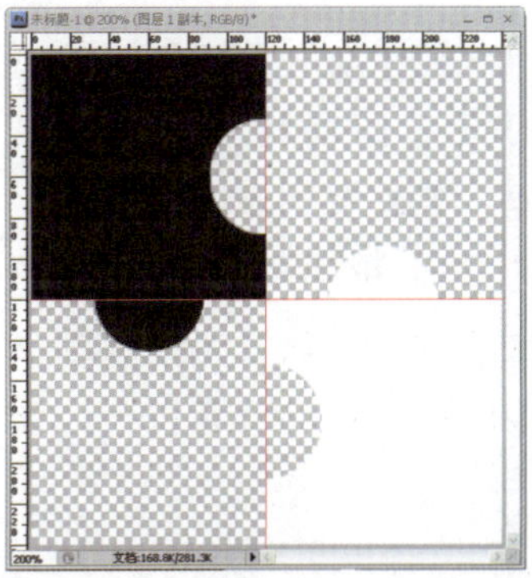   图4-165

05 在"图层"面板中，复制后的图形位于一个单独的图层中，如图4-166所示，按快捷键Ctrl+E向下合并图层，将两个图形合并为一个图层，如图4-167所示。

图4-166 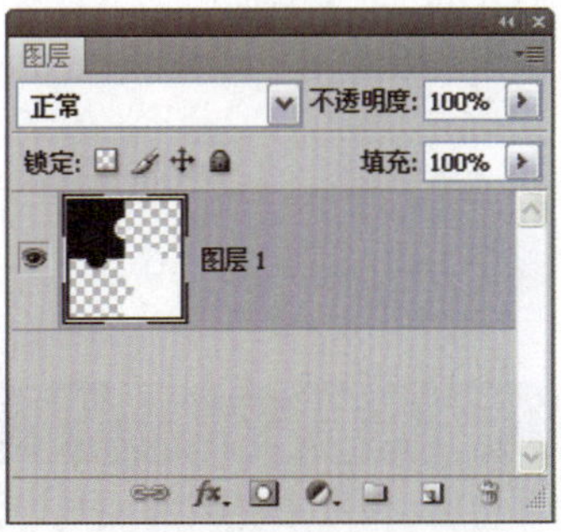   图4-167

06 执行"编辑">"定义图案"命令，打开如图4-168所示的对话框，将图像定义为图案。

图4-168

4.6.2　将图案应用于人物图像

01 按快捷键Ctrl+O，打开一个文件（光盘>素材>4.6），如图4-169和图4-170所示。

02 单击"图层"面板底部的 🔲 按钮，新建一个图层。选择"油漆桶"工具 🖐，单击工具选项栏的 🔽 按钮，在下拉列表中选择"图案"选项，并在"图案"面板中选择创建的图案，如图4-171所示。在画面中单击填充该图案，如图4-172所示。

图4-169　　　　　图4-170　　　　　　　　图4-171　　　　　　　　图4-172

03 双击"图层1"，打开"图层样式"对话框，在左侧列表分别选择"斜面和浮雕"和"描边"效果，设置参数如图4-173和图4-174所示。

图4-173　　　　　　　　　　　　图4-174

04 将该图层的填充不透明度设置为0%，如图4-175和图4-176所示。

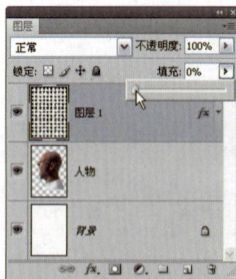

图4-175　　　　　　　　　　　图4-176

> ➡ **提示**
>
> 　　修改填充不透明度时只影响图层中的图像内容，而不会影响其添加的"斜面和浮雕"和"描边"等效果。而修改"不透明度"则既影响图像，又影响效果。

05 按快捷键Ctrl+Alt+G
创建剪贴蒙版，使图案只显示
在人物范围内，如图4-177和图
4-178所示。

图4-177

图4-178

06 选择"魔棒"工具，单击工具选项栏中的按钮，设置容差为5，在"拼图"上单击，选取若干图形，如图4-179所示。按快捷键Ctrl+Shift+C（执行"合并拷贝"命令），将选区内的图像效果复制到剪贴板中待用。选择"人物"图层，按住Alt键单击面板底部的按钮，添加一个反相的蒙版，将选区内的图像隐藏，形成镂空效果，如图4-180和图4-181所示。

图4-179

图4-180

图4-181

> **提示：**
>
> 在使用"魔棒"工具选取拼图时，不要选取工具选项栏中的"对所有图层取样"选项，以便"魔棒"工具只选择"图层1"中的拼图图形。

07 选择"图层1"，如图4-182所示。按快捷键Ctrl+V粘贴图像，将上一步骤复制的拼图粘贴到一个新的图层中，如图4-183所示。按住Alt键将"图层1"的 *fx* 图标拖曳到"图层2"，将效果复制到该图层，如图4-184所示，效果如图4-185所示。

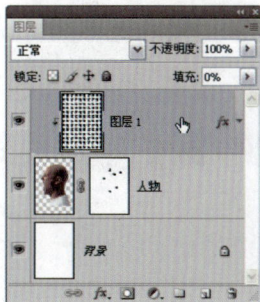

图4-182

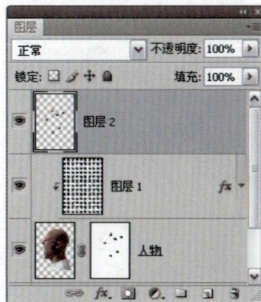

图4-183

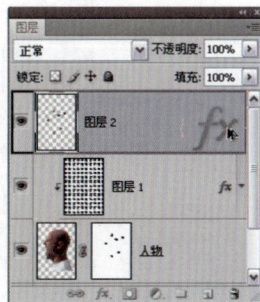

图4-184

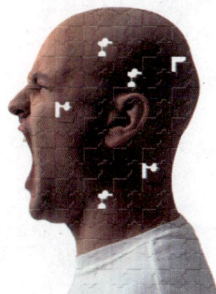

图4-185

08 双击"图层2"，打开"图层样式"对话框，添加"投影"效果，如图4-186和图4-187所示。

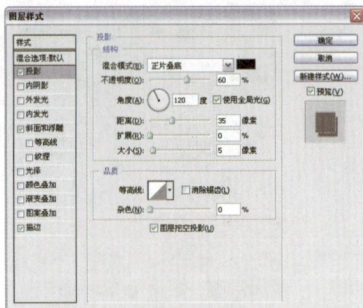

图4-186　　　　　　　图4-187

09 选择"背景"图层。设置前景色为灰色，背景色为白色。选择"渐变"工具■，由画面右上角向画面中心拖曳鼠标填充渐变，如图4-188和图4-189所示。

图4-188　　　　　　　图4-189

10 人物整齐的底边在画面中显得不太自然，通过蒙版可将其隐藏。单击"人物"图层的蒙版缩览图，进入蒙版编辑状态，如图4-190所示。打开"渐变"面板，选择"前景-透明"渐变，如图4-191所示。由人物底边向左上方拖曳鼠标，创建渐变使底边呈现渐隐效果，如图4-192和图4-193所示。

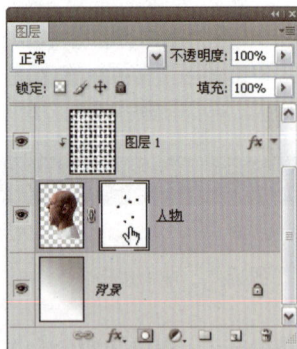

图4-190

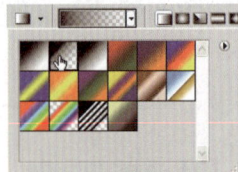

图4-191

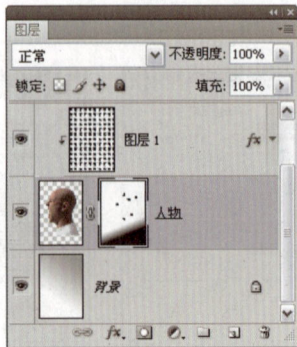

图4-192　　　　　　　图4-193

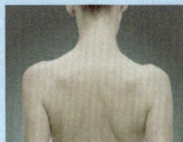

4.7 人体彩绘

- 学习技巧：用变换复制的方式制作纹样，用混合模式贴在人体上，通过混合滑块控制混合程度。
- 学习时间：1.5小时
- 技术难度：★★★★
- 实用指数：★★★★★

人物抠图　　　　　　　　　实例效果

4.7.1 人物抠图

01 按快捷键Ctrl+N打开"新建"对话框，在"预设"下拉列表中选择Web选项，在"大小"下拉列表中选择1024×768选项，创建一个文档。

02 将前景色设置为青绿色（R38、G100、B102），选择"渐变"工具，在工具选项栏中单击"径向渐变"按钮，单击工具选项栏中的按钮打开"渐变编辑器"对话框，调整渐变颜色，在画面中填充径向渐变，如图4-194和图4-195所示。

图4-194　　　　　　　　　图4-195

03 打开一个文件（光盘>素材>4.7a），如图4-196所示。使用"快速选择"工具将"人物"选中，如图4-197所示，单击工具选项栏中的"调整边缘"按钮，打开对话框设置参数如图4-198所示，对选区边缘进行平滑处理。

图4-196

图4-197

图4-198

04 将选区内的人物拖入当前文档，如图4-199所示，修改图层的名称，如图4-200所示。

图4-199

图4-200

05 单击"调整"面板中的![]按钮，采用默认参数将图像转换为黑白效果，如图4-201和图4-202所示。

06 按快捷键Ctrl+Alt+G创建剪贴蒙版，使调整图层只影响人物图像。修改该图层的混合模式为"变暗"，使人物的色调与背景相一致，如图4-203和图4-204所示。

图4-202

图4-204

图4-201

图4-203

4.7.2　装饰图案的制作

01 打开一个文件（光盘>素材>4.7b），如图4-205所示，将它拖入当前文档中。按快捷键Ctrl+T显示定界框，按住Shift键锁定图像比例，旋转并缩放，如图4-206所示。按下回车键确认变换。

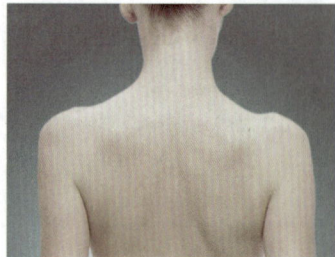

图4-205

图4-206

02 按快捷键Ctrl+J复制图层，如图4-207所示。按快捷键Ctrl+T显示定界框，按住Shift键锁定图像比例，自由变换复制后的图像，如图4-208所示。按下回车键确认变换。

图4-207

图4-208

突破平面 Photoshop CS5 设计与制作深度剖析

03 按住快捷键Ctrl+Shift+Alt，同时连续按下T键重复变换操作，每按一次便会复制与变换出一个新的图层，直到复制的图像组成一个优美的弧形，如图4-209所示，这时的"图层"面板如图4-210所示。

04 按住Shift键选择"荷花"的所有副本图层（除"荷花"图层外），按快捷键Ctrl+E合并。隐藏"荷花"图层，按快捷键Ctrl+[向下移动位置，如图4-211所示。按快捷键Ctrl+J复制当前图层，如图4-212所示。

05 按快捷键Ctrl+T显示定界框，单击右键，执行"水平翻转"命令，再按住Shift键锁定方向，向右移动图形，使两个图形对称分布，如图4-213所示，按下回车键确认变换。按快捷键Ctrl+E向下合并图层，按快捷键Ctrl+T显示定界框，自由变换图形，并放置到适当的位置，如图4-214所示。

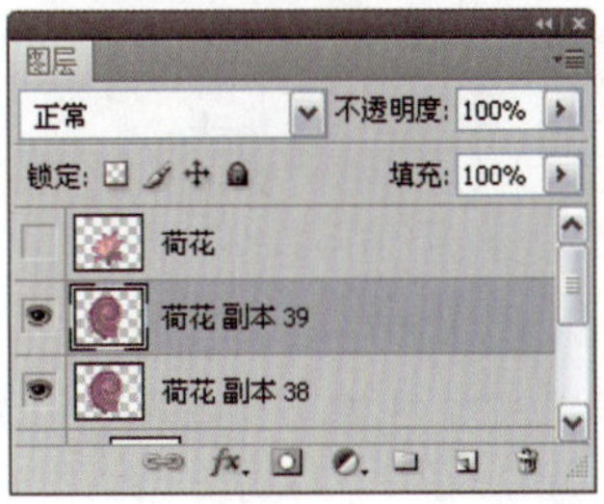

06 按快捷键Ctrl+J复制图层，修改图层的混合模式为"柔光"，将该图层与下一图层混合使图形变亮，如图4-215和图4-216所示。按快捷键Ctrl+E向下合并图层。

07 按快捷键Ctrl+J复制对称图形，按快捷键Ctrl+T自由变换图形，将图形垂直翻转，按快捷键Ctrl+E向下合并，如图4-217和图4-218所示。

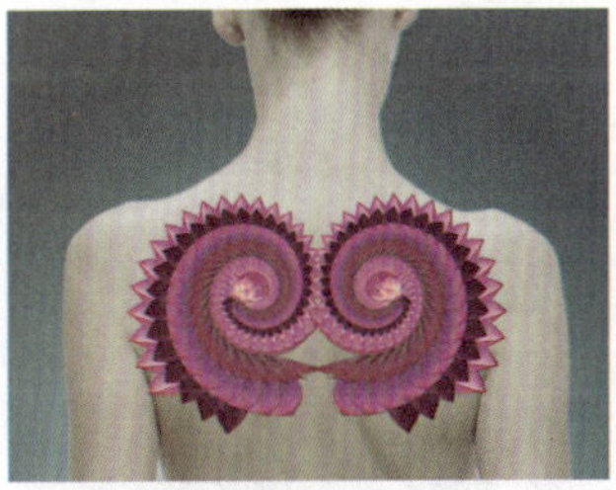

图4-209

图4-210

图4-211

图4-212

图4-213

图4-214

图4-215

图4-216

图4-217

图4-218

08 选择并显示"荷花"图层。按快捷键Ctrl+T显示定界框，经过自由变换后，适当调整它的位置，如图4-219所示，按快捷键Ctrl+J复制图层，并修改复制图层的混合模式和不透明度，使"荷花"变亮，如图4-220和图4-221所示。同样按快捷键Ctrl+E向下合并图层，将"荷花"与其副本图层合并。

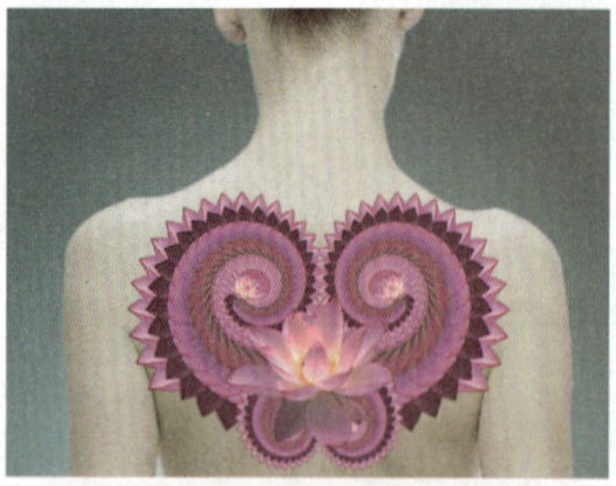

图4-219   图4-220   图4-221

09 双击当前图层打开"图层样式"对话框，设置参数如图4-222所示，效果如图4-223所示。按快捷键Ctrl+E将由"荷花"组成的图案合并到一个图层中，重新命名为"荷花"，如图4-224所示。

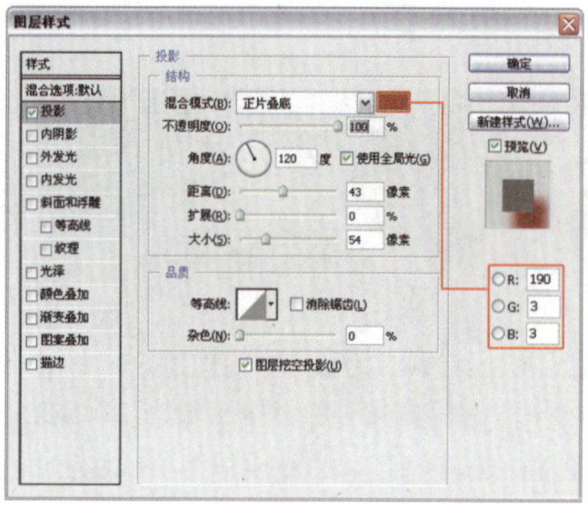

图4-222    图4-223    图4-224

4.7.3 表现彩绘效果

01 按快捷键Ctrl+U打开"色相/饱和度"对话框，调整荷花的颜色，如图4-225和图4-226所示。

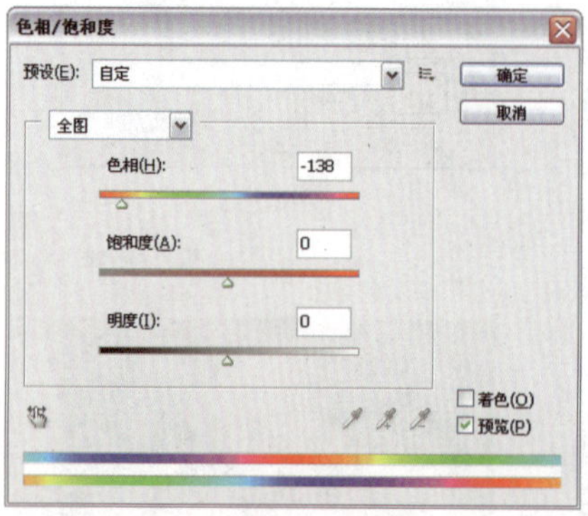

图4-225

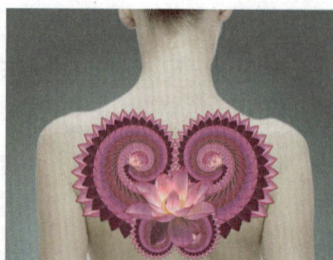

图4-226

02 打开一个文件（光盘>素材>4.7c），如图4-227所示，将其拖入当前文档中，并适当调整它在画面中的位置，如图4-228所示。按快捷键Ctrl+E将它与"荷花"图层合并。

突破平面 Photoshop CS5 设计与制作深度剖析

图4-227

图4-228

03 调整该图层的混合模式为"正片叠底",将图案与人体混合,制作为彩绘效果,如图4-229和图4-230所示。

图4-229

图4-230

04 双击该图层打开"图层样式"对话框,按住Alt键分别拖曳"混合颜色带"中"本图层"和"下一图层"的白色滑块,将白色滑块分开,并向左移动,如图4-231所示,分别将本图层的白色像素隐藏,将下一图层的白色像素显示出来,使彩绘效果更加真实,如图4-232所示。

图4-231

图4-232

05 单击"图层"面板中的 按钮,添加图层蒙版,使用"画笔"工具 (柔角)在超出人物背部的图案上涂抹,将它们隐藏,如图4-233和图4-234所示。

图4-233

图4-234

06 打开一个文件(光盘>素材>4.7d),这是一个PSD分层文件,如图4-235和图4-236所示。

图4-235

图4-236

07 按住Shift键选中两个图层，按住Shift键不放将它们拖入当前文档中，调整"花纹"图层的混合模式为"叠加"，使它与整个图像混合，如图4-237和图4-238所示。

08 双击"人物"图层，打开"图层样式"对话框，选择"内发光"选项，设置参数如图4-239所示，表现出环境光的效果，如图4-240所示。

图4-237

图4-238

图4-239

图4-240

4.8 魔法隐身衣

- 学习技巧：用混合模式与蒙版功能让人物隐身到背景中。
- 学习时间：20分钟
- 技术难度：★★
- 实用指数：★★★★★

素材

实例效果

01 按快捷键Ctrl+O，打开两个素材（光盘>素材>4.8a、4.8b），如图4-241和图4-242所示。

02 使用"移动"工具 将花朵素材拖曳到人像文档中，生成"图层1"，设置该图层的混合模式为"颜色加深"，不透明度为80%，如图4-243和图4-244所示。

图4-241

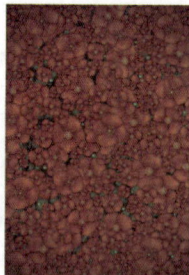

图4-242

图4-243

图4-244

03 在"图层1"的"眼睛"图标上单击，将该图层隐藏。选择"快速选择"工具 ✐，勾选"对所有图层取样"选项，将人物的头部选中，如图4-245和图4-246所示。

04 将"图层1"显示出来。按住Alt键单击"图层"面板底部的 ◻ 按钮，创建一个反相的蒙版，将选中的图像隐藏，使"背景"层中的人物面部图像显现出来，如图4-247和图4-248所示。

图4-245

图4-246

图4-247

图4-248

05 最后再来做一些修饰。选择柔角"画笔"工具 ✐，将工具的不透明设置为30%，在人物的头发边缘涂抹一些灰色，如图4-249所示，使边缘变得柔和，如图4-250所示。

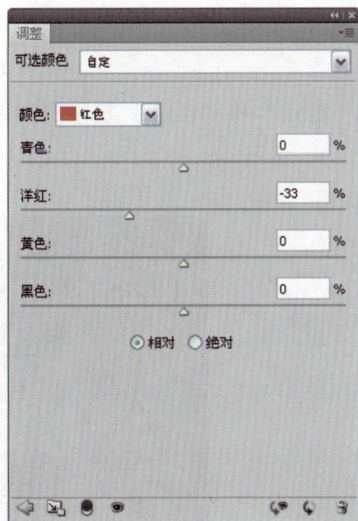

图4-249

图4-250

06 单击"调整"面板中的 ▨ 按钮，创建"可选颜色"调整图层，在"颜色"下拉列表中选择红色和黄色，设置参数如图4-251和图4-252所示，效果如图4-253所示。

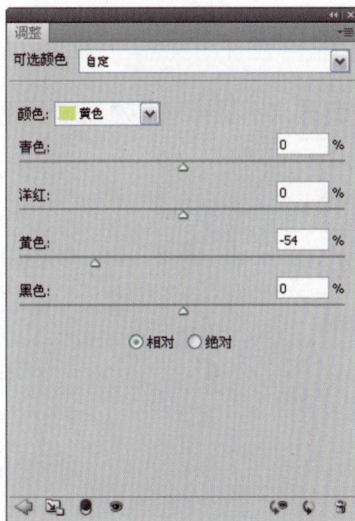

图4-251

图4-252

图4-253

4.9 绚丽极光

- 学习技巧：使用"自定形状"工具创建形状图层，通过变换复制的方式生成基本图形，添加效果，并降低填充不透明度隐藏图形，只显示效果，生成绚丽的极光。
- 学习时间：45分钟
- 技术难度：★★★★
- 实用指数：★★★★

实例效果

4.9.1 制作基础纹样

01 新建一个A4大小，分辨率为300像素/英寸的RGB文件。按D键将前景色设置为黑色，按快捷键Alt+Delete将"背景"图层填充为黑色。

02 新建一个名称为"谱号"的图层。将前景色设置为深灰色，选择"自定义形状"工具 ，在工具选项栏单击"填充像素"按钮 ，在"形状"面板中选择"低音谱号"，如图4-254所示，按住Shift键锁定比例绘制该谱号，如图4-255所示。

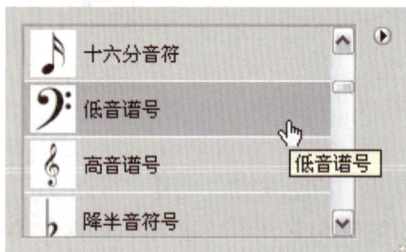

图4-254   图4-255

03 双击"谱号"图层，打开"图层样式"对话框，添加"内发光"和"描边"效果，如图4-256～图4-258所示。

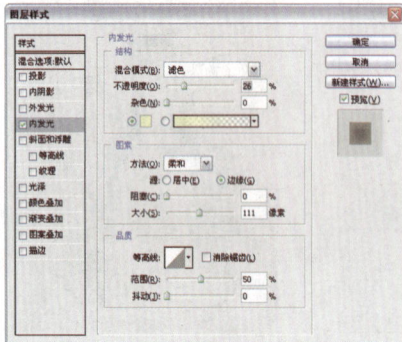

图4-256   图4-257   图4-258

突破平面 Photoshop CS5 设计与制作深度剖析

04 将图层的填充不透明度设置为0%，谱号图形就会变为透明状态，只显示添加的效果，如图4-259和图4-260所示。

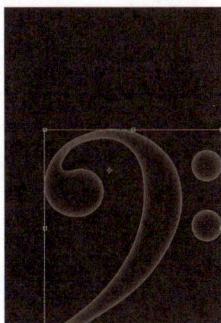

图4-259 图4-260

4.9.2 变换生成新的图案

01 按快捷键Ctrl+T显示定界框，移动中心点，如图4-261所示。在工具选项栏中设置旋转角度为60°，旋转图形，如图4-262所示。按下回车键确认变换。

图4-261 图4-262

02 按快捷键Ctrl+Shift+Alt，同时连续按下T键重复变换操作，每按一次，就会生成一个低音谱号和一个图层，如图4-263和图4-264所示为连按5次的效果。将"图层1"和它的所有副本选中，按快捷键Ctrl+E合并到一个图层中。使用"橡皮擦"工具✐（柔角，400px）对图案进行适当的擦除，使图案的变化更加丰富，如图4-265所示。

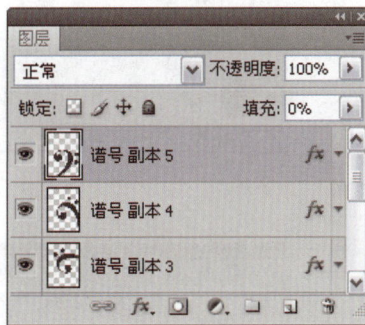

图4-263 图4-264 图4-265

> **➡ 提示**
>
> 如果图像不在画面的中间，可使用"移动"工具╬同时选中该图层和"背景"图层，在工具选项栏中单击吕按钮，进行对齐。

03 执行"滤镜">"扭曲">"波浪"命令，对该图案进行扭曲，如图4-266和图4-267所示。

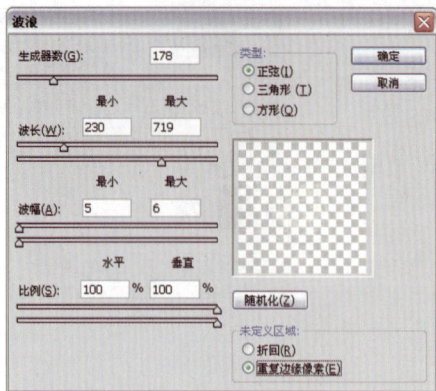

图4-266   图4-267

04 按快捷键Ctrl+J复制图层，如图4-268所示。执行"滤镜">"扭曲">"旋转扭曲"命令，旋转扭曲图案，如图4-269和图4-270所示。

图4-268   图4-269   图4-270

05 将"谱号副本5"图层的不透明度设置为70%，使图像的层次感更强，如图4-271和图4-272所示。

06 选择"椭圆"工具○，在工具选项栏中单击"形状图层"按钮□，按住Shift键锁定比例绘制一个正圆形，如图4-273和图4-274所示。

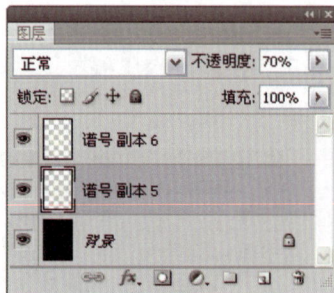

图4-271   图4-272

图4-273   图4-274

07 双击该图层，打开"图层样式"对话框，添加"内发光"和"描边"效果，如图4-275～图4-277所示。

图4-275

图4-276

图4-277

08 将该图层的填充不透明度设置为0%，使图像透明，显示出下面的图像，如图4-278和图4-279所示。

图4-278

图4-279

4.9.3 着色

01 新建一个名称为"色彩"的图层。选择"渐变"工具，在工具选项栏中单击"径向渐变"按钮，单击渐变条，打开"渐变编辑器"编辑颜色，如图4-280所示，填充渐变，如图4-281所示。

图4-280

图4-281

02 设置图层的混合模式为"叠加"，通过渐变为下面的图像着色，如图4-282和图4-283所示。

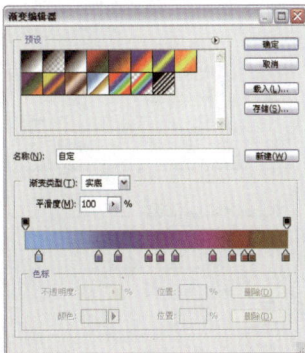

图4-282

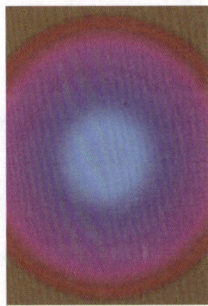

图4-283

03 将前景色设置为白色。选择"横排文字"工具 **T**，在画面的中间输入文字，如图4-284所示。双击文字图层，打开"图层样式"对话框，添加"外发光"效果，如图4-285和图4-286所示，整体效果如图4-287所示。

图4-284

图4-286

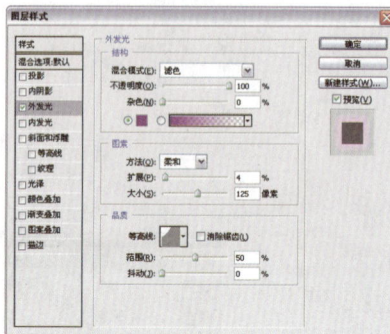

图4-285

图4-287

4.10 时尚水晶球

- 学习技巧：制作彩色条纹，通过滤镜扭曲为水晶球深入加工，增强其光泽与质感。
- 学习时间：2小时
- 技术难度：★★★★
- 实用指数：★★★★★

实例效果

4.10.1 制作彩色条纹背景

01 按快捷键Ctrl+N打开"新建"对话框，在"预设"下拉列表中选择Web选项，在"大小"下拉列表中选择1024×768选项，单击"确定"按钮新建一个文档。将前景色设置为浅绿色（R232、G250、B208），按快捷键Alt+Delete填充前景色，如图4-288所示。新建一个图层，如图4-289所示。

图4-288

图4-289

02 选择"渐变"工具 ，在"渐变"下拉列表中选择"透明条纹渐变"选项，如图4-290所示。按住 Shift 键在画面中由左至右拖曳鼠标填充渐变，如图 4-291 所示。

03 单击 按钮锁定图层的透明像素，如图4-292所示。分别将前景色调整为橘红色、红色、绿色、蓝色和橙色，使用"画笔"工具 将条纹逐一重新着色，如图4-293所示。

04 按快捷键 Ctrl+Shift+Alt+E盖印图层，如图4-294所示。按快捷键Ctrl+T显示定界框，拖曳定界框的右侧，调整图像的宽度，使条纹变细，如图4-295所示。按下回车键确认操作。

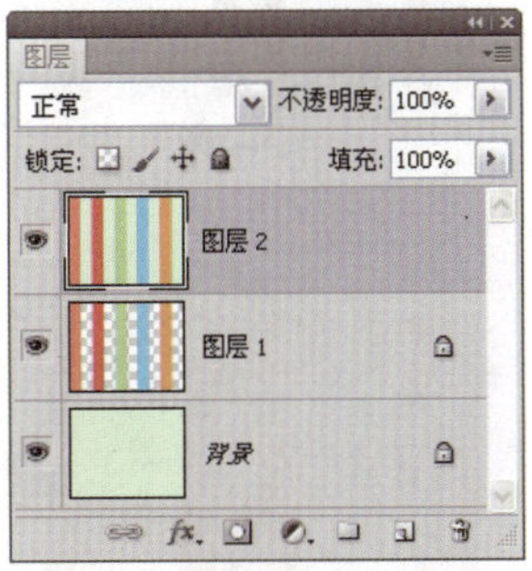

05 选择"移动"工具 ，按住快捷键 Alt+Shift 向右侧拖曳图像进行复制，同时，在"图层"面板中新增一个图层，如图 4-296 所示。仔细观察图像的中间区域，其他条纹边缘都很柔和，橘红色条纹边缘过于锐利，如图 4-297 所示。

06 按快捷键Ctrl+[将"图层2副本"下移一层，如图4-298所示。使用"移动"工具 调整其在画面中的位置，向左移动将橘红色条纹隐藏在后面，如图4-299所示。

图4-290

图4-291

图4-292

图4-293

图4-294

图4-295

图4-296

图4-297

图4-298

图4-299

07 按住Ctrl键单击"图层2",选中这两个图层,如图4-300所示,按快捷键Ctrl+E合并图层,如图4-301所示。

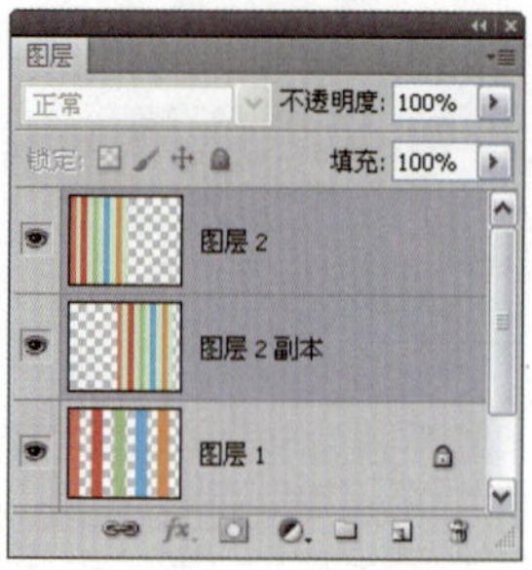

图4-300

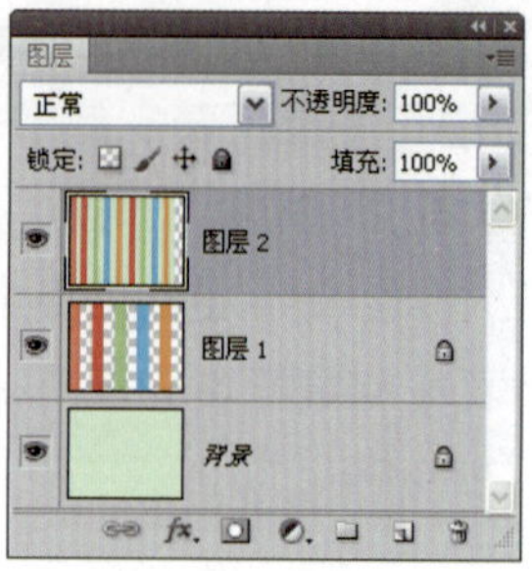

图4-301

4.10.2 制作球体

01 选择"椭圆选框"工具◯,按住Shift键创建一个正圆形选区,如图4-302所示。执行"滤镜">"扭曲">"球面化"命令,设置数量为100%,如图4-303和图4-304所示。按快捷键Ctrl+F再次执行该滤镜,加大膨胀效果,使条纹的扭曲效果更明显,如图4-305所示。

图4-302

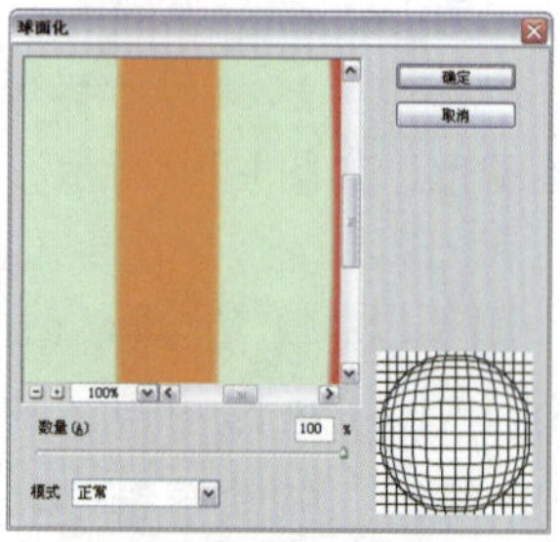

图4-303

图4-304

图4-305

02 按快捷键Ctrl+Shift+I反选,按Delete键删除选区内的图像,按快捷键Ctrl+D取消选择,如图4-306所示。

图4-306

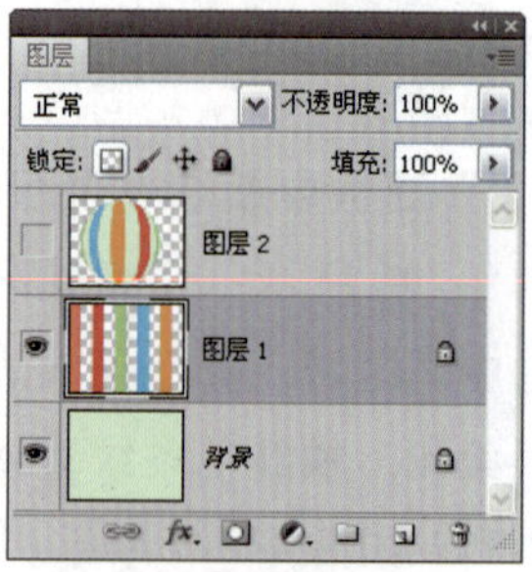

图4-307

03 单击"图层2"前面的"眼睛"图标👁,隐藏该图层,选择"图层1",如图4-307所示。按快捷键Ctrl+E向下合并图层,如图4-308所示。按住Alt键双击"背景"图层,将其转换为普通图层,如图4-309所示。

图4-308

图4-309

04 按快捷键Ctrl+T显示定界框，将光标放在定界框的一角，按住Shift键拖曳鼠标将图像旋转30°，如图4-310所示。再按住Alt键拖曳定界框边缘，将图像放大，布满画面，如图4-311所示。按下回车键确认操作。

图4-310

图4-311

05 执行"滤镜">"模糊">"高斯模糊"命令，设置半径为15像素，如图4-312所示，效果如图4-313所示。

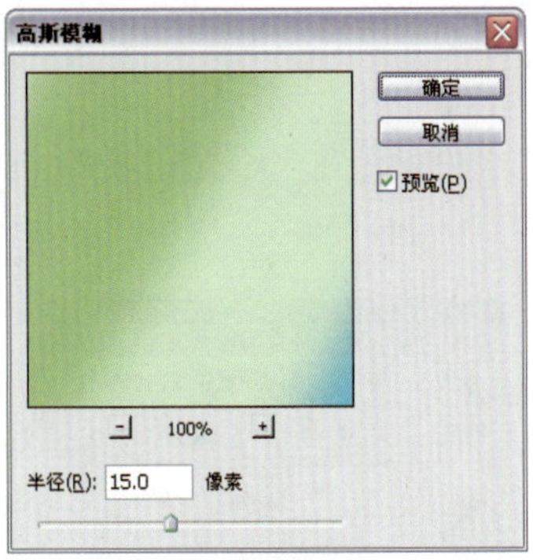

图4-312

图4-313

06 按快捷键Ctrl+J复制"背景"图层，设置混合模式为"正片叠底"，不透明度为60%，如图4-314和图4-315所示。

图4-314

图4-315

07 按快捷键Ctrl+E向下合并图层，如图4-316所示。执行"图层">"新建">"背景图层"命令，将普通图层转换为背景图层，如图4-317所示。

图4-316

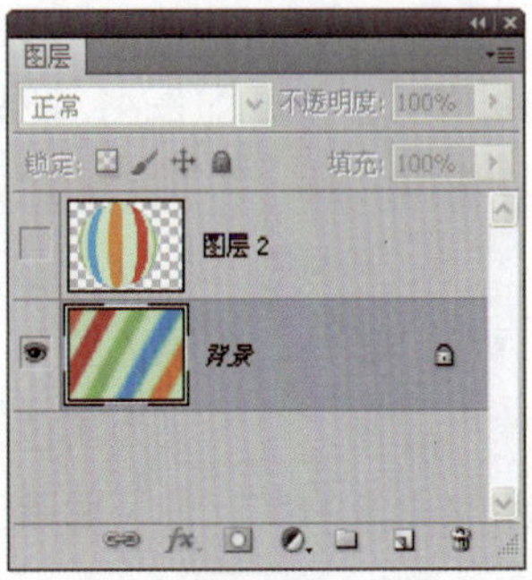

图4-317

第4章 纹理和质感揭秘

147

08 选择并显示"图层2"，如图4-318所示。通过自由变换调整圆球的大小和角度，如图4-319所示。

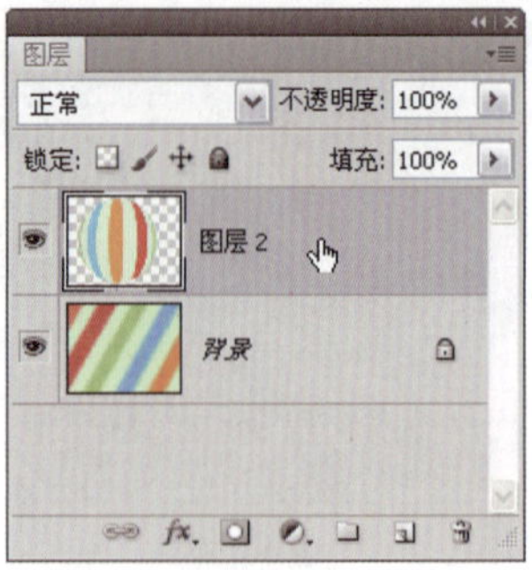

图4-318

图4-319

4.10.3 表现明暗与光泽

01 选择"画笔"工具，设置不透明度为 20%，如图4-320所示。新建一个图层，按快捷键 Ctrl+Alt+G 创建剪贴蒙版，如图 4-321 所示。在圆球的底部涂抹白色，如图 4-322 所示，顶部涂抹黑色，表现出明暗过渡效果，如图 4-323 所示。

图4-320

图4-321

图4-322

图4-323

02 新建一个图层，创建剪贴蒙版。使用"椭圆"工具按住Shift键绘制一个黑色的正圆形，如图4-324所示。使用"椭圆选框"工具创建一个选区，将大部分正圆形选中，仅保留一个细小的边缘，如图4-325所示。按Delete键删除图像，按快捷键Ctrl+D取消选择，如图4-326所示。

图4-324

图4-325

图4-326

03 单击按钮锁定该图层的透明像素，如图4-327所示。使用"画笔"工具涂抹白色，由于画笔工具设置了不透明度，因此，在黑色图形上涂抹白色时，会表现为灰色，这就使原来的黑边有了明暗变化，如图4-328所示。

图4-327

图4-328

04 新建一个图层。在"画笔"面板中选择"半湿描边油彩笔"选项，如图4-329所示。将不透明度设置为100%，可按]和[键放大或缩小笔尖，为圆球绘制高光，效果如图4-330所示。

05 按住Shift键单击"图层2"，选中所有组成圆球的图层，如图4-331所示，按快捷键Ctrl+E合并图层，如图4-332所示。

图4-329

图4-330

图4-331

图4-332

06 使用"移动"工具 按住Alt拖曳圆球进行复制，如图4-333所示。按快捷键Ctrl+L打开"色阶"对话框，将阴影滑块和中间调滑块向右侧调整，使圆球色调变暗，如图4-334和图4-335所示。

图4-333

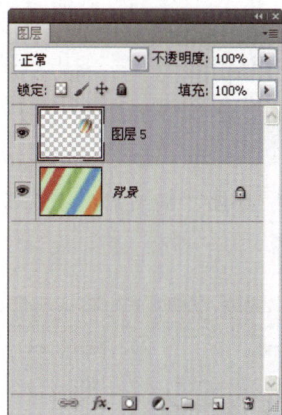

图4-334

07 用同样方法复制圆球，调整大小和明暗，最终效果如图4-336所示。

图4-335

图4-336

4.11 质感面料：麻纱

- 学习技巧：通过图层样式中的图案制作麻纱面料。
- 学习时间：30分钟
- 技术难度：★★
- 实用指数：★★

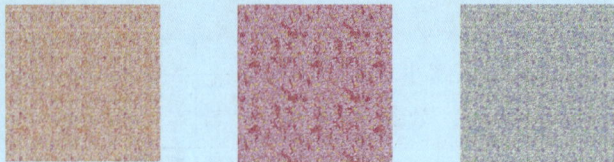

实例效果

01 按快捷键Ctrl+N打开"新建"对话框，创建一个大小为800×800像素，分辨率为72像素/英寸的RGB模式文件。按快捷键Ctrl+J复制"背景"图层，填充洋红色，如图4-337所示。

02 双击该图层，打开"图层样式"对话框，在左侧列表中选择"纹理"选项，并单击图案旁的按钮打开"图案"面板，单击右上方的 ▶ 按钮，选择"填充纹理2"选项，加载该图案库，选择如图4-338所示的图案，效果如图4-339所示。

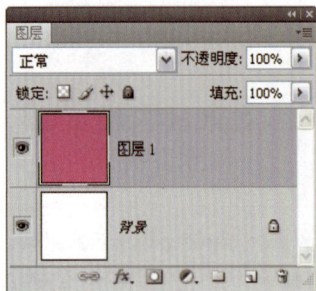

图4-337   图4-338   图4-339

提示

在加载图案库时，会弹出一个提示框，询问是否替换当前的图案，单击"确定"按钮表示替换；单击"追加"按钮，可在原有图案的基础上增加载入的图案；单击"取消"按钮，则取消操作。此外，载入渐变库和画笔库时也会出现相同的提示。

03 在对话框左侧列表选择"图案叠加"选项，设置混合模式为"滤色"，加载"自然图案"库，选择如图4-340所示的图案，效果如图4-341所示。

图4-340   图4-341

04 按快捷键Ctrl+J复制当前图层，设置混合模式为"浅色"，即可生成麻纱面料，如图4-342和图4-343所示。

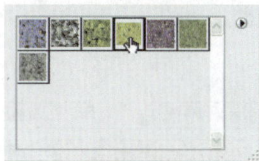

图4-342

图4-343

05 双击当前图层，打开"图层样式"对话框，如果选择"黄菊"图案，则会使纹理看来起更加细密，色调也变得更加柔和，如图4-344和图4-345所示。此外，还可以单击"调整"面板中的 ▦ 按钮，创建一个"色相/饱和度"调整图层来改变纹理颜色，得到第3种效果，如图4-346和图4-347所示。

图4-344

图4-345

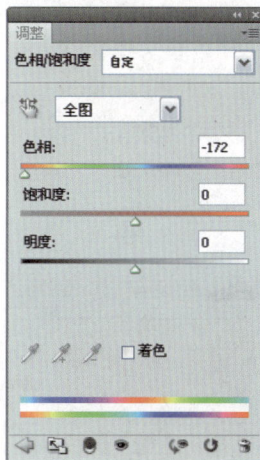

图4-346

图4-347

4.12 质感面料：呢子

- 学习技巧：使用"马赛克"、"高斯模糊"和"添加杂色"滤镜制作呢子面料。
- 学习时间：15分钟
- 技术难度：★★
- 实用指数：★★

实例效果

01 按快捷键Ctrl+N打开"新建"对话框，创建一个大小为800×800像素，分辨率为72像素/英寸的文件。将"背景"图层填充为黄色，如图4-348所示。将前景色设置为橙色，选择"渐变"工具，单击■按钮打开"渐变"面板，选择"透明条纹渐变"选项，如图4-349所示。按住Shift键在画面中从上至下拖曳鼠标填充渐变，如图4-350所示。

图4-348

图4-349

图4-350

02 执行"滤镜">"像素化">"马赛克"命令，设置参数如图4-351所示，效果如图4-352所示。

图4-351

图4-352

03 执行"滤镜">"模糊">"高斯模糊"命令，使色条的边缘变得柔和，如图4-353和图4-354所示。

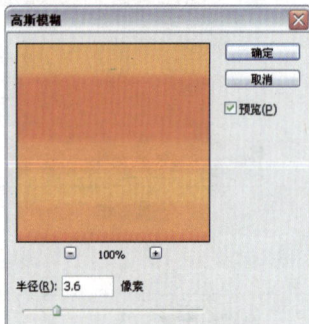

图4-353

图4-354

04 执行"滤镜">"杂色">"添加杂色"命令，设置杂色数量为12%；选择高斯分布选项，使杂点效果较为强烈；选择"单色"选项，可以使添加的杂点只影响原有像素的亮度，像素的颜色不会改变，效果如图4-355和图4-356所示。

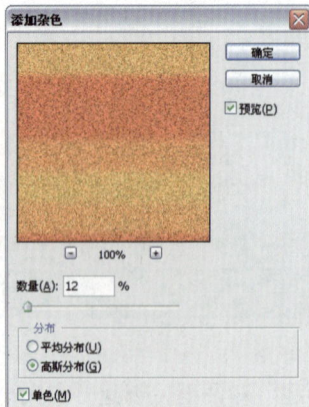

图4-355

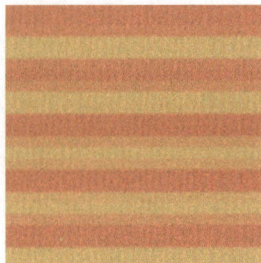

图4-356

4.13 质感面料：牛仔布

- 学习技巧：使用"纹理化"和"半调图案"滤镜制作牛仔布。
- 学习时间：10分钟
- 技术难度：★★
- 实用指数：★★

实例效果

01 创建一个大小为800×800像素，分辨率为72像素/英寸的文件。填充灰蓝色作为背景色，如图4-357所示。执行"滤镜">"纹理">"纹理化"命令，生成粗纤维布纹，如图4-358所示。

图4-357

图4-358

02 按快捷键 Ctrl+Shift+Alt+N 新建图层，按 D 键恢复系统默认的前景色与背景色，按快捷键 Ctrl+Delete 填充白色，如图 4-359 所示。执行"滤镜">"素描">"半调图案"命令，设置参数如图 4-360 所示。

图4-359

图4-360

03 设置该图层的混合模式为"叠加"，如图4-361和图4-362所示。

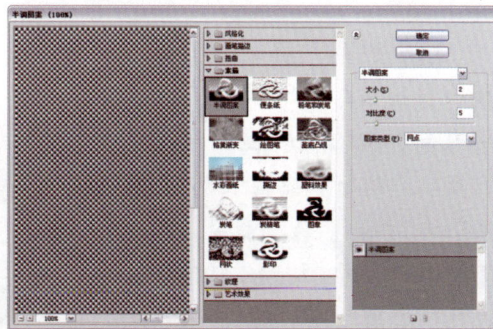

图4-361

图4-362

4.14 质感面料：毛线

- 学习技巧：绘制麦穗图形并着色，通过滤镜制作毛线效果，再用调整图层及其蒙版改变毛线颜色。
- 学习时间：45分钟
- 技术难度：★★★
- 实用指数：★★

实例效果

01 创建一个大小为800×800像素，分辨率为72像素/英寸的文件。选择"钢笔"工具，单击工具选项栏中的"路径"按钮，绘制如图4-363所示的路径，按Ctrl+回车键将路径转换为选区，如图4-364所示。

02 使用"画笔"工具在选区内涂抹深浅不同的绿色，如图4-365所示。按快捷键Ctrl+D取消选择。执行"滤镜">"模糊">"动感模糊"命令，设置参数如图4-366所示。

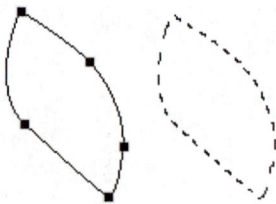

图4-363　　图4-364

图4-365

图4-366

03 使用"移动"工具按快捷键Alt+Shift锁定水平方向，向右侧拖曳图形进行复制。执行"编辑">"变换">"水平翻转"命令，将图形镜像翻转，按回车键确认操作，效果如图4-367所示。按快捷键Ctrl+E向下合并图层，使这两个图案位于一个图层中。用同样方法继续复制图案，制作一组"麦穗"，如图4-368所示。

图4-367　　　　图4-368

> **提示**
>
> 使用"移动"工具时，按住Ctrl键单击图像，可以自动选择它所在的图层。

突破平面 Photoshop CS5 设计与制作深度剖析

PS

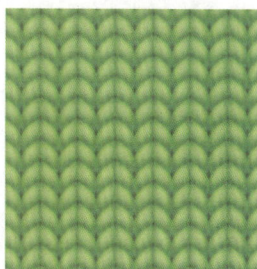

04 继续复制图案直至铺满整个画面，如图4-369所示。将除"背景"图层外的所有图层都选中，按快捷键Ctrl+E合并，并选择"背景"图层，填充深绿色，效果如图4-370所示。

图4-369　　　　　　图4-370

05 新建一个图层，填充白色。执行"滤镜">"杂色">"添加杂色"命令，在画面中生成颗粒，如图4-371所示；执行"滤镜">"模糊">"动感模糊"命令，设置参数如图4-372所示。

图4-371　　　　　　图4-372

06 设置该图层的混合模式为"正片叠底"，如图4-373和图4-374所示。

07 单击"图层"面板下方的 ◎. 按钮，执行"色相/饱和度"命令，创建一个"色相/饱和度"调整图层，改变图像的颜色，如图4-375～图4-377所示。

图4-373　　　　　　图4-374

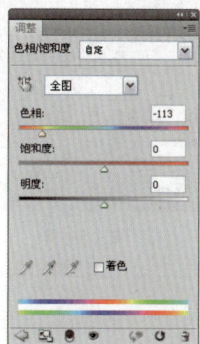

图4-375　　　　　　图4-376　　　　　　图4-377

08 使用"画笔"工具 ✏ （柔角100px）在画面中涂抹几条黑线。由于当前处于调整图层蒙版编辑状态，黑色可以遮盖调整效果，使涂抹区域的图像恢复为原有的绿色，"毛线纺织物"就呈现粉绿条纹结合的效果，如图4-378和图4-379所示。

09 最后，单击"图层"面板下方的 ⊘ 按钮，执行"色阶"命令，调整"织物"的色调，使其色彩更加鲜艳，如图4-380和图4-381所示。

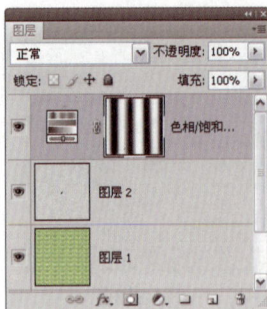

图4-378

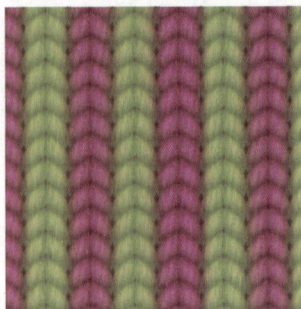

图4-379

图4-380

图4-381

4.15 质感面料：皮革

- 学习技巧：在通道中制作纹理的选区，再通过收缩选区、羽化选区等命令修改选区，在选区内填充颜色，并添加效果制作出各种效果的皮革面料。
- 学习时间：30分钟
- 技术难度：★★
- 实用指数：★★

实例效果

01 创建一个大小为800×800像素，分辨率为72像素/英寸的文件。打开"通道"面板，单

击 ▣ 按钮新建Alpha 1通道，如图4-382所示。执行"滤镜">"纹理">"染色玻璃"命令，在通道中生成类似彩色玻璃的块状图形，如图4-383和图4-384所示。

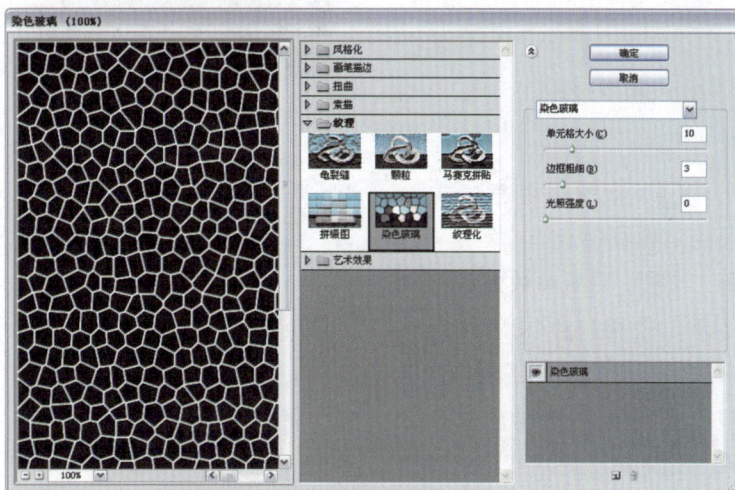

图4-382

图4-384

图4-383

02 按快捷键Ctrl+2返回彩色图像状态，将"背景"图层填充为深棕色，如图4-385所示。按住Ctrl键单击Alpha 1的缩览图，载入通道中的选区，如图4-386所示。将前景色设置为黑色，按快捷键Alt+Delete在选区内填充黑色，如图4-387所示。

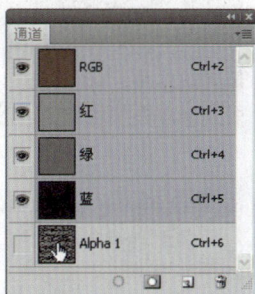

图4-385

图4-386

图4-387

03 按快捷键Ctrl+Shift+I反选，执行"选择">"修改">"收缩"命令，设置收缩量为3像素，如图4-388所示。执行"选择">"修改">"羽化"命令，设置羽化半径为2像素，如图4-389所示，当前选区效果如图4-390所示。调整前景色为红色，单击"图层"面板中的 ▣ 按钮新建一个图层，在选区内填充红色，按快捷键Ctrl+D取消选择，效果如图4-391所示。

图4-388

图4-389

图4-390

图4-391

04 双击该图层，在打开的对话框中选择"斜面和浮雕"选项，设置参数如图4-392所示。效果如图4-393所示。可以尝试选择其他图层样式选项，产生截然不同的纹理效果。如选择"内阴影"选项，不必调整参数，效果如图4-394所示；选择"外发光"选项，效果如图4-395所示；选择"图案叠加"选项，加载"自然图案"库，选择"蓝色雏菊"图案，取消"内阴影"选项的勾选，效果如图4-396所示；选择"描边"选项，将描边颜色设置为黑色，位置为"内部"，效果如图4-397所示。

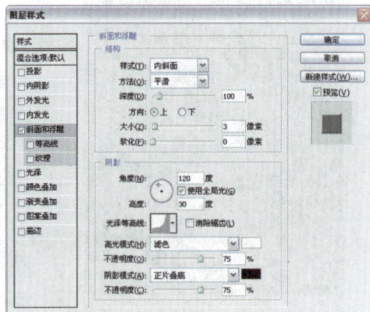

图4-392

图4-393

图4-394

图4-395

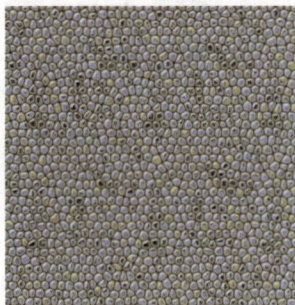

图4-396

图4-397

Ps
Photoshop

第**5**章

数码照片处理

5.1 抠图：用钢笔和通道抠婚纱

- 学习技巧：用"钢笔"工具沿人物的轮廓绘制路径，转换为选区并保存到通道中，在通道中对婚纱选区进行精细加工。
- 学习时间：1小时
- 技术难度：★★★★
- 实用指数：★★★★★

素材 　　　　　　实例效果

所谓"抠图"，是指将图像的一部分内容（如人物）选中并分离出来，以便与其他素材进行合成。例如，广告和杂志封面等，就需要设计人员将照片中的模特抠出，并合成到新的背景中。近些年来，数码相机日益普及，越来越多的人也开始热衷于对照片进行二次创作，譬如，将自己的形象合成到各种城市和自然风光中，这也需要用到抠图技术。

Photoshop提供了许多用于抠图的工具，简单的有选框、套索、磁性套索、魔棒、快速选择、钢笔工具等，复杂的有"色彩范围"命令、"计算"命令、通道等。此外，有些软件公司还开发出专门用于抠图的插件，如Mask Pro、Knockout等，也很好用。

01 打开一个文件（光盘>素材>5.1a），如图5-1所示。

02 单击"路径"面板中的"创建新路径"按钮🔲，新建一个路径层。选择"钢笔"工具🖊，在工具选项栏中单击"路径"按钮🔲，沿人物绘制轮廓，描绘时要避开半透明的婚纱，如图5-2和图5-3所示。

图5-1 　　　　　　　　图5-2 　　　　　　　　图5-3

03 按住Ctrl键单击路径，载入选区，如图5-4所示，单击"通道"面板中的🔲按钮，将选区保存到通道中，如图5-5所示。按快捷键Ctrl+D取消选择。

图5-4

图5-5

04 将蓝通道拖曳到"创建新通道"按钮 上复制，得到"蓝副本"通道，如图5-6所示，下面将在该通道中制作半透明婚纱的选区。选择"魔棒"工具 ，将容差设置为12，按住Shift键在人物的背景上单击选择背景，如图5-7所示；在选区内填充黑色，并按快捷键Ctrl+D取消选择，如图5-8和图5-9所示。

图5-6 图5-7

图5-8 图5-9

05 至此，已制作了两个选区，第1个选区中包含人物的身体（即完全不透明的区域），第2个选区中包含半透明的婚纱，下面就要通过计算，将这两个选区合成为一个准确的人物婚纱选区。执行"图像">"计算"命令，打开"计算"对话框，将"蓝副本"通道与Alpha1通道通过"相加"的模式混合，如图5-10所示，单击"确定"按钮，可以得到一个新的通道，如图5-11所示，该通道中包含需要的选区，如图5-12所示为该通道的图像。

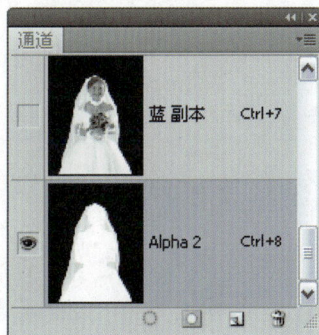

图5-10

图5-11 图5-12

06 按住Ctrl键单击Alpha 2，载入"婚纱"选区，如图5-13所示。按快捷键Ctrl+2返回到RGB复合通道显示彩色图像，按快捷键Ctrl+J将抠选的图像复制到一个新的图层中，并隐藏"背景"图层观察效果，如图5-14和图5-15所示。

图5-13   图5-14   图5-15

07 打开两个文件（光盘>素材>5.1b、5.1c），将它们拖曳到婚纱文档中作为新背景，完成图像的合成，如图5-16和图5-17所示。

图5-16   图5-17

5.2 抠图：用"调整边缘"命令抠像

● 学习技巧："调整边缘"命令是Photoshop中最强大的抠图工具，它在抠毛发、半透明的对象等方面有着特别的优势。本实例使用该工具抠像，制作出一个时尚杂志的封面。还要用到调色工具对人物的肤色进行校正。

● 学习时间：2小时

● 技术难度：★★★★

● 实用指数：★★★★

素材   实例效果

5.2.1 抠像

01 打开一个文件（光盘>素材>5.2a），如图5-18所示。使用"快速选择"工具 在"模特"身上单击拖曳创建选区，如图5-19所示。如果有漏选的地方，可以按住Shift键在其上涂抹，将其添加到选区中；多选的地方，可按住Alt键涂抹，将其排除到选区之外。

图5-18    图5-19

02 现在看起来"模特"似乎被轻而易举地选中了，不过，目前的选区还不精确。可以按快捷键Ctrl+J将选中的图像复制到一个新的图层中，再将"背景"图层隐藏，在透明背景上观察就会发现问题，人物轮廓有残缺、边缘还有残留的背景图像，如图5-20和图5-21所示。

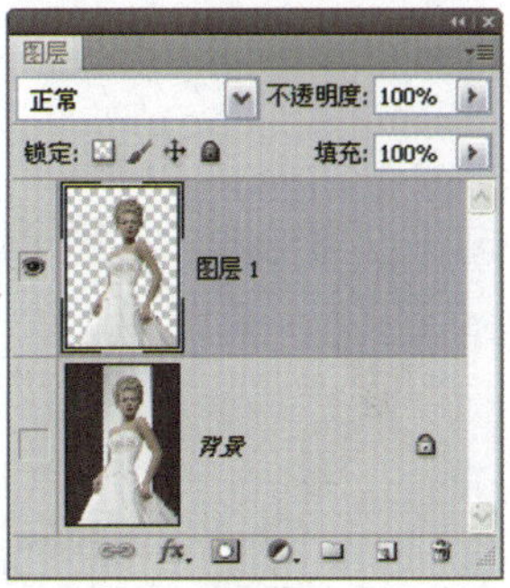

图5-20    图5-21

03 下面来加工选区。单击工具选项栏中的"调整边缘"按钮，打开"调整边缘"对话框。先在"视图"下拉列表中选择一种视图模式，以便更好地观察选区的调整结果，如图5-22和图5-23所示。

04 在"输出到"下拉列表中选择"新建带有图层蒙版的图层"选项，单击"确定"按钮，将选中的图像复制到一个带有蒙版的图层中，完成抠图操作，如图5-24和图5-25所示。

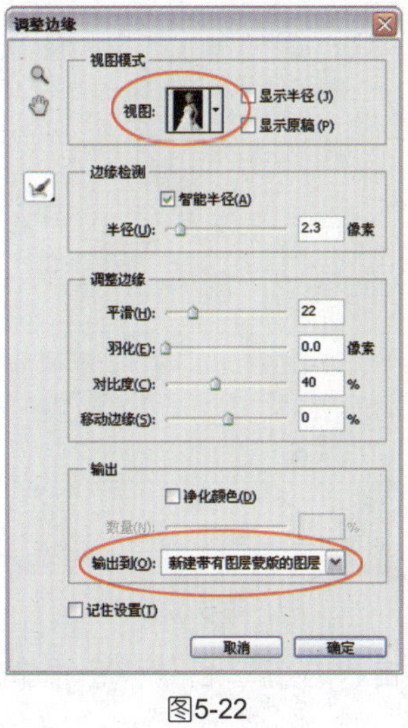

图5-22    图5-23 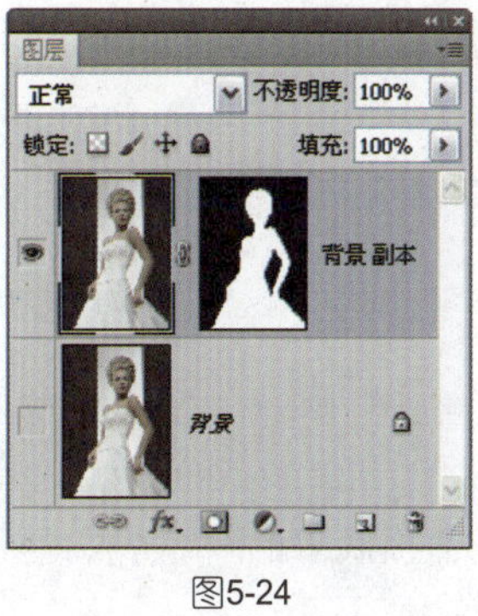   图5-24    图5-25

"调整边缘"对话框中有两个工具，它们可以对选区进行细化修改。例如，用它们涂抹"毛发"，可以向选区中加入更多的细节。其中，"调整半径"工具 ✍ 可以扩展检测的区域；"抹除调整"工具 ✍ 可以恢复原始的选区边缘。

5.2.2　制作杂志封面

01 选择"背景"图层。选择"渐变"工具▮，在工具选项栏中单击"径向渐变"按钮▮，填充白色-灰色径向渐变，如图5-26和图5-27所示。

02 选择"横排文字"工具**T**，在"字符"面板中设置字体、大小和颜色，如图5-28所示，在画面中单击并输入文字，如图5-29所示。

图5-26 　　　　　　图5-27 　　　　　　　　图5-28 　　　　　　　图5-29

03 选择"背景副本"图层，单击"调整"面板中的 ▦ 按钮，在该图层上方创建"曲线"调整图层，拖曳曲线将画面的色调调亮，按快捷键Ctrl+Alt+G创建剪贴蒙版，使调整图层只影响其下方的"人物"图层，而不会影响其他图层，如图5-30~图5-32所示。

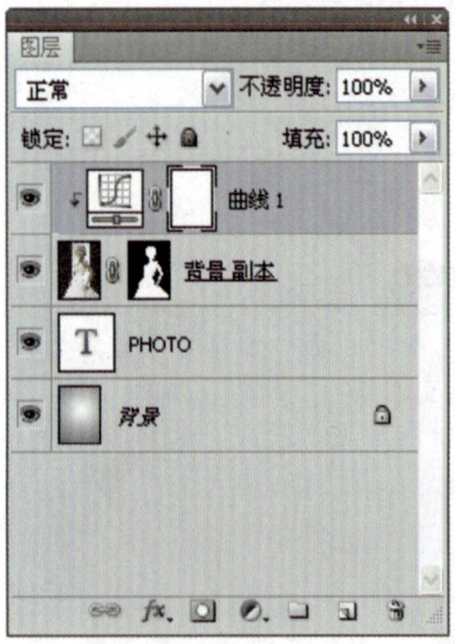

图5-30 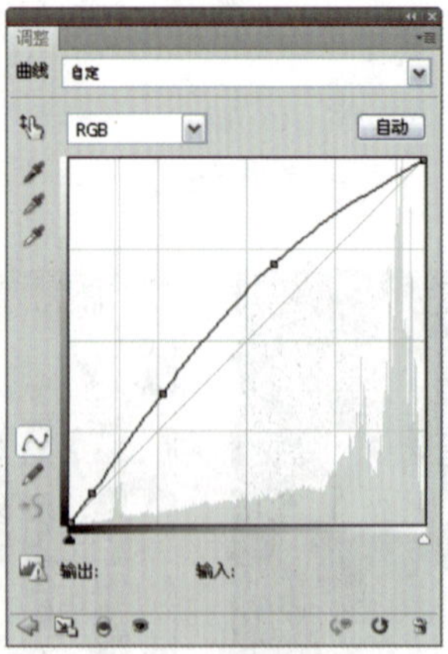　　　　　　　　图5-31 　　　　　　　　　图5-32

04 单击"调整"面板底部的 ◣ 按钮，重新显示各种调整工具，单击 ▦ 按钮，创建"色相/饱和度"调整图层，调整人物的肤色，按快捷键Ctrl+Alt+G创建剪贴蒙版，如图5-33~图5-35所示。

图5-33

图5-34

图5-35

05 单击"调整"面板中的◻按钮，创建"可选颜色"调整图层，在"颜色"下拉列表中选择"中性色"选项，调整中性色的色彩平衡，让画面的色调变冷，如图5-36~图5-38所示。

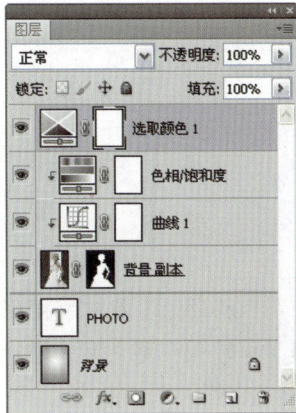

图5-36

图5-37

图5-38

06 按快捷键Ctrl+J，复制该调整图层。单击"调整"面板底部的↺按钮，将参数恢复为默认值，并选择"白色"选项进行调整，在白色的"婚纱"中加入蓝色，如图5-39~图5-41所示。

图5-39

图5-40

图5-41

07 使用"快速选择"工具 选中"裙子"，如图5-42所示，按快捷键Ctrl+Shift+I反选，再按快捷键Alt+Delete，在蒙版中填充黑色，按快捷键Ctrl+D取消选择，如图5-43和图5-44所示。

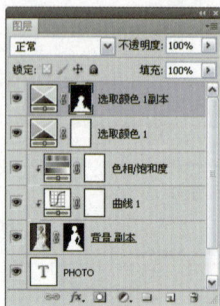

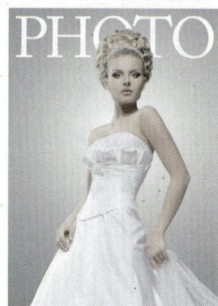

图5-42   图5-43   图5-44

08 使用"横排文字"工具 **T** 在画面右下角输入文字，如图5-45和图5-46所示。双击该文字图层，打开"图层样式"对话框，添加"投影"效果，如图5-47和图5-48所示。

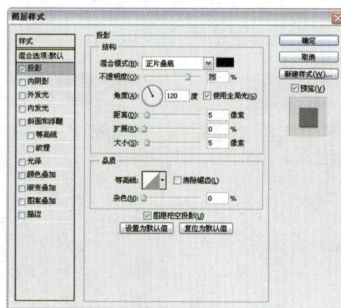

图5-45   图5-46   图5-47   图5-48

09 打开一个素材文件（光盘>素材>5.2b），如图5-49所示，使用"移动"工具 将图形和条码拖入到封面文档中，如图5-50所示。最后，使用"横排文字"工具 **T** 再输入一些文字，增加画面的信息量，如图5-51所示。

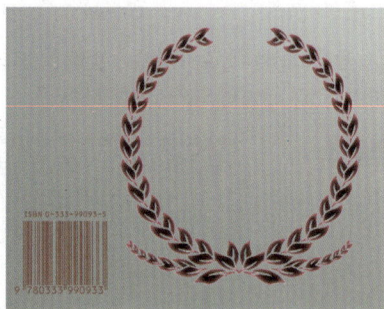

图5-49   图5-50   图5-51

5.3 磨皮：缔造完美肌肤

- 学习技巧：用滤镜和"计算"命令，在通道中去除人物面部的暗斑，让皮肤细腻、光洁。去除眼中的血丝，对肤色进行调修。
- 学习时间：45分钟
- 技术难度：★★★★
- 实用指数：★★★★

素材   实例效果

人像照片处理过程中，有一个非常重要的环节，就是"磨皮"。磨皮是指对人物的皮肤进行美化处理，去除色斑、痘痘、皱纹，让皮肤白皙、细腻、光滑，使人物显得更加年轻、漂亮。用Photoshop磨皮有很多种方法，通道磨皮是比较成熟的一种。这种方法是在通道中对皮肤进行模糊，消除色斑、痘痘等，再用曲线将色调调亮。还有就是用滤镜和蒙版磨皮，高级一些的还能够用滤镜重塑皮肤的纹理。此外，有些软件公司开发出专门用于磨皮的插件，如Kodak、NeatImage等，操作简便，效果也不错。

01 打开一个文件（光盘>素材>5.3），如图5-52所示。打开"通道"面板，将"绿"通道拖曳到面板底部的按钮上进行复制，得到"绿副本"通道，如图5-53所示，现在文档窗口中显示的绿副本通道中的图像，如图5-54所示。

图5-52

图5-53

图5-54

02 执行"滤镜">"其他">"高反差保留"命令，设置半径为20像素，如图5-55和图5-56所示。

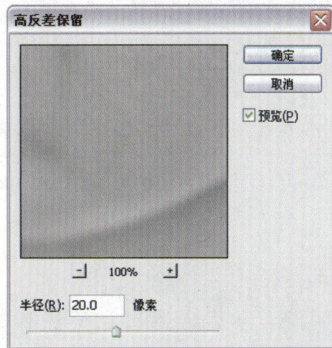

图5-55

图5-56

03 执行"图像">"计算"命令，打开"计算"对话框，设置混合模式为"强光"，结果为"新建通道"，如图5-57所示，计算以后会生成一个名称为Alpha 1的通道，如图5-58和图5-59所示。

| 图5-57 | 图5-58 | 图5-59 |

04 再执行一次"计算"命令，得到Alpha 2通道，如图5-60所示。单击"通道"面板底部的 按钮，载入通道中的选区，如图5-61所示。

05 按快捷键Ctrl+2返回彩色图像编辑状态，如图5-62所示。按快捷键Ctrl+Shift+I反选，如图5-63所示。

| 图5-60 | 图5-61 | 图5-62 | 图5-63 |

06 单击"调整"面板中的 按钮，创建"曲线"调整图层。在曲线上单击，添加两个控制点，并向上移动曲线，如图5-64所示，人物的皮肤会变得非常光滑、细腻，如图5-65所示。

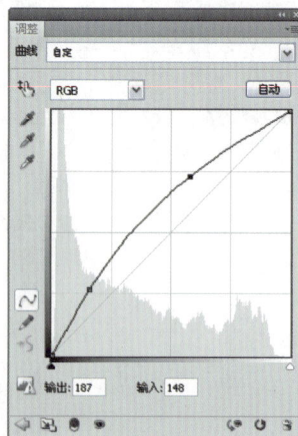

图5-64　　　　　　　图5-65

07 现在人物的眼睛、头发、嘴唇和牙齿等有些过于模糊，需要恢复为清晰效果。选择一个柔角"画笔"工具 ，将工具的不透明度设置为30%，在眼睛、头发等处涂抹黑色，用蒙版遮盖图像，显示出"背景"图层中清晰的图像。如图5-66所示为修改蒙版以前的图像，如图5-67和图5-68所示为修改后的蒙版及图像效果。

图5-66 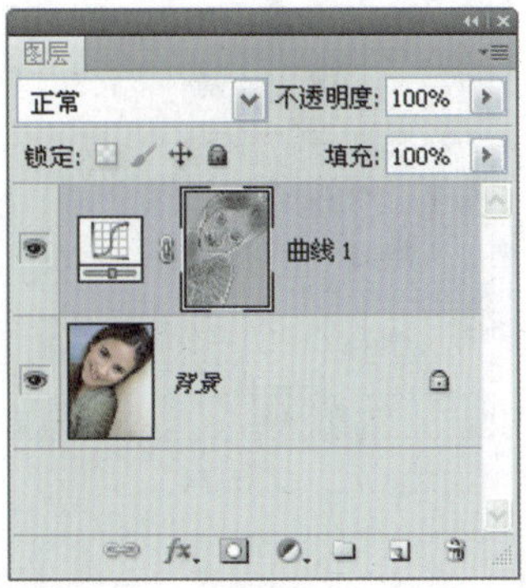   图5-67    图5-68

08 下面来处理眼睛中的血丝。选择"背景"图层，如图5-69所示。选择"修复画笔"工具，按住Alt键在靠近"血丝"处单击，拾取颜色，如图5-70所示，释放Alt键在"血丝"上涂抹，将其覆盖，如图5-71所示。

图5-69 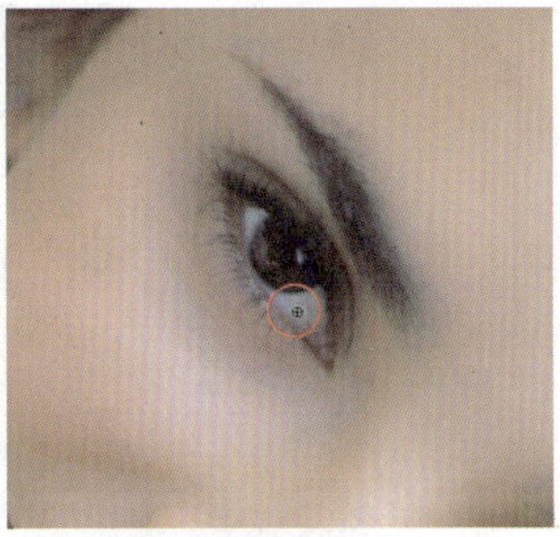   图5-70    图5-71

09 单击"调整"面板中的按钮，创建"可选颜色"调整图层，单击"颜色"选项右侧的按钮，选择"黄色"选项，通过调整减少画面中的黄色，使人物的皮肤颜色变得粉嫩，如图5-72和图5-73所示。

图5-72   图5-73

10 按快捷键Ctrl+Shift+Alt+E，将磨皮后的图像盖印到一个新的图层中，如图5-74所示，按快捷键Ctrl +]，将它移到到最顶层，如图5-75所示。

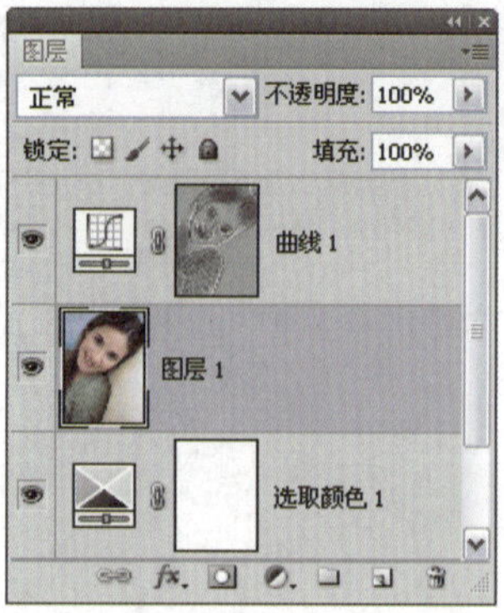

图5-74 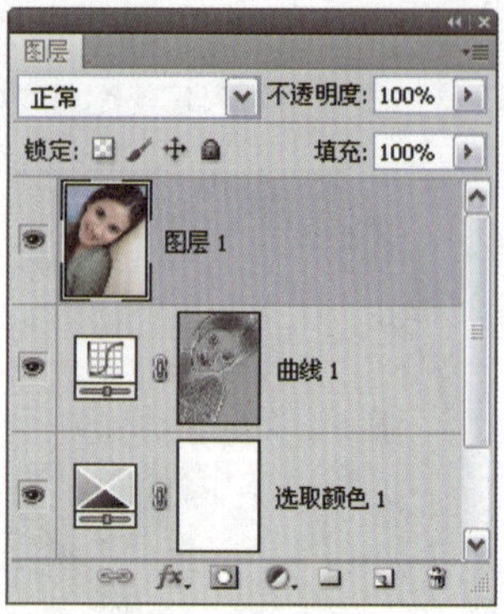　　　　　　　　　　图5-75

11 执行"滤镜" > "锐化" > "USM锐化"命令，对图像进行锐化，使图像效果更加清晰，如图5-76所示。如图5-77所示为原图像，如图5-78所示为磨皮后的效果。

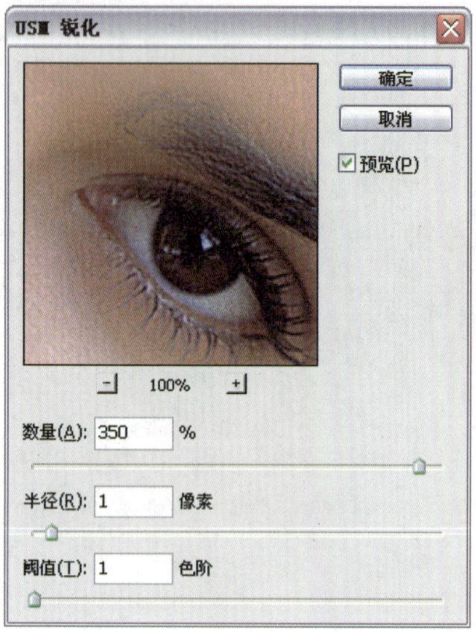

图5-76

图5-77

图5-78

5.4　影调与色彩：用Camera Raw调整Raw照片

- 学习技巧：用Camera Raw调整Raw照片的曝光、色温、影调和色彩，并对其进行适当锐化。
- 学习时间：20分钟
- 技术难度：★★★
- 实用指数：★★★★

素材 　　　　　　实例效果

5.4.1 关于Camera Raw

Camera Raw是Photoshop自带的一个专门用于处理Raw格式照片的插件，如图5-79所示。它提供了白平衡、色调、饱和度、锐化、减少杂色、修饰等一系列专业的工具，从调整影调和色彩，到进行修饰、磨皮、降噪、锐化等，几乎所有照片的基本调修工作，都可以在Camera Raw中完成。

图5-79

Raw格式与普通的JPEG格式相比有很多优点，例如，JPEG格式会对图像信息进行压缩，而Raw格式则是未经处理、也未经压缩的格式，它可以包含相机捕获的所有数据，如ISO设置、快门速度、光圈值、白平衡等，因此，这种格式也称为"数字底片"。

> **提示**
>
> Raw文件是对记录原始数据文件格式的通称，并没有统一的标准，因此，不同的相机设备制造商使用各自专有的格式，如佳能相机的Raw文件后缀为CRW或CR2；尼康相机的Raw文件后缀为NEF；奥林巴斯的Raw文件后缀为ORF。

5.4.2 用Camera Raw调整照片

01 按快捷键Ctrl+O，弹出"打开"对话框，选择一个佳能相机拍摄的Raw照片（光盘>素材>5.4），按回车键即可运行Camera Raw并打开该照片，如图5-80所示。这张照片处理前色彩较灰暗，色调层次也不丰富，需要分别对影调、色彩进行调整。

02 修改"色温"和"曝光"值，让高光区域变暗一点；提高"填充亮光"值，将画面的阴影区域调亮；提高"对比度"和"清晰度"值，让图像的细节更加清楚；提高"自然饱和度"值，让色彩更加鲜艳，如图5-81所示。

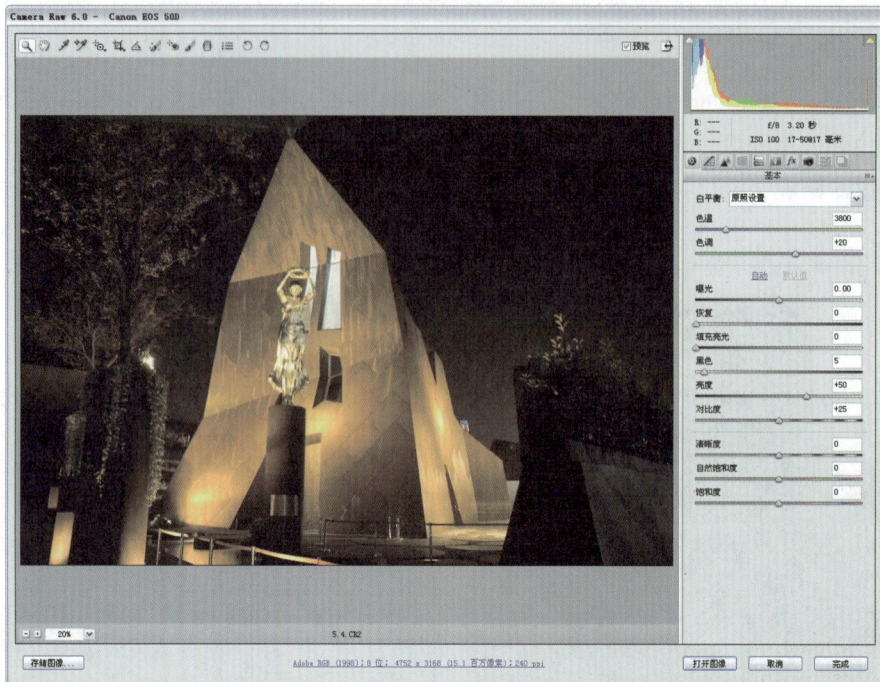

图5-80

图5-81

> **➡ 提示**
>
> 　　Camera Raw也可以处理JPEG格式的照片和图像，只是需要执行"文件">"打开为"
> 命令来操作。弹出"打开为"对话框以后，选中照片，并在"打开为"下拉列表中选择
> Camera Raw选项，单击"打开"按钮，即可在Camera Raw中打开它。

03 单击"色调曲线"选项卡 ，显示色调曲线选项，对色调曲线进行调整，如图5-82所示。

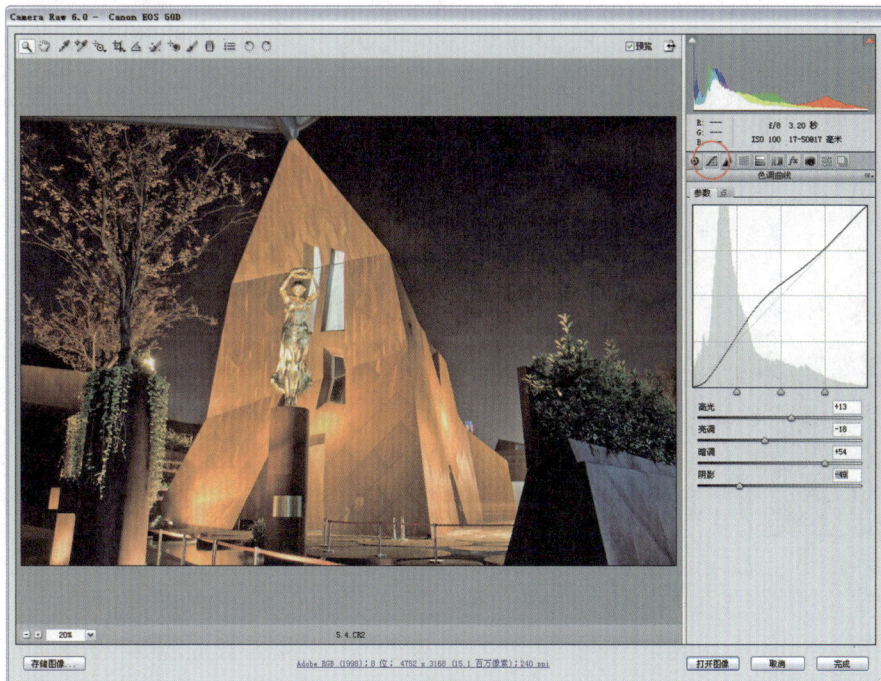

图5-82

04 单击"锐化"选项卡 ，调整参数对图像进行锐化，让画面更加清晰，如图5-83所示。

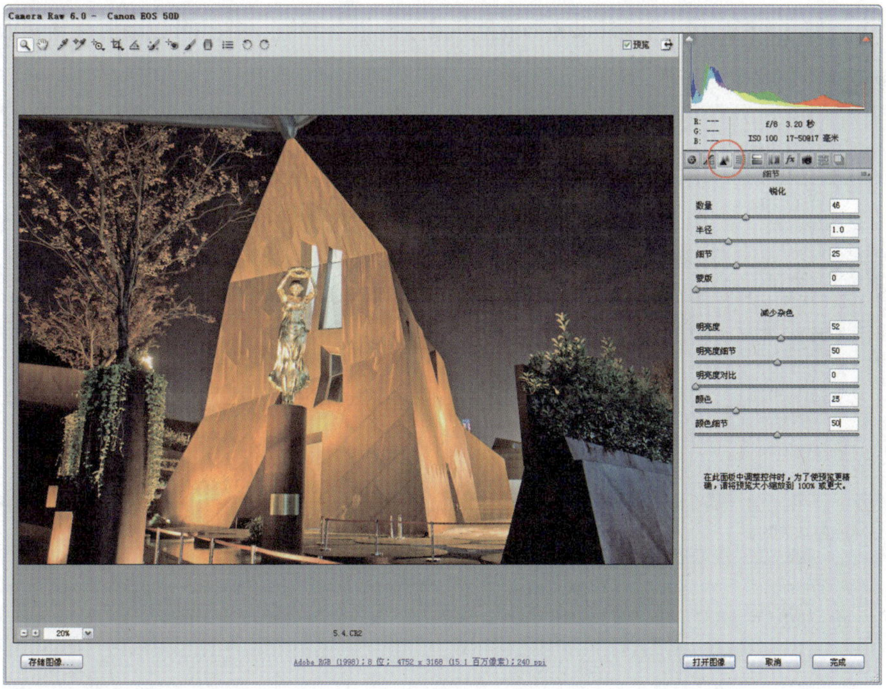

图5-83

05 单击"HSL/灰度"选项卡 ，调整红、橙、黄色的色相，如图5-84所示。

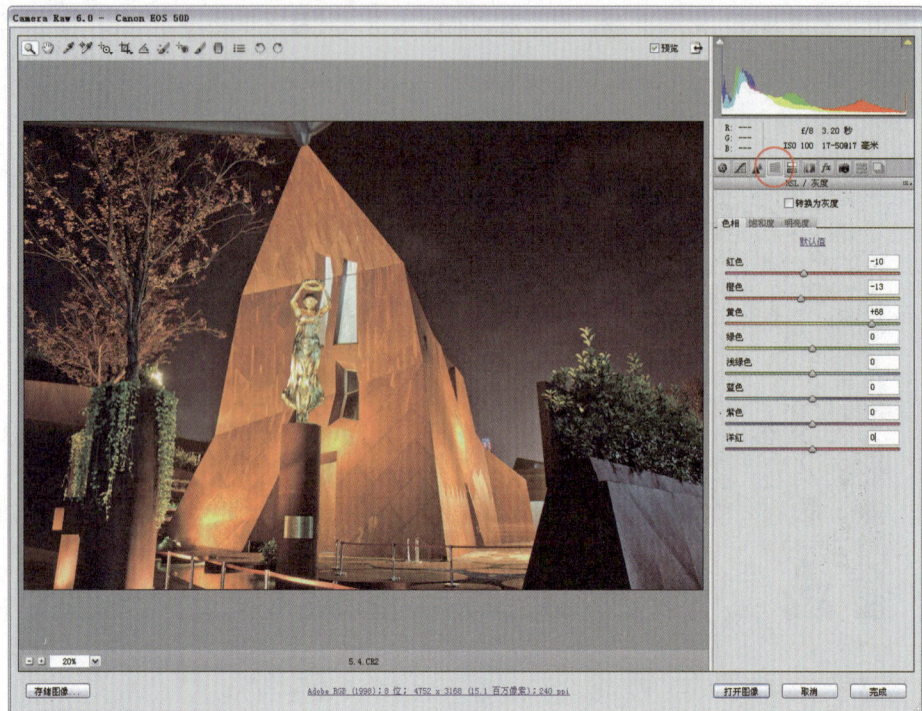

图5-84

06 单击对话框左下角的"存储图像"按钮，在打开的对话框中选择文件的保存格式，包括PSD、JPEG等。将文件保存为"数字负片"（.dng格式，Adobe公司创造的一种用于保存Raw图像副本的文件格式），如图5-85所示，这样Photoshop会存储所有调整参数，并且可以随时重新修改参数。

图5-85

5.5　影调与色彩：宝丽莱照片效果

- 学习技巧：宝丽莱（Polaroid）是著名的即时成像相机品牌，用它拍出的照片非常有特色。本实例介绍怎样用调色命令和图层样式制作出宝丽莱风格的照片。
- 学习时间：45分钟
- 技术难度：★★★
- 实用指数：★★★

素材 　　　　　　实例效果

5.5.1　影调和色彩调整方法

在Photoshop中，图像色彩与色调的调整方式主要有两种，一是执行"图像"＞"调整"子菜单中的命令，另外一种方式是单击"调整"面板中的按钮，创建调整图层，用它来调整图像。这两种方法的区别在于：使用"图像"＞"调整"子菜单中的命令时，会改变图像的像素，将文件关闭以后，将无法恢复；而调整图层则是一种特殊的图层，它可以将调整效果应用于图像，但不会改变像素，因此，不会对图像造成实质性的破坏。

例如，如图5-86所示为原图像，当执行"图像"＞"调整"＞"渐变映射"命令调整它时，观察"图层面板"可以发现，图像的色彩信息被修改了，如图5-87所示；而使用"渐变映射"调整图层来操作，则可以达到相同的结果，又不会破坏图像，如图5-88所示。如果想要恢复原始图像，只需单击调整图层的"眼睛"图标，将其隐藏便可，如图5-89所示。

图5-86 　　　　　　　　　　图5-87

图5-88 　　　　　　　　　　图5-89

修改调整图层的不透明度值，可以降低调整强度，如图5-90所示。在调整图层的蒙版中涂抹黑色或填充黑白渐变，可以控制调整范围（蒙版中的黑色可以隐藏调整效果），如图5-91所示。

图5-90

图5-91

> **➔ 提示**
>
> 　　创建调整图层后，如果想修改参数，可单击"图层"面板中的调整图层，"调整"面板中就会显示其参数选项，此时便可进行修改。此外，调整图层可以将调整应用于它下面的所有图层，因此，将一个图层拖至调整图层的下面，调整便会对该图层产生影响；将调整图层下面的图层拖至调整图层上面，则会取消对该图层的影响。

5.5.2 调出宝丽莱效果

01 打开一张照片（光盘>素材>5.5），如图5-92所示。在"通道"面板中选择蓝通道，如图5-93所示。将前景色设置为灰色（R123、G123、B123），按快捷键Alt+Delete，将蓝通道填充为灰色，如图5-94所示。按快捷键Ctrl+2，返回到RGB主通道，图像效果如图5-95所示。

图5-92　　　　图5-93　　　　图5-94　　　　图5-95

02 执行"滤镜">"镜头校正"命令，打开"镜头校正"对话框，先单击"自定"选项卡，显示具体的选项，拖曳"晕影"选项组中的"数量"和"中心点"滑块，在照片4个边角添加暗角效果，如图5-96和图5-97所示。

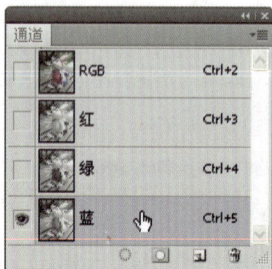

图5-96

图5-97

03 按快捷键Ctrl+U，打开"色相/饱和度"对话框，分别调整"全图"和"蓝色"的饱和度和

突破平面 Photoshop CS5 设计与制作深度剖析

明度，如图5-98~图5-100所示。

图5-98 　　　　　　图5-99 　　　　　　图5-100

04 执行"图像">"调整">"可选颜色"命令，选择"黄色"和"中性色"选项并进行调整，如图5-101~图5-103所示。

图5-101 　　　　　　图5-102 　　　　　　图5-103

05 按快捷键Ctrl+L打开"色阶"对话框，向右拖曳阴影滑块，增加色调的对比度；再向左侧拖曳中间调滑块，将画面提亮，如图5-104和图5-105所示。

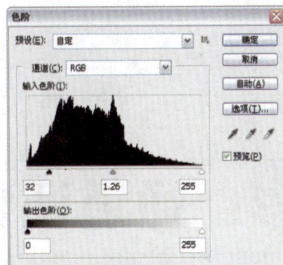

图5-104 　　　　　　图5-105

06 按D键恢复为默认的前景色（黑色）和背景色（白色）。执行"图像">"画布大小"命令，增加画布面积，如图5-106所示，为照片加一个宽边。在"图层"面板中按住Ctrl键单击 按钮，在当前图层下面创建一个图层，如图5-107所示。将前景色设置为淡米黄色。选择"矩形"工具 ，在工具选项栏中单击"填充像素"按钮，绘制一个矩形，如图5-108所示。

图5-106 　　　　　　图5-107 　　　　　　图5-108

07 双击当前图层，打开“图层样式”对话框，选中左侧列表中的“内发光”选项，为图层添加内发光效果，如图5-109所示；再选中“渐变叠加”选项，添加渐变叠加效果，让“相纸”的色彩有一些泛黄，使其更具真实的质感，如图5-110所示。最后，在当前图层下面创建一个图层，填充白色，作为背景使用，效果如图5-111所示。

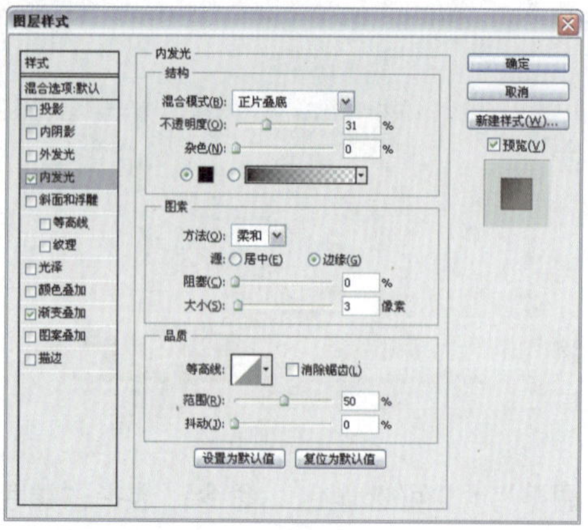

图5-109

图5-111

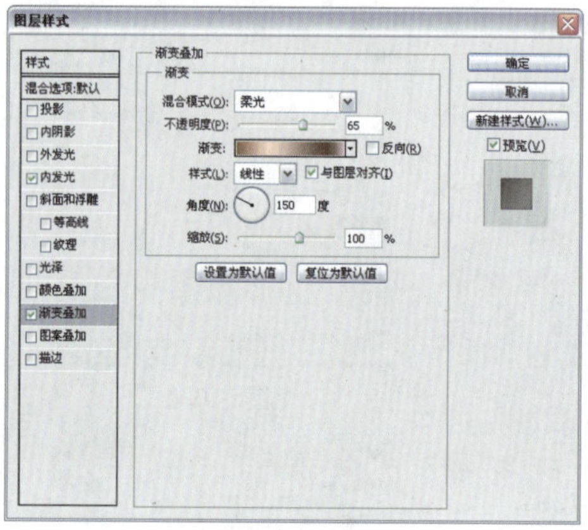

图5-110

5.6 影调与色彩：通道调色

- 学习技巧：了解通道与色彩的关系，学会使用色轮。用调色工具将晨景调为夕阳西下效果。
- 学习时间：30分钟
- 技术难度：★★★
- 实用指数：★★★★

素材

实例效果

5.6.1 通道与色彩的关系

“通道”用于保存选区和图像的色彩信息。打开一张RGB模式的图片，如图5-112所示，观察“通道”面板可以看到，面板中包含4个通道，如图5-113所示。其中，红通道中保存的是红色光，绿通道中保存的是绿色光，蓝通道中保存的是蓝色光。这3个通道组合之后，成为RGB主通道，也就是看到的彩色图像。其他颜色，如黄色则是由红、绿光混合而成；洋红有红、蓝光混合而成；青色由绿、蓝光混合而成，如图5-114所示。

图5-112

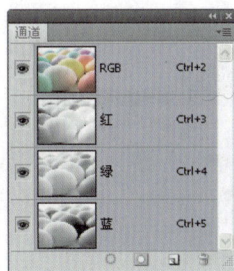
图5-113

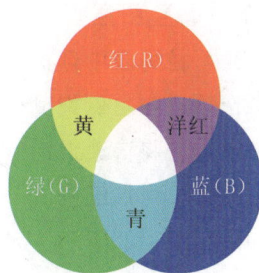
图5-114

调整通道的明度，即可影响其色彩含量。其规律为：将通道调亮，可以增加相应的颜色；调暗则减少相应的颜色。例如，将红色通道调亮，可以增加红色，同时减少其补色——青色，如图5-115所示；调暗则减少红色，但其补色——青色会得到增强，如图5-116所示。如图5-117所示为色轮，它标示了颜色的互补关系（箭头两端的颜色是互补色），调色时，可参考它来进行操作。

图5-115

图5-116

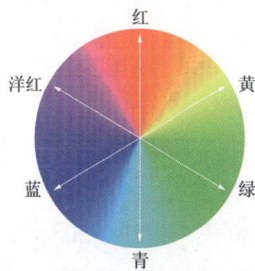
图5-117

5.6.2 让清晨变成黄昏

01 按快捷键Ctrl+O，打开一个RGB图像（光盘>素材>5.6），如图5-118所示。这是一张清晨拍摄的长城照片，色调比较清冷，下面调整通道，将它改为夕阳西下暖暖的金色效果。

图5-118

02 单击"调整"面板中的 按钮，创建"色阶"调整图层。在"通道"下拉列表中选择"红"选项，向左侧拖曳中间调滑块，将该通道调亮，在图像中增加红色，如图5-119和图5-120所示。

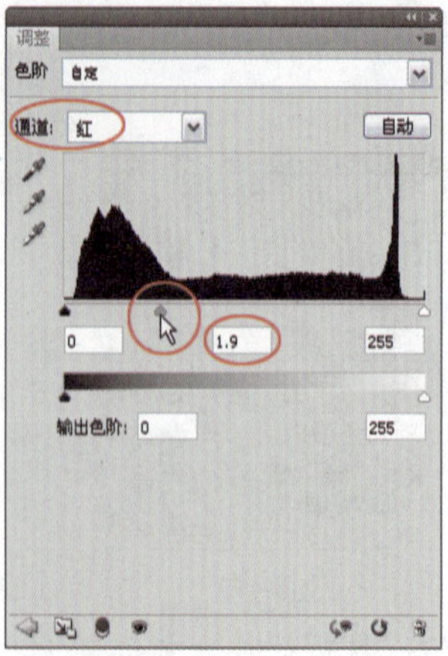

图5-119

图5-120

03 在"通道"下拉列表中选择"绿"选项，向右拖曳中间调滑块，将该通道调暗，减少绿色，这样可以增加其补色洋红色，如图5-121和图5-122所示。

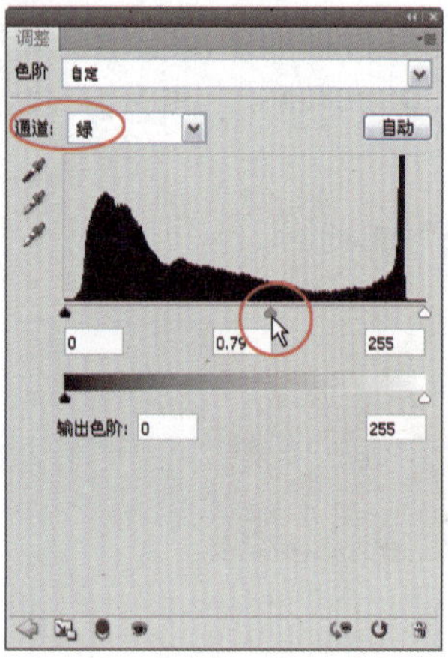

图5-121

图5-122

04 选择通道"蓝"，向右拖曳中间调滑块，减少蓝色，增加其补色黄色。当红色和黄色得到增强以后，画面中就会呈现出金黄色，这样就将这张清晨的照片调整为夕阳下的效果了，如图5-123和图5-124所示。

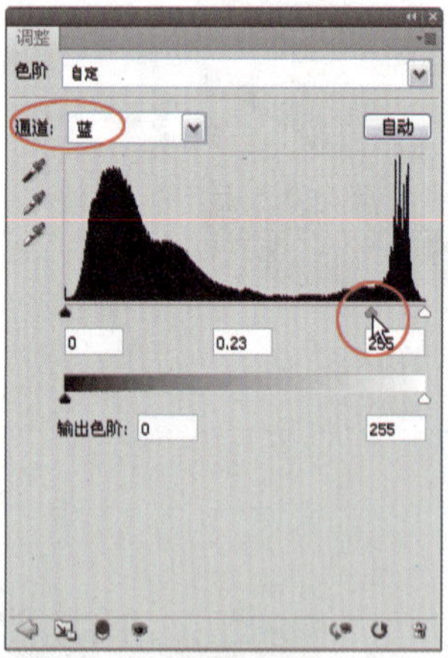

图5-123

图5-124

Ps

Photoshop

第6章

高级鼠绘

6.1 超写实跑车

- 学习技巧：对路径进行相加、组合、填充与描边，综合运用画笔、加深、减淡、涂抹和渐变工具表现汽车的质感和光泽。
- 学习时间：6小时
- 技术难度：★★★★★
- 实用指数：★★★★

实例效果

6.1.1 关于电脑绘画

1968年，首届计算机美术作品巡回展览自伦敦开始，遍历欧洲各国，最后在纽约闭幕，从此宣告了计算机美术成为一门富有特色的应用科学和艺术表现形式，开创了设计艺术领域的新天地。

数字绘画作为数字媒体艺术领域里的高科技手段，在拓展绘画创作领域的同时，也带来了一场新的艺术革命。现代的数字绘画艺术对社会的方方面面影响很大，无论是影视业，游戏行业，还是广告业等，都依赖数字手段来实现，因此，越来越多的艺术家开始使用数字媒介进行艺术创作。例如，日本数字绘画大师加贺谷穰，早在十多年前就开始用计算机作画，他通过计算机和手工相结合的方式，让画面表达出星空、梦幻、人类、宇宙等主题，如图6-1和图6-2所示。他的一幅作品往往需要通过近10层画面在计算机中叠加，并在数位板上进行修改，这样的创作方式是传统绘画所无法实现的。

图6-1

图6-2

如图6-3所示为韩国CG天后李素雅的作品《Europa》。该作品使用3ds Max和V-ray完成，角色的头发和眉毛使用HairFX完成，如图6-4所示。为了图像渲染更加清晰，制作者把图片分块制作，再用Photoshop合并到一起。

图6-3

图6-4

在计算机上进行的绘画创作称为鼠绘。鼠绘需要配备专业的工具，软件方面是大名鼎鼎的Photoshop或Painter，硬件方面则是数位板。

数位板由一块电子绘图板和一只压感笔组成。使用压感笔在数位板上绘画可以模拟传统的绘画方式，绘制出具有压力感的笔触。Photoshop和Painter都支持数位板，安装了数位板后，可以在"画笔"面板的各个属性中选择"钢笔压力"选项，如图6-5所示，此后使用画笔、铅笔等绘画工具时，画笔的大小、硬度和角度等都可以通过压感笔的压力进行控制。

Wacom公司的Intuos（影拓）数位板是数码艺术家和爱好者最钟爱的工具，如图6-6所示。它具有1024级的压感，可以感知手腕的各种细微动作，对于压力、方向、倾斜度等具有精确的灵敏度，能够表现出各种真实的笔触。

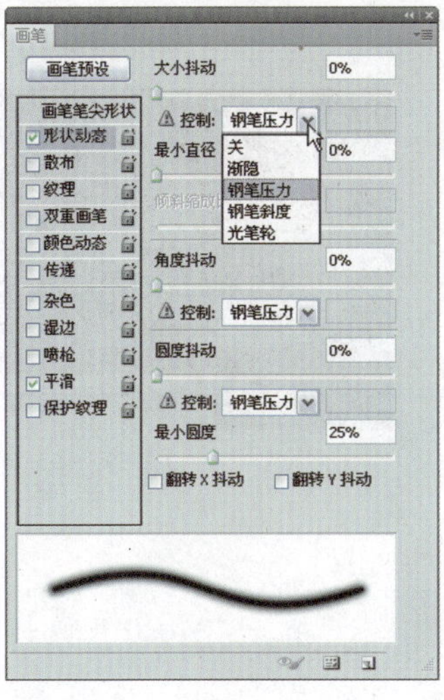

图6-5

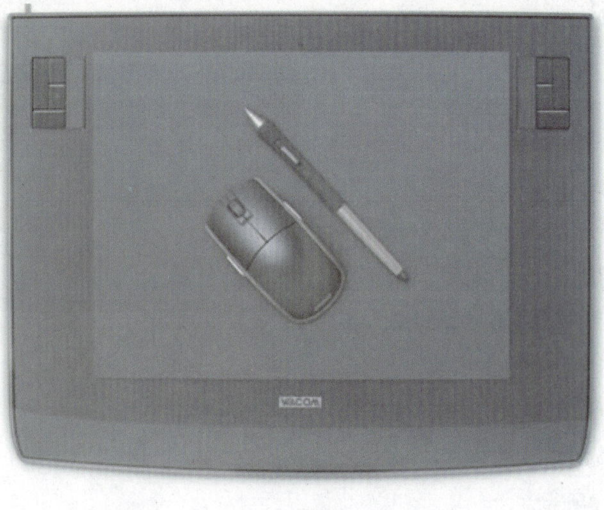

图6-6

6.1.2　绘制车身

01　打开一个文件（光盘>素材>6.1），这是一个包含汽车路径的文件，打开"路径"面板可以看到，汽车各部分的路径分布在不同的路径层中，如图6-7和图6-8所示。

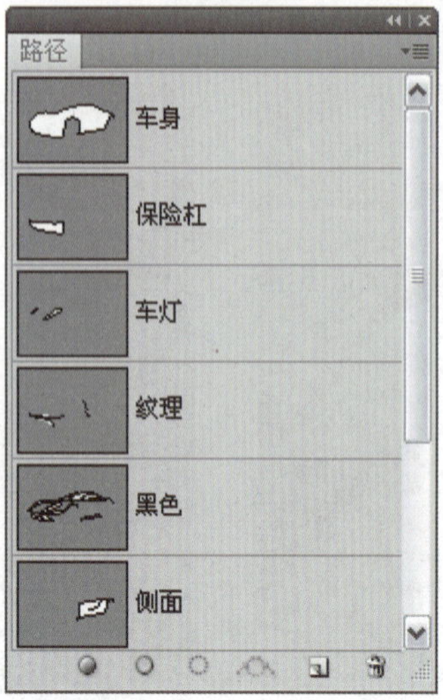

图6-7

图6-8

02　新建一个图层，命名为"车身"，将前景色设置为灰色。单击"路径"面板中"车身"路径层，再单击面板下方的"用前景色填充路径"按钮 ●，将车身填充为灰色。在"路径"面板的空白处单击，隐藏路径，如图6-9和图6-10所示。新建图层的命名与"路径"面板中的路径名称是相对应的，这样便于查找图层。

图6-9

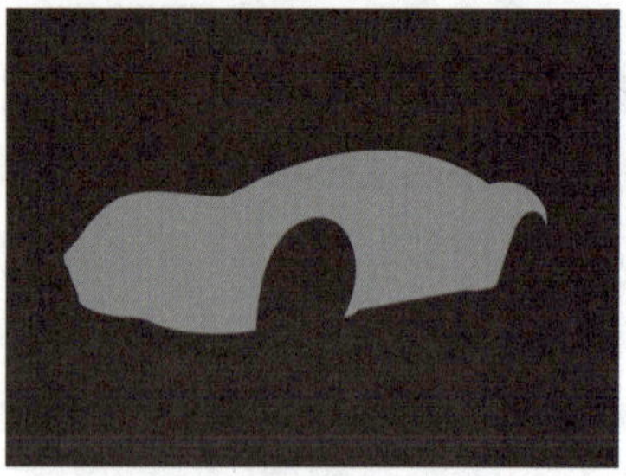

图6-10

03　新建一个图层，命名为"黑色"，将前景色设置为黑色。单击"路径"面板中的"黑色"路径，用相同的方法在该路径区域填充黑色，如图6-11所示。在"车身"图层上面新建一个名称为"侧面"的图层，按住Ctrl键单击"侧面"路径的缩览图，载入该路径的选区，使用"渐变"工具 ■填充深灰-黑色的对称渐变，如图6-12所示。

图6-11

图6-12

突破平面 Photoshop CS5 设计与制作深度剖析

04 选择"车身"图层，使用"减淡"工具🔍涂抹车头部分，绘制出车头的亮面；选择"加深"工具☁️涂抹车头的背光部分，绘制出车头的暗面，如图6-13所示，整体效果如图6-14所示。涂抹时可以适当改变笔尖的大小和曝光度来绘制不同的部分。车体侧面可适当降低曝光度，略微进行减淡处理即可。

图6-13

图6-14

➡️ **提示**

"加深"工具☁️和"减淡"工具🔍是用于修饰图像的工具，它们基于调节照片特定区域曝光度的传统摄影技术来改变图像的曝光度，使图像变暗或变亮。

05 使用"椭圆选框"工具⭕在车轮位置绘制一个椭圆选区，单击右键执行"变换选区"命令，拖曳控制点将椭圆选框变换成如图6-15所示的形状，用"减淡"工具🔍和"加深"工具☁️涂抹选区内的车身，产生凸起和发亮的效果，如图6-16所示。用相同的方法将其他部分的光暗面绘制出来，如图6-17所示。

图6-15

图6-16

图6-17

➡️ **提示**

"加深"与"减淡"工具的画笔项与画笔面板相同，可以选择一个笔尖。多数情况都是使用柔角笔尖，可以产生自然的过渡，使绘制的效果更加柔和。在"范围"下拉列表中选择"阴影"选项，只修改暗部区域的像素；选择"中间调"选项，只修改中间调区域的像素；选择"高光"选项，只修改亮部区域的像素。曝光度数值越高，工具的作用效果越明显。勾选"保护色调"选项，可以保护图像的亮部和暗部色调不受影响。

06 选择"黑色"图层，按住Ctrl键单击该图层的缩览图载入选区。将前景色设置为灰色，使用"画笔"工具 ✏ 绘制车头进气口的亮面形状，如图6-18所示。选择 "矩形选框"工具 ▢，连续按↑键4次，将选区向上移动，如图6-19所示，在选区的下部涂抹黑色，按快捷键Ctrl+D取消选择，再用"减淡"工具 🔍 和"加深"工具 ✋ 涂抹车头进气口的亮面和暗面，如图6-20所示。

图6-18

图6-19

图6-20

07 选择"车身"图层，单击"保险杠"路径，按Ctrl+回车键载入该路径选区，用"加深"工具 ✋ 涂抹车头，取消选区后的效果如图6-21所示。新建一个名称为"纹理"的图层，单击"纹理"路径层在画面中显示路径（该层中包含三条路径），用"路径选择"工具 ▸ 选中车头部分的两条路径，设置画笔大小为3px，前景色为深灰色。单击"路径"面板下方的 ◯ 按钮进行描边，如图6-22所示。

图6-21

图6-22

08 按住Ctrl键单击"纹理"图层的缩览图，载入该图层选区，选择"矩形选框"工具 ▢，按下←键2次将选区向左移动，单击"车身"图层，用"减淡"工具 🔍 在下部的选区内涂抹，效果如图6-23所示。用相同的方法表现车盖与保险杠交界处、车门以及底盘效果，如图6-24所示。

图6-23

图6-24

提示

如果高光不明显可以用较细的白色尖角“画笔”工具涂抹。

09 选择“钢笔”工具，在进气口绘制几段交错的路径，如图6-25所示。新建一个名称为“进气口”的图层，设置画笔工具为尖角6px，按住Alt键单击“路径”面板下方的按钮，在弹出的对话框中勾选“模拟压力”选项，对路径进行描边，如图6-26所示。分别用“减淡”工具和“加深”工具涂抹明暗效果，如图6-27所示。

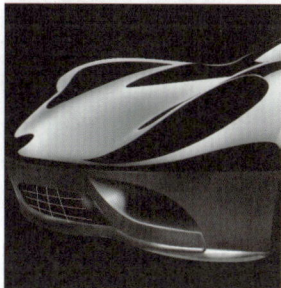

图6-25

图6-26

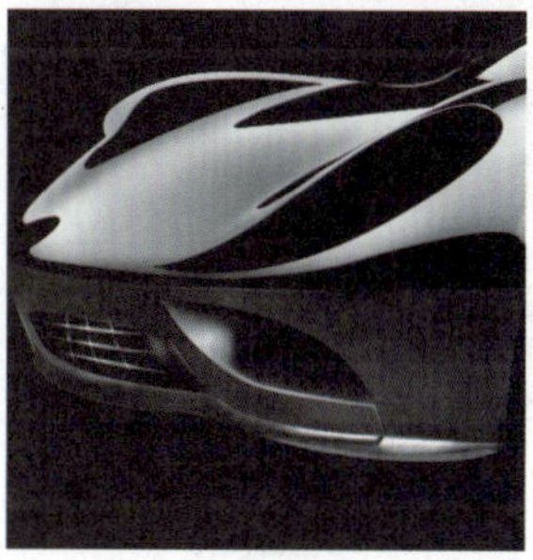

图6-27

6.1.3 绘制车灯与后视镜

01 选择“椭圆”工具，单击工具选项栏中的按钮，在画面中绘制两个大小不同的椭圆路径，用“路径选择”工具将两个椭圆选中，按下工具选项栏中的“添加到形状区域”按钮，并单击“组合”按钮，将两个椭圆组合在一起，使用“直接选择”工具将形状修改为如图6-28所示的效果。新建一个名为“车灯”的图层，在路径区域内填充灰色，如图6-29所示。

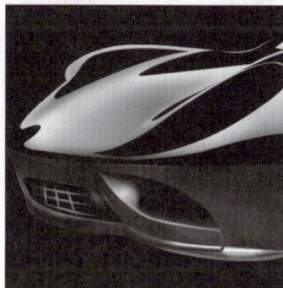

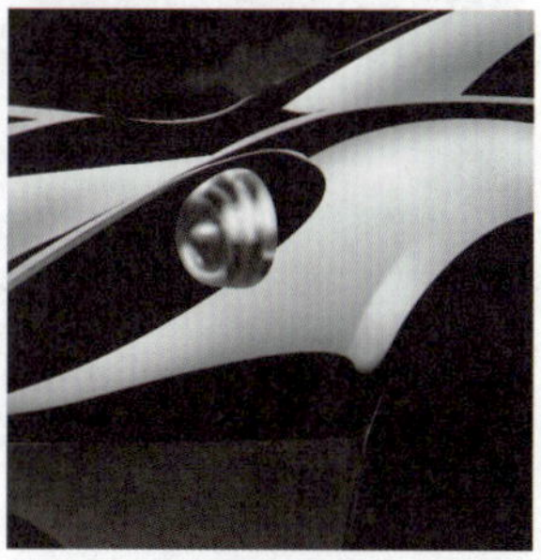

02 用“减淡”工具和“加深”工具绘制出车灯的亮面和暗面，如图6-30所示。用相同方法绘制出另一侧的车灯和转向灯，如图6-31所示。

图6-28

图6-29

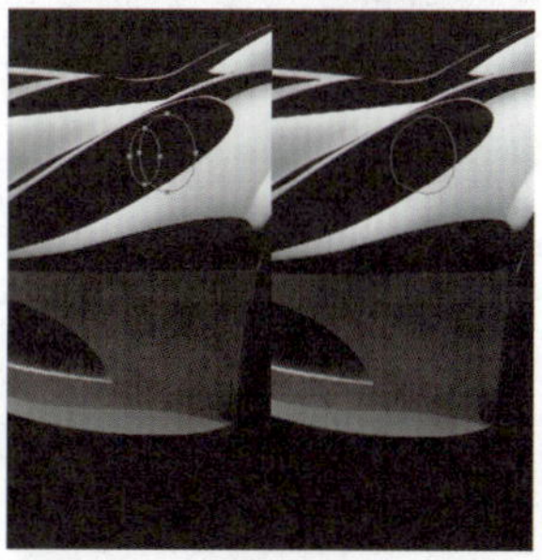

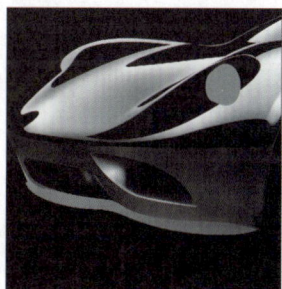

图6-30

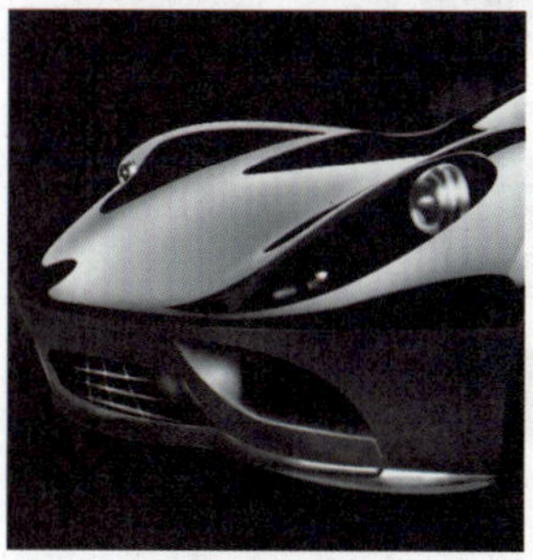

图6-31

03 按住Ctrl键单击"车灯"路径的缩览图，载入该路径的选区，新建一个名称为"灯罩"的图层，在左侧选区内填充白色-透明的线性渐变，如图6-32所示。单击"黑色"图层，选择"矩形选框"工具 ⬚，按←键9次，将选区向左移动，按快捷键Ctrl+Alt单击"车灯"路径的缩览图，将选区删减一部分，形成一个边缘区域，如图6-33所示。用"画笔"工具 ✏️、"减淡"工具 🔍 和"加深"工具 ✋ 表现明暗效果，如图6-34所示。

图6-32

图6-33

图6-34

04 新建一个名称为"后视镜"的图层，用上面的方法进行绘制，如图6-35所示。整体效果如图6-36所示。

图6-35

图6-36

6.1.4 绘制车轮

01 新建一个名称为"轮胎"的图层，用"椭圆选框"工具 ◯ 绘制一个椭圆形选框，将前景色设置为深灰色，按快捷键Alt+Delete填充前景色，如图6-37所示。用相同的方法再绘制一个灰色圆形，如图6-38所示，用"减淡"工具 🔍 和"加深"工具 ✋ 将两个圆形的结构涂抹出来，如图6-39所示。

图6-37

图6-38

图6-39

02 新建一个名为"轮毂"的图层，按住Ctrl键单击"轮毂"路径的缩览图，载入该路径的选

突破平面 Photoshop CS5 设计与制作深度剖析

PS

区，填充灰色，如图6-40所示，用"减淡"工具✎和"加深"工具✎涂抹出轮毂的结构，如图6-41所示。新建一个图层，将前景色设为黄色，选择"画笔"工具✎，在工具选项栏中设置画笔的混合模式为"颜色加深"，在轮毂的中心处涂抹几次，如图6-42所示。

图6-40   图6-41   图6-42

➡ **提示**

轮毂中间的圆环可以先用"椭圆"工具绘制，并通过变形得到需要的形状。

03 用"椭圆"工具⬭绘制两个不同大小的圆形，将它们组成一个同心圆，如图6-43所示。用"钢笔"工具✎绘制如图6-44所示的形状，用"路径选择"工具▸选中全部图形，单击工具选项栏中的"组合"按钮，得到一个刹车片图形，如图6-45所示。将它适当旋转。

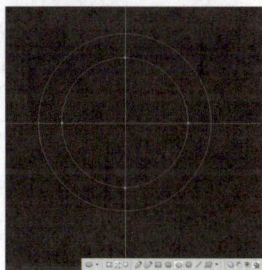

图6-43

图6-44

图6-45

04 新建一个名称为"刹车片"的图层，将前景色设置为红色，单击"用前景色填充路径"按钮◯，在刹车片图形内填充红色，并调整图形的角度，如图6-46所示。用"减淡"工具✎和"加深"工具✎涂抹图形，绘制出刹车片的结构，如图6-47所示。按快捷键Ctrl+Alt拖曳图形，将该图层复制，按快捷键Ctrl+T显示定界框，按住Shift键拖曳控制点将副本图形等比缩小，将该图形放在刹车片下方，如图6-48所示。

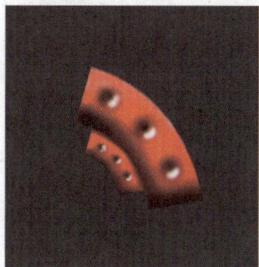

图6-46   图6-47   图6-48

05 按住Ctrl键依次单击两个刹车片的图层，按快捷键Ctrl+E合并。将刹车片图层放在"轮毂"图层下面，如图6-49所示。按快捷键Ctrl+T显示定界框，拖曳控制点将图形适当变形，如图6-50所示。

图6-49 图6-50

06 新建一个名为"红光"的图层，在图层内填充红色-透明的径向渐变，中心点在刹车片上，如图6-51所示。用"橡皮擦"工具 擦掉多余的红色渐变，如图6-52所示。设置该图层的混合模式设置为"颜色"，不透明度设置为70%，效果如图6-53所示。

图6-51 图6-52 图6-53

07 用"椭圆"工具 绘制一个圆形路径。选择"横排文字"工具 T ，调出"字符"面板设置参数如图6-54所示，在圆形路径上单击并输入若干个文字"I"，创建路径文字，如图6-55所示，在文字图层上单击右键，执行菜单中的"转换为形状"命令，将文字转换为可编辑的路径图形，如图6-56所示。

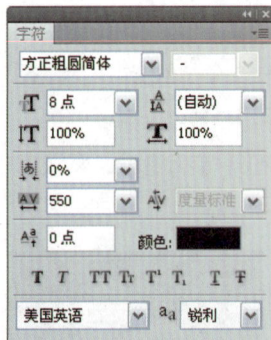
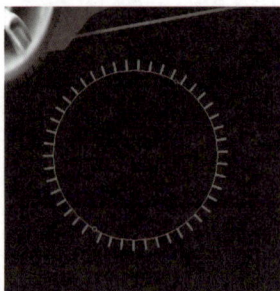
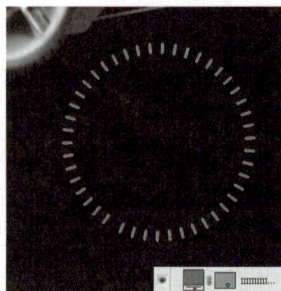

图6-54 图6-55 图6-56

08 按快捷键Ctrl+T显示定界框，拖曳控制点将文字适当变形以符合车胎轮廓，如图6-57所示。右键单击文字图层，执行菜单中的"栅格化图层"命令，将路径图形转换为普通图像。用"橡

突破平面 Photoshop CS5 设计与制作深度剖析

PS

皮擦"工具 ✏ 擦掉多余的部分，再用"减淡"工具 🔍 和"加深"工具 ✋ 涂抹，如图6-58所示。

图6-57   图6-58

➡ 提示

先将文字转换成形状，变形后再转换为普通图像，这样做的好处是，变形时不会损失像素，可保持边缘清晰锐利，而直接"栅格化文字"后再变形，边缘就会变得模糊。

09 按住Ctrl键单击文字图层的缩览图，载入该图层选区，选择"矩形选框"工具 ▢ ，按←键2次，按↓键1次，移动选区。在文字图层下面新建一个图层，在选区内填充白色，如图6-59所示。用"模糊"工具 ◐ 涂抹白色文字层，使图形产生模糊效果，将该图层的图层混合模式设置为"柔光"，如图6-60所示。

图6-59   图6-60

10 选择组成轮胎的所有图层，按快捷键Ctrl+Alt+E盖印到一个新的图层中，按快捷键Ctrl+T显示定界框，按住Ctrl键拖曳控制点，将图形适当缩小变形，放在车身图层下，如图6-61所示，完整效果如图6-62所示。

图6-61   图6-62

第6章 高级鼠绘

6.1.5 绘制投影和倒影

01 为了使汽车更加突出，可以使用"渐变"工具▦在背景图层填充黑色-灰色线性渐变，如图6-63所示。在汽车图层下面新建一个图层，使用柔角"画笔"工具涂抹黑色，表现汽车的投影，将图层的不透明度设置为70%，效果如图6-64所示。

图6-63

图6-64

02 隐藏"背景"图层和"投影"图层，按快捷键Ctrl+Shift+Alt+E盖印可见图层，将盖印层名称修改为"倒影1"，复制该图层，修改图层名称为"倒影2"。执行"编辑">"变换">"垂直翻转"命令，将倒影1垂直翻转，按快捷键Ctrl+T显示定界框，拖曳控制点将图形适当变形，如图6-65所示。单击"图层"面板中的◉按钮，添加一个图层蒙版，用800px的柔角"画笔"工具✐涂抹投影图形，将不需要的部分隐藏，再将图层的不透明度设置为20%，如图6-66所示。

图6-65

图6-66

03 用相同方法制作后轮的倒影，用"橡皮擦"工具适当修正，最终完成效果如图6-67所示。

图6-67

绘制CG风格肖像

- 学习技巧：基于线稿绘制人物五官的大体轮廓，再用绘画工具深入刻画细节。用滤镜制作头发，并为皮肤添加纹理。
- 学习时间：6小时
- 技术难度：★★★★★
- 实用指数：★★★★

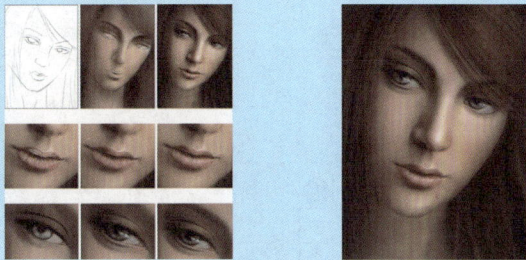

实例效果

6.2.1 绘制轮廓与简单着色

01 按快捷键Ctrl+N，打开"新建"对话框，设置文件大小为203×260毫米，分辨率为300像素/英寸，颜色模式为RGB，如图6-68所示，单击"确定"按钮，新建一个文件。

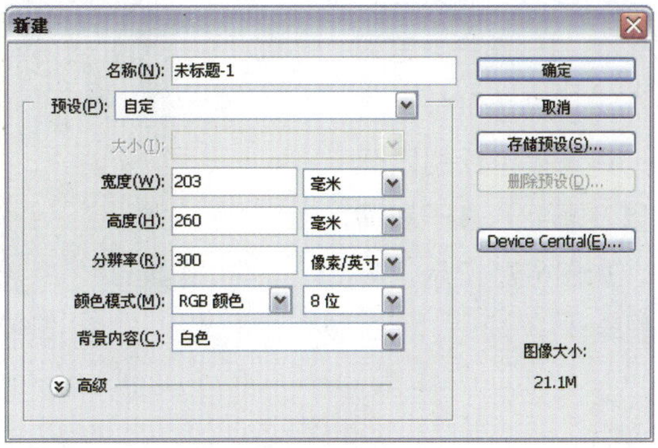

图6-68

02 新建一个图层，如图6-69所示。选择尖角7像素的"画笔"工具 ，设置画笔的不透明度为25%，绘制出人物的面部轮廓，如图6-70所示。如果不能准确地绘制出该轮廓图，可以使用素材线稿图来进行后面的操作（光盘>素材>6.2）。

图6-69

图6-70

> **提示**
>
> 如果有条件的话，最好是用铅笔绘制线稿，再通过扫描仪或数码相机输入到计算机中。

03 选择柔角300像素的笔尖，如图6-71所示。按住Ctrl键单击"创建新图层"按钮 🗔 ，在当前图层的下方新建一个图层。将前景色设置为皮肤色，使用"画笔"工具 ✏️ 为线稿上一个基本色调，如图6-72和图6-73所示。

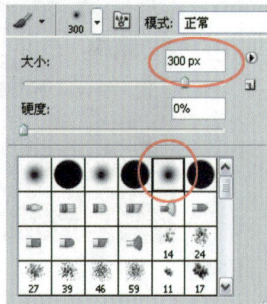

图6-71   图6-72   图6-73

04 使用"柔角画笔"工具 ✏️ 进一步刻画面部和头发，如图6-74所示。按[键将画笔调小，设置不透明度为50%，流量为30%，用深褐色绘制眼睛的轮廓，以及眉毛、鼻子和嘴唇的阴影，如图6-75所示。将线稿图层删除。

图6-74   图6-75

6.2.2 绘制五官

01 将"画笔"工具 ✏️ 的不透明度恢复为100%，描绘出眼睛的轮廓，上眼睑线要比下眼睑线浓些，眼梢也要画得长些，如图6-76所示。选择"涂抹"工具 💧 ，在工具选项栏中设置"强度"为30%，沿轮廓线涂抹，使线条变得柔和流畅，如图6-77所示。进一步表现眼睛的细节，刻画眼角和眼球，需要注意的是，由于受到光照影响，眼球会由不同的颜色组成，如图6-78所示。

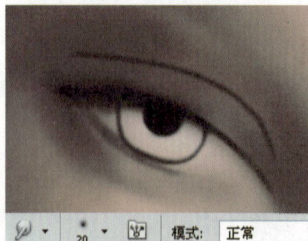

图6-76   图6-77   图6-78

02 眼睛是重点，需要仔细刻画人物才能传神，可以使用"加深"工具和"减淡"工具进行细节的处理，如图6-79所示。

03 画鼻子时要注意结构和虚实关系，表现出鼻梁、左右鼻翼和鼻底这4个面，如图6-80所示，明暗交界线应处理得深一些，以增强鼻翼的体积感，如图6-81所示。

图6-79　　　　　　　　　　　图6-80　　　　　　　　　　　图6-81

04 画嘴唇时先用深红色绘制出嘴唇的轮廓，再用更深的颜色绘制出上下唇之间的交界线，如图6-82所示。进一步刻画，使嘴唇变得饱满，如图6-83所示。

05 深入刻画面部，整体效果如图6-84所示。

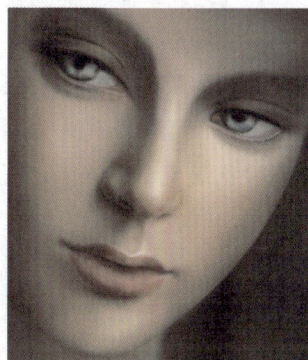

图8-82　　　　　　　　　　　图6-83　　　　　　　　　　　图6-84

6.2.3　刻画眼睛

01 下面来表现眼珠的质感，使眼睛看起来更加真实。选择干画笔39像素的笔尖，将主直径设置为65像素，如图6-85所示，在眼珠上涂抹出斑点，如图6-86所示。

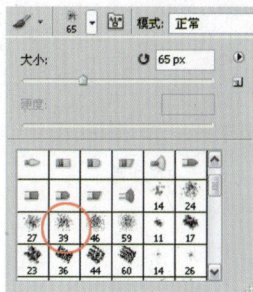

图6-85

图6-86

> ➡ **提示**
>
> 在画笔面板菜单中，选择"大列表"选项，可以显示画笔的缩览图和画笔名称。

02 选择"椭圆选框"工具 ◯ ，根据眼珠的大小创建一个椭圆形。执行"滤镜">"模糊">"径向模糊"命令，对斑点进行模糊，如图6-87和图6-88所示。按快捷键Ctrl+D取消选择，设置该图层的混合模式为"正片叠底"，效果如图6-89所示。

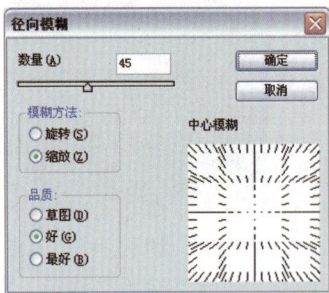
图6-87

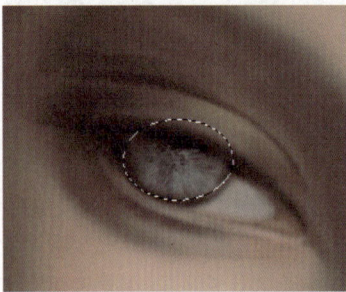
图6-88

图6-89

03 选择半湿描边油彩笔，设置不透明度为25%，如图6-90所示。新建一个图层，用来制作眼睛的高光。先用浅灰色涂抹出几个高光点，再将画笔调小，用白色点几下，使高亮区域也有变化，这样可以使眼睛看起来更加晶莹，富有神采，如图6-91所示。

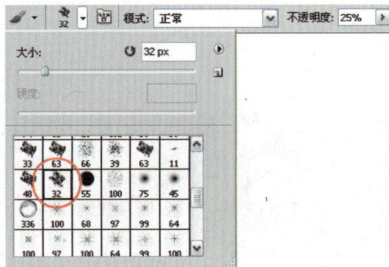
图6-90

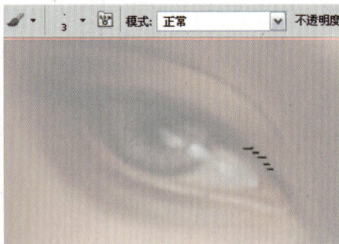
图6-91

04 新建一个图层，选择尖角3像素的笔尖，在眼睛上面绘制几个小黑点（为了便于观察，可在当前图层下面创建一个白色图层，将不透明度设置为50%，在它的衬托下制作眼睫毛），如图6-92所示。选择"涂抹"工具 ，设置"强度"为70%，在每个黑点上按照睫毛的生长方向涂抹，效果如图6-93所示。

图6-92

图6-93

05 为了制作方便，可以将睫毛分成若干组并在不同的图层上制作，以免涂抹时影响到其他"睫毛"。在制作完一组后，通过复制使睫毛看起来更加浓密，以减少工作量，制作完成后再将它

们合并到一个图层中，效果如
图6-94和图6-95所示。

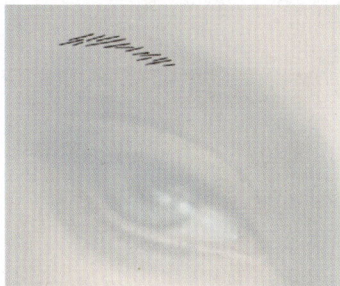

图6-94 图6-95

06 制作眉毛时也是先画一些细小的线条，如图6-96所示，执行"滤镜"＞"模糊"＞"径向模
糊"命令，使线条的两端产生模糊的变化，如图6-97和图6-98所示。

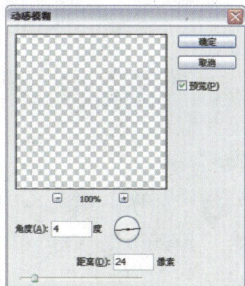

图6-96 图6-97 图6-98

07 按快捷键Ctrl+Alt拖曳"眉毛"进行复制，使眉毛变得浓密，如图6-99所示。通过旋转、变
形等操作组合成一个完整的眉毛，再选择"橡皮擦"工具，将不透明度设置为30%，对眉头处进
行适当擦除，使其呈现减淡的效果，如图6-100和图6-101所示。

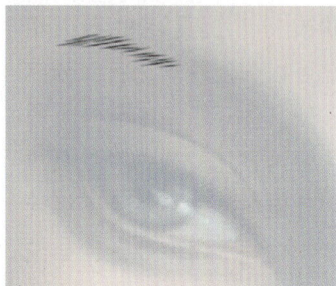

图6-99 图6-100 图6-101

08 将眉毛与睫毛图层
合并，复制并移动到另一只眼
睛上，再进行水平翻转，为了
使复制后的图像能够符合眼睛
与眉毛的曲线，可以用"多边
形套索"工具将其分部分选
取，并调整角度，效果如图
6-102所示。

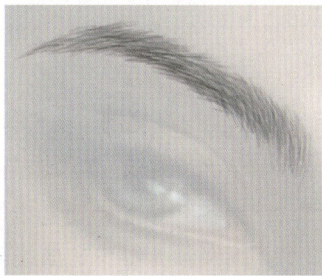

图6-102

6.2.4 表现嘴唇的肌理

01 新建一个图层，用来制作嘴唇的肌理。选择干画笔尖浅描笔尖，设置不透明度为50%，如图6-103所示，先绘制一些白色的粗糙纹理，如图6-104所示。

02 嘴唇的肌理还应有一些变化，在前面已经设置了"橡皮擦"工具 ✐ 的不透明度，可以先对纹理进行部分擦除，使其体现出清晰和模糊的变化，再使用"涂抹"工具 ✐ 沿肌理走向涂抹几下，这样就有了粗糙与光滑的对比，如图6-105所示。使用"画笔"工具 ✐ 再绘制一些白色的线条，作为肌理的高光效果，如图6-106所示。

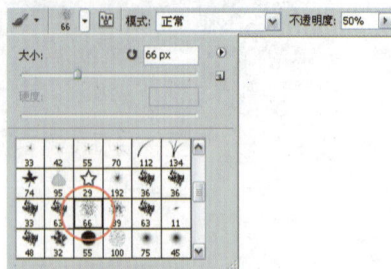
图6-103

图6-104

图6-105

图6-106

6.2.5 制作头发

01 制作头发时也是先绘制一组发丝，再通过复制、变形等操作来完成其他头发的制作。选择尖角4像素的"画笔"工具，按住Shift键绘制一些直线，如图6-107所示。

02 执行"滤镜">"模糊">"动感模糊"命令，使直线的两个端点变虚，如图6-108所示。执行"滤镜">"扭曲">"切变"命令，拖曳预览框中的曲线来扭曲图像，如图6-109所示，效果如图6-110所示。

图6-107

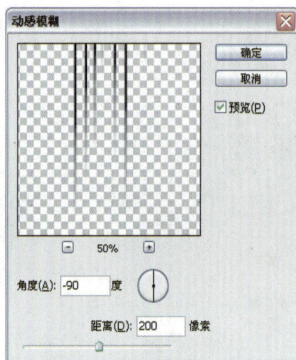
图6-108

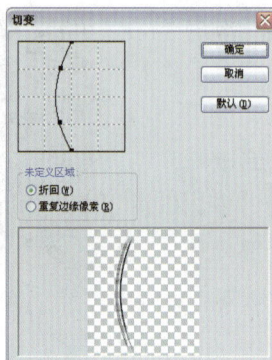
图6-109

图6-110

03 用上述方法制作出人物的头发，如图6-111所示。

图6-111

6.2.6　为皮肤添加纹理

01 新建一个图层，填充白色。执行"滤镜">"纹理">"纹理化"命令，在"光照"下拉列表中选择"左上"选项，设置其他参数如图6-112所示。单击对话框下方的"新建效果图层"按钮，再添加一个效果图层，选择"艺术效果"滤镜组中的"壁画"选项，设置参数如图6-113所示，单击"确定"按钮关闭对话框。

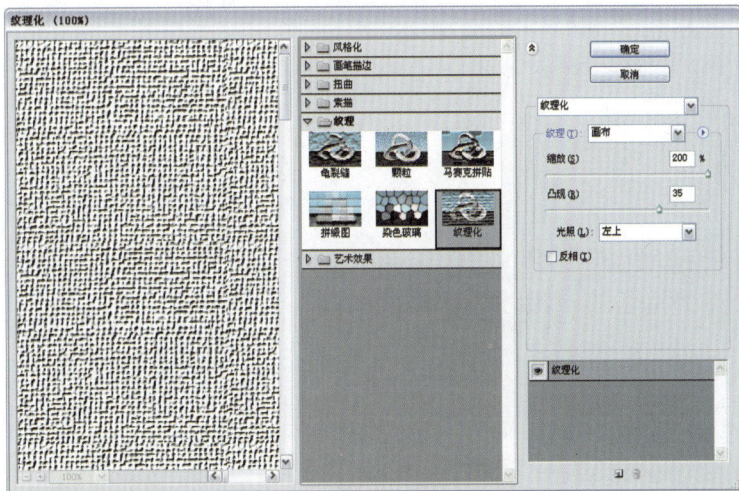

图6-112

图6-113

02 设置该图层的混合模式为"叠加"，不透明度为5%，效果如图6-114所示。最终的人物效果如图6-115所示。

图6-114    图6-115

Ps
Photoshop

第7章

动画、3D与视频

7.1 表情动画：变脸

- 学习技巧：了解动画的创建与设定方法。用动画功能，将一组卡通表情串起来，使之产生动画效果。
- 学习时间：30分钟
- 技术难度：★★
- 实用指数：★★★

实例效果

7.1.1 关于动画

人类的眼睛有一种生理现象，称为"视觉暂留性"，即看到一幅画或一个物体后，影像会暂时停留在眼前，1/24秒内不会消失，动画便是利用这一原理，将静态的，但又是逐渐变化的画面，以每秒20幅的速度连续播放，就会给人造成一种流畅的视觉变化效果。如图7-1所示为动画原稿，如图7-2所示为好莱坞动画"功夫熊猫"，如图7-3所示为日本动画"铁臂阿童木"。

图7-1

图7-2   图7-3

动画分为两种，一种是用Maya、3ds Max、Lightwave等制作的三维动画，另一种是用Flash等软件制作的二维动画。Photoshop也提供了二维动画制作工具，虽不及专业动画软件全面，但像简单的运动、变形、旋转、发光等效果可以非常轻松表现出来。动画的关键在于创意，只要有绝妙的点子，再辅以Photoshop强大的图像处理工具，就能制作出充满趣味性的动画。

7.1.2 制作表情动画

01 打开一个PSD格式的分层素材（光盘>素材>7.1）。该文档中包含了6个表情，它们位于不同的图层中，如图7-4和图7-5所示。

02 执行"窗口">"动画"命令，调出"动画"面板。现在"图层"面板中显示的是"图层1"，它被"动画"面板记录为第1个关键帧，如图7-6和图7-7所示。

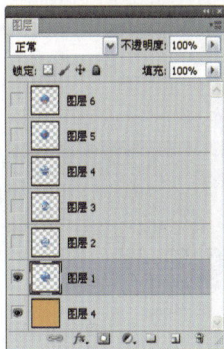

图7-4

图7-6

图7-5

图7-7

> **➡ 提示**
>
> "动画"面板也可以编辑视频文件。如果该面板与前面的图示不同，则说明是在视频编辑状态中。单击面板右下角的 ▥▥▥ 按钮，可以切换为动画编辑状态。

03 单击"0秒"选项右侧的三角按钮，在打开的菜单中选择"0.5秒"选项，将帧的延迟时间设定为0.5秒。单击"一次"选项右侧的三角按钮，在打开的菜单中将循环次数设置为"永远"，让动画效果始终循环播放，如图7-8所示。

04 单击"动画"面板中的 ▣ 按钮，创建第2个关键帧。现在它还与第1帧完全相同，如图7-9所示。

05 在"图层1"的"眼睛"图标 👁 上单击，将该图层隐藏，然后选择"图层2"，将它显示出来，如图7-10和图7-11所示。现在"动画"面板的第2帧记录下了当前的图像效果，如图7-12所示。

图7-8

图7-9

图7-10

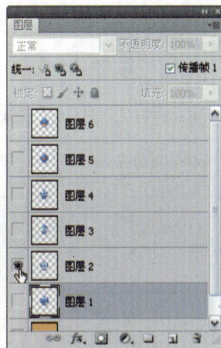

图7-11

图7-12

06 单击"动画"面板中的 按钮，创建第3个关键帧，将"图层2"隐藏，让"图层3"显示出来，如图7-13和图7-14所示。

07 采用同样的方法，再分别创建3个关键帧，每一个帧对应一个图层（图层4、5、6），如图7-15所示。现在动画已经制作好了，按下空格键播放动画（要停止播放，可以再按一下空格键），可以看到，画面中的卡通小脸不停地变换表情，生动而有趣。

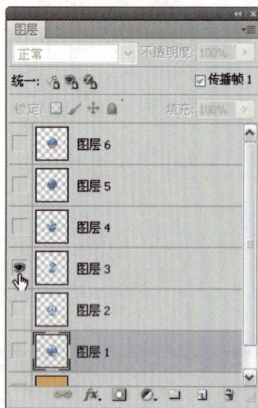

图7-13

图7-14

图7-15

7.1.3 导出GIF动画

当前动画还只能在Photoshop中观看，下面将它导出为GIF文件，之后即可将其上传到博客或QQ上，与其他人共同欣赏了。

01 执行"文件">"存储为Web和设备所用格式"命令，在打开的对话框中选择GIF格式，勾选"透明"选项（让背景透明），如图7-16所示。

02 单击"存储"按钮，弹出"将优化结果存储为"对话框，设置文件名和保存位置，如图7-17所示，单击"保存"按钮关闭该对话框。

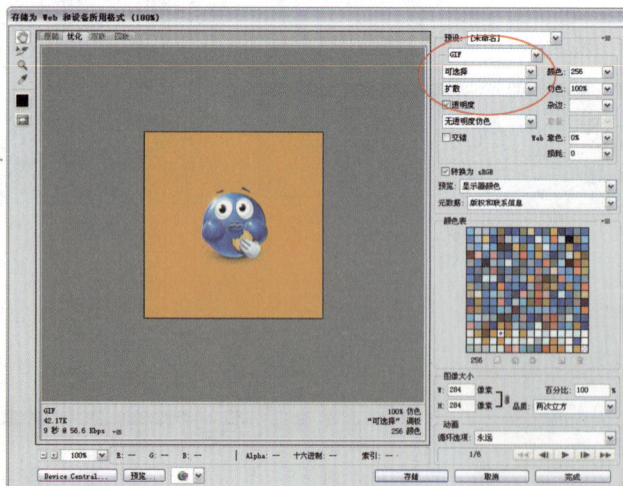

图7-16

图7-17

03 打开GIF文件所在的文件夹。单击右键打开菜单，执行"查看">"幻灯片"命令，以幻灯片形式显示图像，即可在Windows中观看动画效果了，如图7-18所示。至于如何将动画文件上传到网络，操作方法与上传照片是相同的，具体方法就不再赘述了。

图7-18

7.2 运动动画：跳跳兔

- 学习技巧：通过变换操作，改变小兔子的位置和大小，并记录为关键帧，制作出小兔子由远及近的跳跃效果。
- 学习时间：30分钟
- 技术难度：★★
- 实用指数：★★★

实例效果

01 打开一个PSD格式的分层素材（光盘>素材>7.2），如图7-19和图7-20所示。

图7-19

图7-20

02 打开"动画"面板。将帧的延迟时间设定为0.1秒，循环次数设置为"永远"，如图7-21所示。单击面板底部的 按钮，复制关键帧，如图7-22所示。

图7-21

图7-22

03 选择"兔子"图层，按快捷键Ctrl+J进行复制，得到"兔子副本"层，如图7-23所示，保持该图层的当选状态，将"兔子"图层隐藏，如图7-24所示。

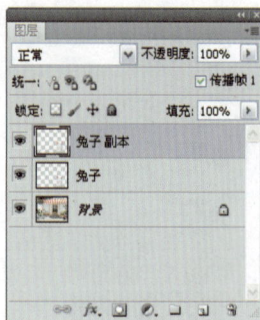

图7-23   图7-24

➡ **提示**

如果需要隐藏的图层是上下相邻的，即可将光标放在"兔子副本"层的"眼睛"图标 👁 上，单击并垂直向上（或向下）拖曳，即可将这几个图层隐藏，这样就不必每一个图层都单击"眼睛"图标 👁 了。需要显示它们时，也采用相同的方法。

04 按快捷键Ctrl+T显示定界框，如图7-25所示，按住Shift键拖曳控制点，将图像缩小，并移动到门前方，按下回车键确认，如图7-26所示。

图7-25   图7-26

05 单击"动画"面板底部的 🔲 按钮，复制关键帧，如图7-27所示。在"图层"面板中按住Alt键，将"兔子"层拖曳到图层列表顶部，释放鼠标和按键后，可以在面板顶部复制出一个图层，如图7-28所示。

图7-27

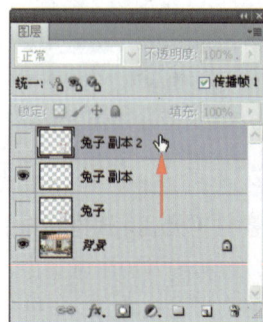

图7-28

06 显示该图层，将下面的图层隐藏，如图7-29所示。按快捷键Ctrl+T显示定界框，调整图像的大小和位置，按下回车键确认，如图7-30所示。

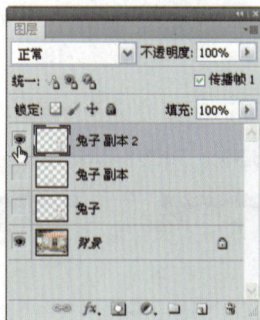

图7-29   图7-30

07 单击"动画"面板底部的 按钮，复制出第4个关键帧。按住Alt键将"兔子"层拖曳到面板顶部进行复制，并隐藏下面的图层，如图7-31所示。按快捷键Ctrl+T显示定界框，调整图像的大小和位置，如图7-32所示。

08 单击"动画"面板底部的 按钮，复制出第5个关键帧。按住Alt键复制"兔子"层，并隐藏下面的图层，如图7-33所示。按快捷键Ctrl+T显示定界框，拖曳顶部的控制点，将"兔子"向下压一点，效果如图7-34所示。

09 按下空格键播放动画，可以看到，兔子从远处的门旁边蹦到我们眼前。最后，可以执行"文件">"存储为Web和设备所用格式"命令，将动画文件保存为GIF格式。

图7-31

图7-32

图7-33

图7-34

7.3 发光动画：闪烁的霓虹灯

- 学习技巧：用画笔描边路径制作灯泡，用图层样式制作霓虹灯发光效果。
- 学习时间：1.5小时
- 技术难度：★★★
- 实用指数：★★★

实例效果

7.3.1 制作灯泡

01 打开一个PSD格式的分层素材（光盘>素材>7.3），如图7-35所示。单击"图层"面板底部的 按钮，在"背景"图层上方新建一个图层，如图7-36所示。

图7-35

图7-36

02 选择"圆角矩形"工具▢，在工具选项栏中单击"路径"按钮▨，绘制一个矩形，如图7-37所示。打开"画笔"面板，选择笔尖并设置参数如图7-38所示。

图7-37

图7-38

03 将前景色设置为黄色。打开"路径"面板，执行面板菜单中的"描边路径"命令，如图7-39所示，在弹出的对话框中选择"画笔"工具，用该工具描边路径，如图7-40和图7-41所示。

图7-39

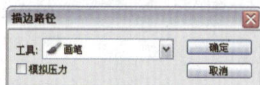

图7-40

图7-41

04 按快捷键Ctrl+H将路径隐藏。单击"图层"面板底部的▢按钮创建蒙版，如图7-42所示。按] 键，将画笔的笔尖调大。在飞马身后以及与霓虹灯相交的"灯泡"上单击，将其隐藏，如图7-43所示。

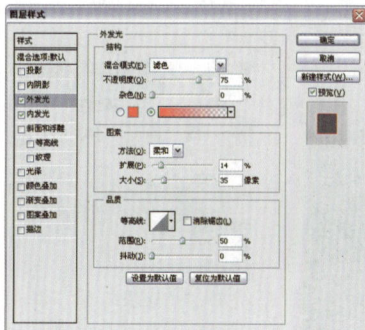

图7-42

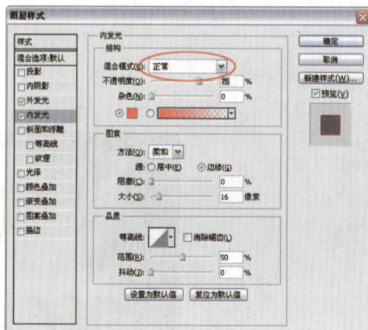

图7-43

05 双击灯泡所在的"图层1"，打开"图层样式"对话框，添加"外发光"和"内发光"效果，如图7-44~图7-46所示。

图7-44

图7-45

图7-46

7.3.2 制作灯泡切换效果

01 按快捷键Ctrl+J两次复制图层，如图7-47所示。将"图层1"和"图层1副本"隐藏，然后单击"图层1副本2"的蒙版，如图7-48所示，进入蒙版编辑状态，用"画笔"工具 ✏ 在灯泡上单击，将一些灯泡隐藏，规律是以一个灯泡为起点，将与其相邻的两个隐藏，如图7-49所示。

图7-47

图7-48

图7-49

02 双击"图层1副本2"，打开"图层样式"对话框，修改灯泡的发光效果，如图7-50~图7-52所示。

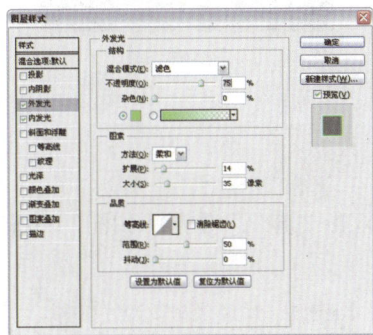

图7-50

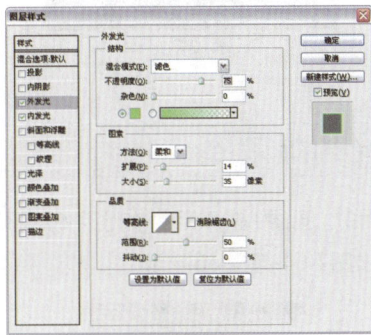

图7-51

图7-52

03 选中并显示"图层1副本"，并单击该图层的蒙版，如图7-53和图7-54所示。用"画笔"工具 ✏ 在绿灯泡以及它们后面的一个灯泡上单击，将这些灯泡隐藏，如图7-55所示。

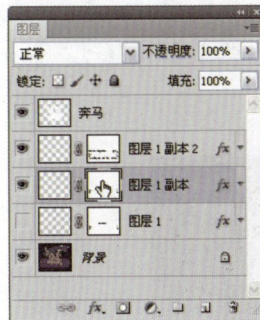

图7-53

图7-54

图7-55

04 双击"图层1副本"，打开"图层样式"对话框，修改灯泡的发光效果，如图7-56~图7-58所示。

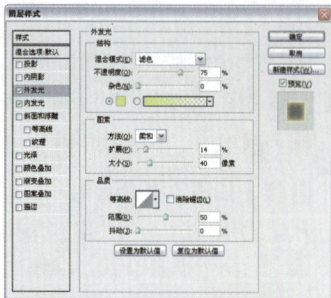
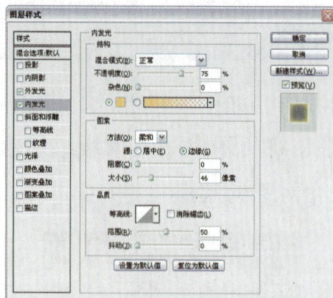

图7-56　　　　　　　　　　　图7-57　　　　　　　　　　　图7-58

05 选中并显示"图层1"，并单击该图层的蒙版，如图7-59和图7-60所示。用"画笔"工具
在绿灯泡和黄灯泡上单击，将这些灯泡隐藏，如图7-61所示。

图7-59　　　　　　　　　　　图7-60　　　　　　　　　　　图7-61

7.3.3　制作霓虹灯光闪烁效果

01 隐藏"图层1副本2"和"图层1副本"，如图7-62所示。双击"奔马"图层，如图7-63所示，为该图层添加发光效果，如图7-64~图7-66所示。

图7-62　　　　　　　　　　　图7-63　　　　　　　　　　　图7-64

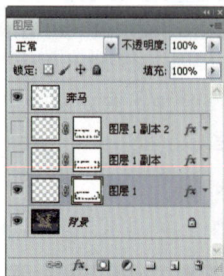

图7-65　　　　　　　　　　　　　　图7-66

02 打开"动画"面板，将帧的延迟时间设定为0.2秒，循环次数设置为"永远"。单击 按钮，复制一个关键帧，如图7-67所示。隐藏"图层1"，显示"图层1"副本，如图7-68和图7-69所示。

图7-67

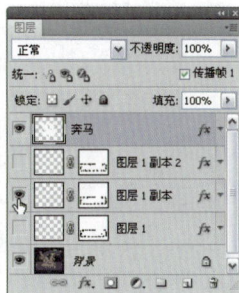

图7-68

图7-69

03 双击"奔马"图层，打开"图层样式"对话框，修改"外发光"颜色，如图7-70和图7-71所示。

图7-70

图7-71

04 单击"动画"面板中的 按钮，复制一个关键帧，如图7-72所示。

05 隐藏"图层1副本"，显示"图层1副本2"，如图7-73和图7-74所示。双击"奔马"图层，修改"外发光"颜色，如图7-75和图7-76所示。按空格键观看动画，画面中的飞马会发出不同颜色的光，而灯泡则采用正循环的方式闪烁。

图7-72

图7-73

图7-74

图7-75

图7-76

7.4 3D：制作3D立体字

- 学习技巧：使用 Photoshop CS5新增的"凸纹"功能，将二维文字处理为3D立体字。
- 学习时间：20分钟
- 技术难度：★★
- 实用指数：★★★

实例效果

7.4.1 关于3D功能

Photoshop可以打开和处理由 Adobe Acrobat 3D、3ds Max、Maya 以及 GoogleEarth 等程序创建的 3D 文件。打开一个 3D文件时，可以保留它们的纹理、渲染和光照信息，3D模型放在3D 图层上，3D对象的纹理出现在3D 图层下面的条目中，如图7-77和图7-78所示。

选中3D图层后，3D面板中会显示与之关联的3D文件组件，面板顶部列出了文件中的网格、材料和光源，面板底部显示了在面板顶部选择的3D组件的相关选项，如图7-79所示。

图7-77

图7-78

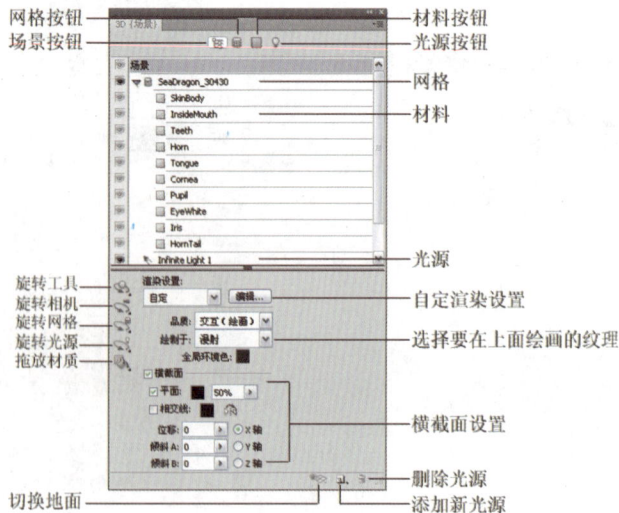

图7-79

使用Photoshop提供的3D对象编辑工具可以移动、旋转和缩放3D模型。还可以对其进行动画处理、更改渲染模式、编辑或添加光照，或将多个 3D 模型合并为一个 3D 场景。此外，还可以基于一个2D图层创建3D内容，如立方体、球面、圆柱、3D明信片、3D网格等。

7.4.2　制作3D立体字

01 打开一个文件（光盘>素材>7.4），如图7-80所示。使用"横排文字"工具**T**输入文字，如图7-81和图7-82所示。

图7-80

图7-81

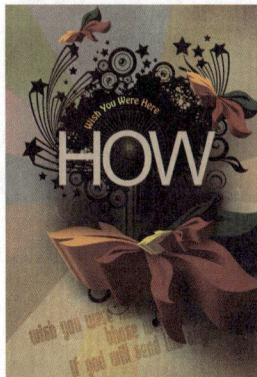

图7-82

02 执 行 3 D > "凸纹">"文本图层"命令，弹出如图7-83所示的对话框，单击"是"按钮，将文字栅格化，打开"凸纹"对话框，设置参数如图7-84所示，效果如图7-85所示。

03 使用"3D对象旋转"工具旋转文字，调整透视角度，如图7-86所示。

图7-83

图7-84

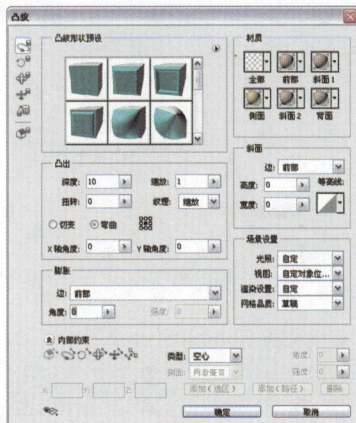

图7-85

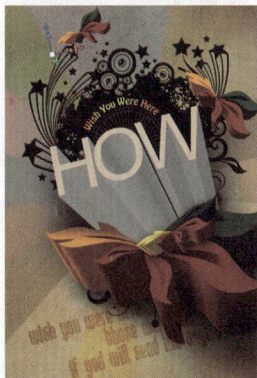

图7-86

执行"视图">"显示">"3D轴"命令，可以显示或隐藏3D轴。显示3D轴以后，将光标放在3D轴的不同位置，单击拖曳即可移动、旋转和缩放3D对象。

如果要沿着 X、Y 或 Z 轴移动模型，可将光标放在任意轴的锥尖上，并向相应的方向拖曳。

如果要将移动限制在某个对象平面，可以将光标放在两个轴交叉的区域，两个轴之间会出现一个黄色的平面图标，此时向任意方向拖曳即可。

如果要旋转模型，可单击轴尖内弯曲的旋转线段，此时会出现旋转平面的黄色圆环，围绕 3D 轴中心沿顺时针或逆时针方向拖曳圆环即可旋转模型。要进行幅度更大的旋转，可将鼠标向远离3D轴的方向移动。

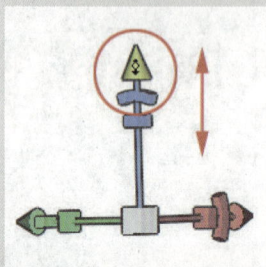 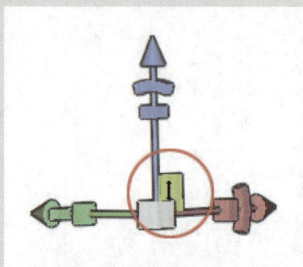 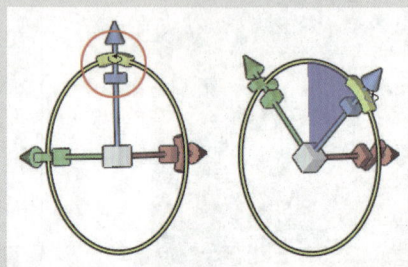

移动　　　　　　　　　　限制平面移动　　　　　　　　　　旋转

如果要调整模型的大小，可向上或向下拖曳 3D 轴中的中心立方体。如果要沿轴压扁或À长模型，可以将某个彩色的变形立方体朝中心立方体拖曳，或向远离中心立方体的位置拖曳。

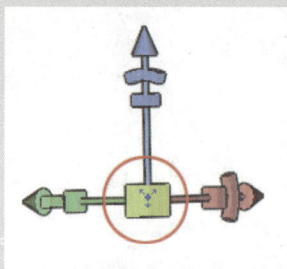 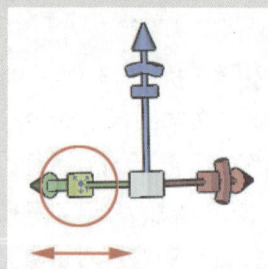

缩放　　　　　　　　　　　压扁和拉长

04 单击"调整"面板中的■按钮，创建"色阶"调整图层，拖曳滑块增加色彩的对比度，如图7-87和图7-88所示。

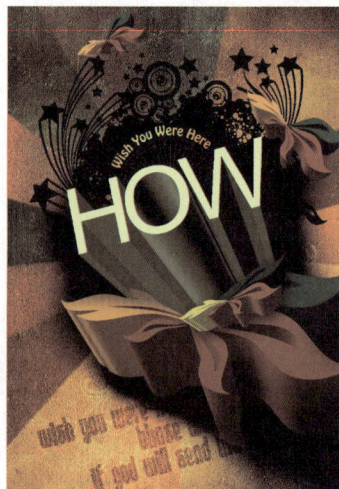

图7-87　　　　　　　　　　图7-88

突破平面 Photoshop CS5 设计与制作深度剖析

05 按快捷键Ctrl+Alt+G创
建剪贴蒙版，如图7-89所示，
使调整图层只影响文字，而不
会影响背景，如图7-90所示。

图7-89

图7-90

7.5 3D：编辑3D模型

- 学习技巧：打开3D软
  件制作的模型文件，为
  屏幕置入新的贴图，在
  Photoshop中创建新的灯
  光，并用Photoshop对修
  改后模型进行渲染。
- 学习时间：2小时
- 技术难度：★★★
- 实用指数：★★★

实例效果

7.5.1 修改模型的贴图

01 打开一个3DS格式的
"笔记本"模型文件（光盘>
素材>7.5a），如图7-91所示。
按住Ctrl键单击"图层"面板
底部的 按钮，在3D层下面新
建一个图层，如图7-92所示。

图7-91

图7-92

215

02 使用 "渐变" 工具 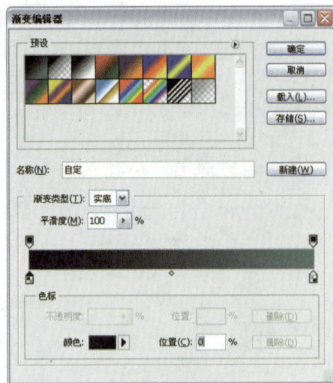 填充线性渐变，如图7-93和图 7-94所示。

图7-93   图7-94

03 双击如图7-95所示的纹理层（它对应的是 "笔记本" 的屏幕），弹出一个窗口，如图7-96 所示。打开一个文件（光盘>素材>7.5b），使用 "移动" 工具 将该素材拖入到空白的纹理窗口 中，如图7-97所示。

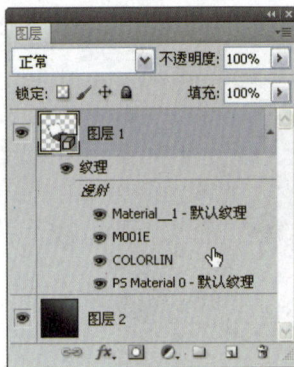

图7-95   图7-96   图7-97

04 将 "纹理" 窗口关 闭，弹出如图7-98所示的对话 框，单击 "是" 按钮，确认对 纹理进行的修改，将其贴在笔 记本屏幕上，如图7-99所示。

图7-98   图7-99

7.5.2 添加灯光

01 调出3D面板。单击面板底部的 按钮，在打开的菜单中执行 "新建聚光灯" 命令，如图 7-100所示，创建一个聚光灯。选择 "3D光源平移" 工具 ，单击面板底部的 按钮，打开菜单， 执行 "3D光源" 命令，在画面中显示光源，如图7-101和图7-102所示。

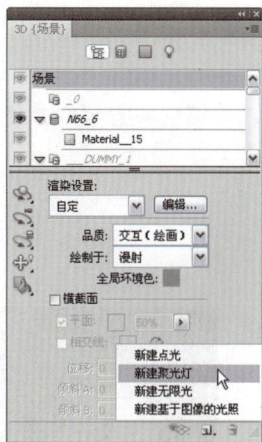

图7-100

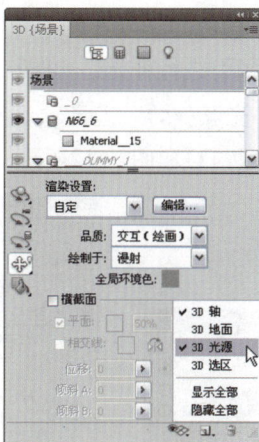

图7-101

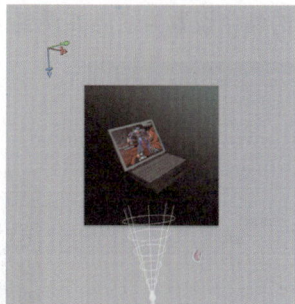

图7-102

02 使用"3D光源平移"工具 ✥ 将光源移动到画面上方，如图7-103所示；选择"3D光源旋转"工具 ⬙，对光源进行旋转，使其照射笔记本，如图7-104所示。

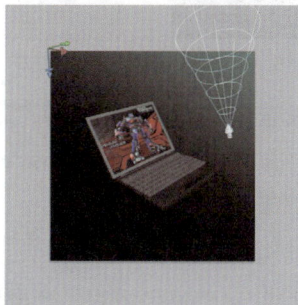

图7-103

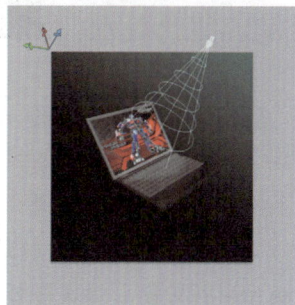

图7-104

03 调整光源的强度，如图7-105和图7-106所示。

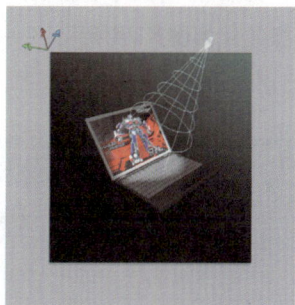

图7-106

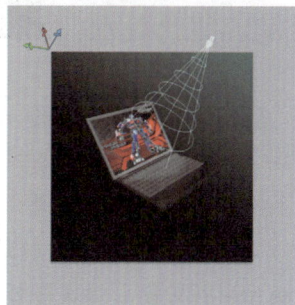

图7-105

04 单击 "3D"面板底部的 ⬙ 按钮，在打开的菜单中执行"新建无限光"命令，如图7-107所示，创建一个无限光光源。使用"3D光源旋转"工具 ⬙ 调整它的照射方向；如图7-108所示。

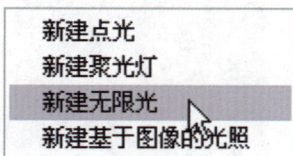

图7-107

图7-108

05 将"强度"设置为4，单击"颜色"选项右侧的颜色块，在弹出的对话框中将灯光颜色设置为蓝色，如图7-109所示，在侧面对模型进行补光，如图7-110所示。

06 再创建一个无限光，用"3D光源旋转"工具调整方向，让它从模型前方照射，将该灯光的颜色设置为红色并调整强度，如图7-111和图7-112所示。

图7-109   图7-110   图7-111   图7-112

07 现在模型的贴图、灯光都设置完成了，可以生产最终的效果图了。在"品质"下拉列表中选择"光线跟踪最终效果"选项，如图7-113所示，开始对模型进行渲染。渲染需要花费一定的时间，而且画面中会出现移动的蓝色方格，方格内代表的是正在渲染的区域。最终效果如图7-114所示。

图7-113   图7-114

➡ 提示

如果中途要终止渲染，可以按Esc键。

7.6 视频：编修视频文件

- 学习技巧：用Photoshop的视频编辑功能为视频文件添加调整图层和文字说明。
- 学习时间：20分钟
- 技术难度：★★
- 实用指数：★★★

跟我探索   神秘的海底世界

实例效果

01 打开一个MOV格式的视频文件（光盘>素材>7.6），如图7-115所示，"图层"面板中会生成一个特殊的视频图层，它的右下角有 状图标，如图7-116所示。这是一个海底鱼游动的视频。打开"动画"面板，按下空格键先观看一遍视频效果。

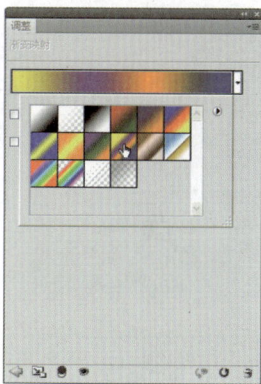

图7-115

图7-116

02 单击"调整"面板中的 按钮，创建"渐变映射"调整图层，选择如图7-117所示的渐变来改变视频画面的颜色，如图7-118所示。

图7-117

图7-118

03 将该图层的混合模式设置为"叠加"，如图7-119和图7-120所示。

图7-119

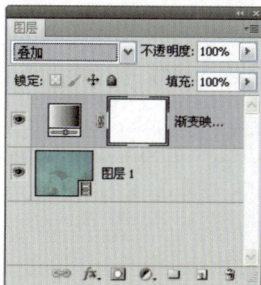

图7-120

04 在"动画"面板中，将该调整图层的时间线拖曳到如图7-121所示的位置上，让视频播放到该处时，渐变调整图层开始产生作用，前面的视频不会受到影响。可以将当前指示器 拖曳到这里，观察画面效果，如图7-122和图7-123所示。

图7-121

图7-122

图7-123

05 使用"横排文字"工具T输入一行文字，如图7-124和图7-125所示。

图7-124

图7-125

06 双击文字图层，打开"图层样式"对话框，添加"外发光"效果，如图7-126和图7-127所示。

图7-126

图7-127

07 在"动画"面板中调整文字图层时间线的起始和结束点，如图7-128所示。

08 按快捷键Ctrl+J复制文字图层，并双击文字的缩览图，如图7-129所示，这时画面中的文字会进入文本编辑状态，重新输入新内容，如图7-130所示。

09 在"动画"面板中调整该字图层时间线的起始点，让它在前一行文字的结束处再出现，如图7-131所示。

10 以上设置完成后，执行"文件" > "存储"命令，将文件保存为PSD格式。

图7-128

图7-129

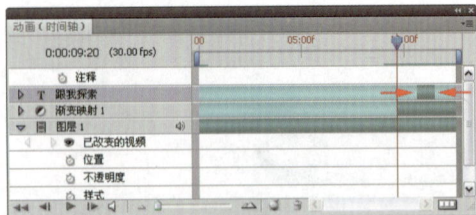

图7-131

图7-130

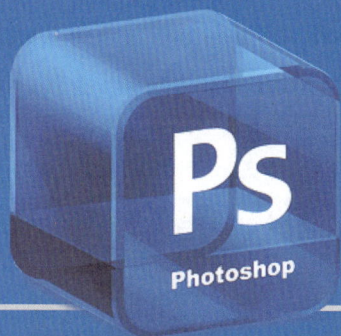

Ps
Photoshop

第8章

平面设计项目实战技巧

8.1 像素艺术：可爱像素画

- 学习技巧：使用“铅笔”工具和填色工具绘制像素画，学习像素画的绘制规范。
- 学习时间：3小时
- 技术难度：★★★
- 实用指数：★★★

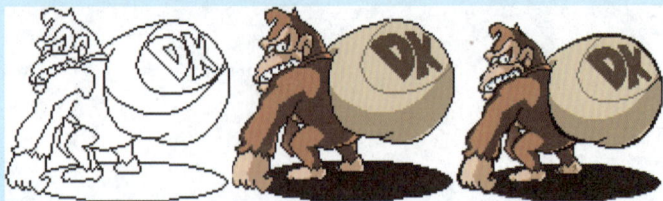

绘制线稿　　填色　　实例效果

8.1.1 如何画好像素画

像素画是一门独特的计算机绘画艺术，它由不同颜色的点组合与排列而成，这些点称为“像素(Pixel)”。像素画也属于位图，但它是一种图标风格的图像，由于造型比较卡通，而深受很多朋友的喜爱。像素画强调清晰的轮廓、明快的色彩，如图8-1和图8-2所示，可以使用Photoshop、Fireworks或Windows自带的画板工具绘制。

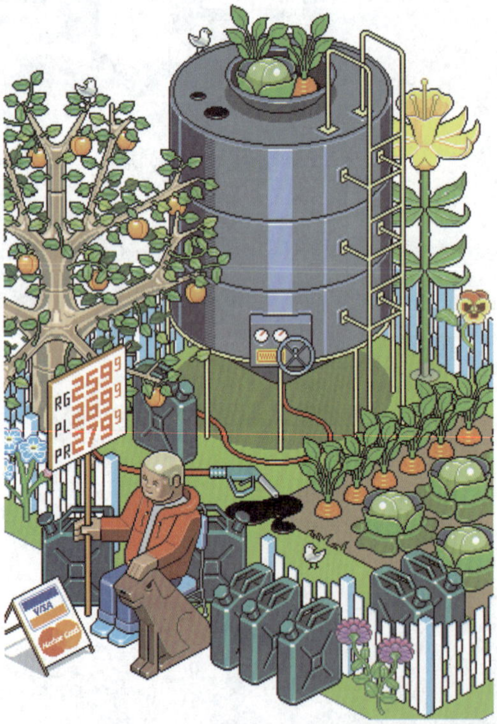

图8-1

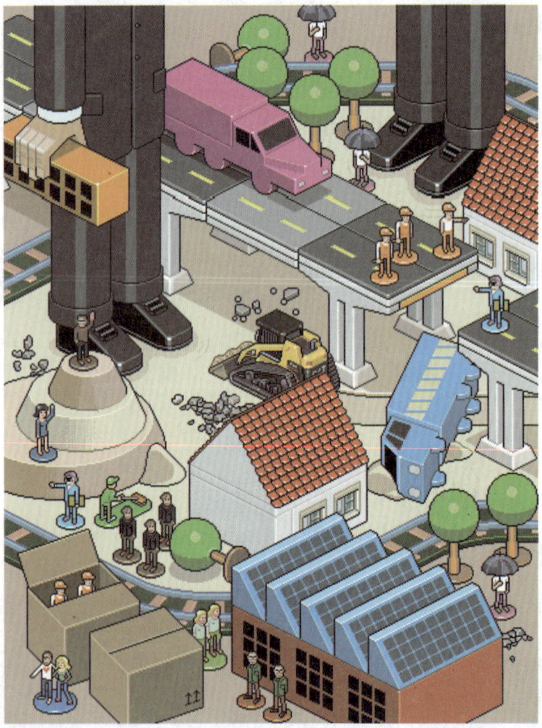

图8-2

要练习像素画可以将实物或素材图片作为参考，通过提炼加工，把造型复杂的东西简单化。首先从整体形态入手，并一步一步绘制细节。绘制像素画除了要有耐心外，掌握正确的绘制方法也是很重要的。首先是线条的规范，在绘制像素画时规范的线条会使画面显得细腻、结构清晰，不会给人以边缘粗糙的感觉。如图8-3所示为像素画中几种常见的线条。

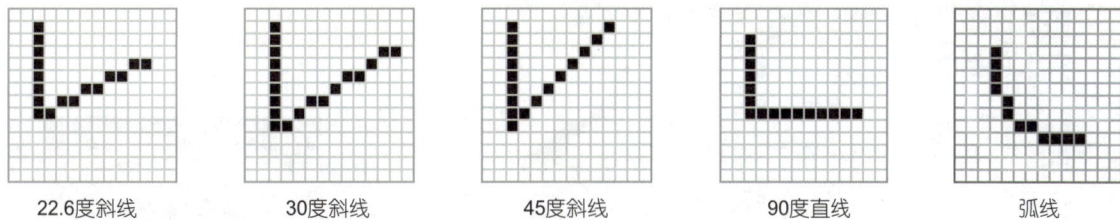

| 22.6度斜线 | 30度斜线 | 45度斜线 | 90度直线 | 弧线 |

图8-3

其次是色彩的规范，像素画的色彩可分为平面的纯色填充，如图8-4所示；中间色的过渡，如图8-5所示；色彩明暗关系的确立几种，如图8-6所示。纯色填充是最简单的一种填色方式；颜色的过渡则分为同一色系中颜色按深浅进行渐变排列、颜色以点状进行疏密排列、在一种颜色的基础上再叠加网格的方式等。绘制时把握好明暗关系，可以使画面的色彩更加生动。

图8-4

图8-5

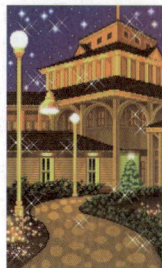

图8-6

8.1.2 绘制线稿

01 按快捷键Ctrl+N打开"新建"对话框，创建一个120×107像素，分辨率为72像素/英寸的文件。

02 执行"窗口">"导航器"命令,打开"导航器"面板。拖曳面板右下角的 图标，调整面板的大小，使"导航器"窗口与新建文件的大小相同，以便绘制时可以观察实际像素大小的图像效果，如图 8-7 和图 8-8 所示。在文档窗口左下角的状态栏中输入 500%，将窗口放大 5 倍，以方便绘制，拖曳窗口右下角的图标 ，显示完整的画布，如图 8-9 所示。

图8-7

图8-8

图8-9

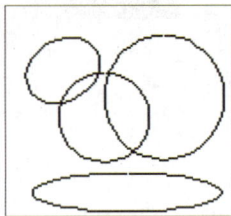

03 选择"椭圆"工具 ⬭，在工具选项栏中单击"路径"按钮 ⬚，在画面中绘制一个椭圆路径，如图8-10所示。创建一个名称为"线稿"的图层，如图8-11所示。按D键将前景色设置为默认的黑色，选择"铅笔"工具 ✐（尖角1像素），单击"路径"面板中的"用画笔描边路径"按钮 ○，使用1px尖角"铅笔"工具描边路径，绘制出影子的轮廓，如图8-12所示。

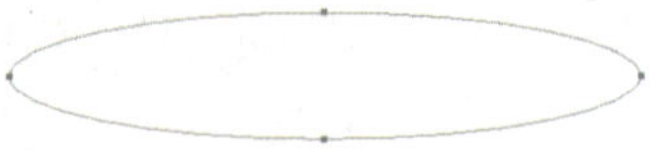

图8-10

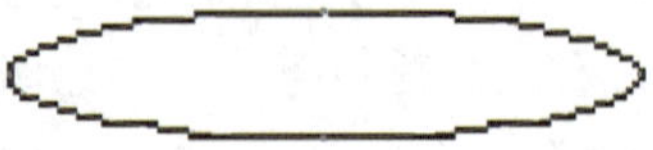

图8-12

图8-11

04 采用同样的方法绘制几个圆形，确定"大猩猩"的基本位置，如图8-13所示。选择"橡皮擦"工具 ✐，在工具选项栏中选择"铅笔"模式，擦掉相交圆形的一些部分，区分几个圆形的前后次序，如图8-14所示。绘制更多的圆形，使"大猩猩"的动态更加具体，如图8-15所示。

图8-13

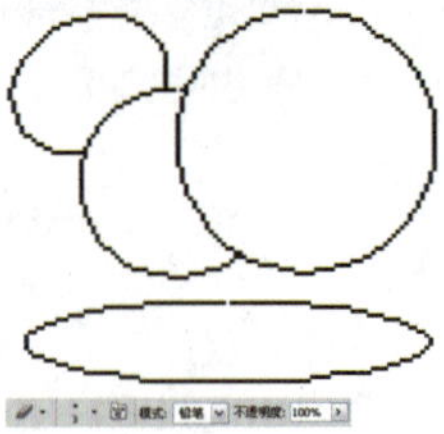

图8-14

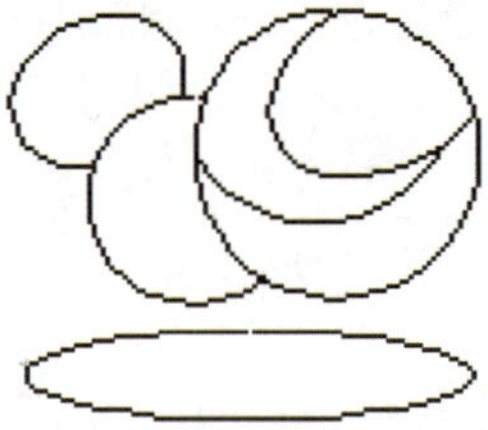

图8-15

05 使用"橡皮擦"工具 ✐ 擦除圆形轮廓，使用"铅笔"工具 ✐（尖角1px）修改，绘制出大猩猩背包的轮廓，如图8-16所示。绘制出大猩猩的双腿，如图8-17所示。使用"橡皮擦"工具 ✐ 擦除多余的轮廓线，如图8-18所示。

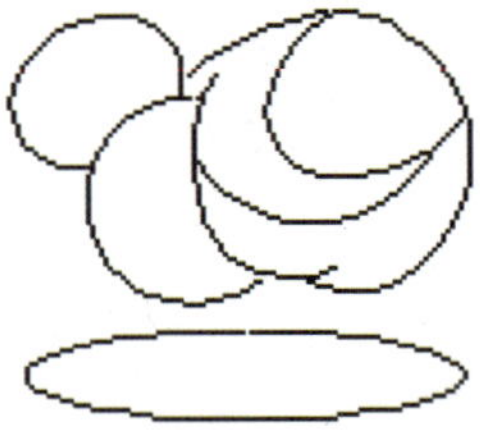

图8-16

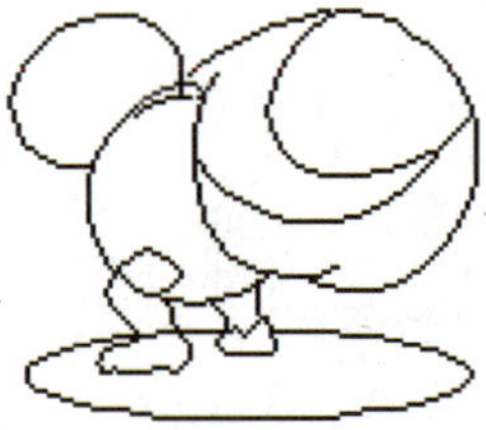

图8-17

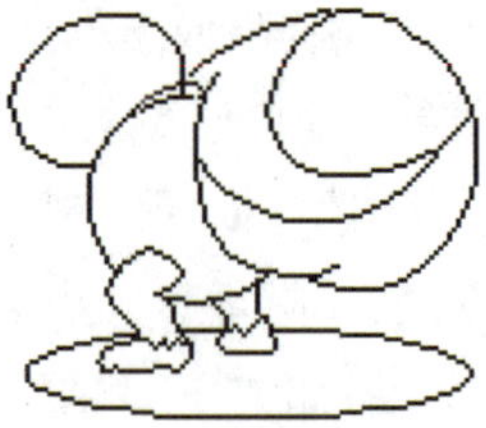

图8-18

06 使用"铅笔"工具 ✐ 结合"橡皮擦"工具 ✐ 绘制大猩猩的手臂，如图8-19所示。绘制椭圆路径使用"铅笔"工具描边，作为大猩猩的嘴巴，如图8-20所示。

图8-19

图8-20

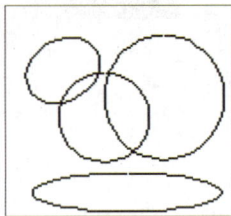

突破平面 Photoshop CS5 设计与制作深度剖析

PS

07 绘制大猩猩的头部和其他细节，如图8-21~图8-24所示。

图8-21　　　　　　图8-22　　　　　　图8-23　　　　　　图8-24

8.1.3　为大猩猩着色

01 创建一个名称为"颜色"的图层，如图8-25所示。将前景色设置为暗红色，如图8-26所示。选择"油漆桶"工具 🖌️，在工具选项栏中取消"消除锯齿"选项的勾选，在大猩猩的头部、手臂和腿部单击，填充前景色，如图8-27所示。

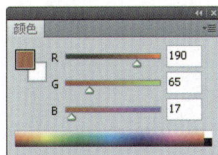

图8-25　　　　　　　　图8-26　　　　　　　　　图8-27

> **➡️ 提示**
>
> 取消"消除锯齿"选项勾选的步骤很重要，如果没有取消，颜色就会往外溢出。

02 适当调整前景色，绘制出其他部位的颜色，如图8-28所示。使用"铅笔"工具 🖊️绘制一些彩色边缘线盖住黑色轮廓线，使轮廓线呈现一定的变化，如图8-29所示。

图8-28　　　　　　　　　　图8-29

03 在大猩猩的头部和手上绘制一些阴影，增强大猩猩的体积感，如图8-30和图8-31所示。在绘制的过程中要注意保留一些小的反光。

图8-30　　　　　　　　　　图8-31

04 采用同样的方法处理细节，如图8-32和图8-33所示。要注意亮部、中间色和暗部的过渡。适当调整前景色，在轮廓的边缘绘制一些反光和小投影，如图8-34所示。

图8-32

图8-33

图8-34

8.1.4　加粗轮廓线、调整画面
---

01 在"图层"面板中新建一个名称为"加重轮廓"的图层，如图8-35所示。按D键将前景色设置为默认的黑色，使用"铅笔"工具✏️加粗黑色轮廓线，使它更加圆润、厚重，如图8-36所示。

02 适当调整前景色在颜色过渡生硬的地方绘制一些小的过渡，使画面看起来更加细腻，如图8-37所示。

图8-35

图8-36

图8-37

8.2 VI设计：制作Logo和名片

- 学习技巧：渐变和图层样式的综合运用，参考线的精确定位方法。
- 学习时间：3小时
- 技术难度：★★★★
- 实用指数：★★★★★

制作圆环

制作花瓣

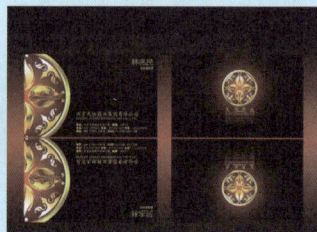
实例效果

8.2.1 名片设计知识

名片主要用于人与人沟通时的信息传递。名片上提供的信息是构成名片的主体，包括文字、标志、图片或图案等。文字信息又包括单位名称、名片持有人姓名、头衔和联系方式等，部分名片还印有经营范围或其他信息。随着时代的发展，名片的设计也趋于个性化，彰显时尚与创意，如图8-38～图8-41所示。

图8-38

图8-39

图8-40

图8-41

8.2.2 制作立体圆环

01 打开一个素材文件（光盘>素材>8.2），该文件中包含制作Logo所需的路径，如图8-42所示。单击"图层"面板下方的"创建新组"按钮 ，新建一个名称为"圆环效果"的图层组，单击"创建新图层"按钮 ，新建一个名称为"圆环"的图层，如图8-43所示。按住Ctrl键单击"圆环"路径，载入选区，在选区内填充黄色（C0、M10、Y90、K0），如图8-44所示。

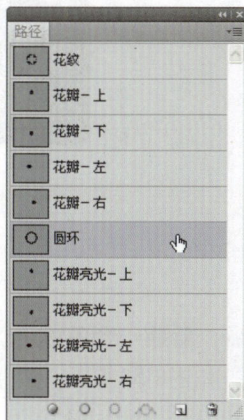

图8-42

图8-43

图8-44

227

02 用魔棒工具 ![icon] 在圆环中心单击，创建选区，执行"选择">"修改">"扩展"命令，将选区扩展15像素，如图8-45所示。按住快捷键Ctrl+Shift+Alt单击"路径"面板中的"圆环"路径，进行选区运算，如图8-46所示。

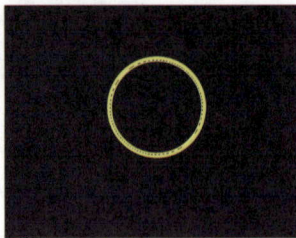 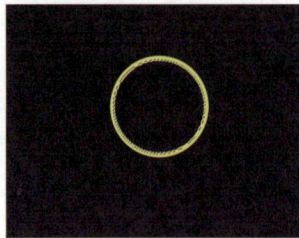

图8-45　　　　　　　　　　　　　　图8-46

03 使用"渐变"工具 ![icon] 在选区内填充黄色-深棕黄的线性渐变，如图8-47和图8-48所示。

04 按快捷键Ctrl+Shift+I反选，按住快捷键Ctrl+Shift+Alt单击"圆环"路径，再次进行选区运算，如图8-49所示。用相同的方法填充渐变色，如图8-50所示。

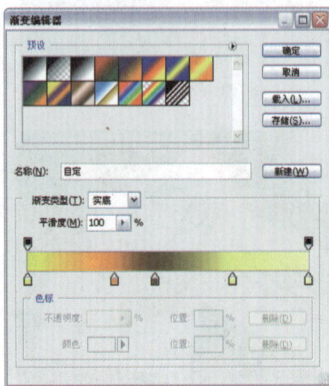   

图8-47　　　　　　　　图8-48　　　　　　　图8-49　　　　　　　图8-50

05 在"圆环"图层上面新建一个名称为"花纹"的图层。按住Ctrl键单击"花纹"路径，载入选区，填充橙黄色，如图8-51所示。为该图层添加"内发光"和"斜面和浮雕"效果，如图8-52～图8-54所示。

图8-51　　　　　　　　图8-52　　　　　　　　　图8-53　　　　　　　图8-54

8.2.3　制作花瓣

01 在"圆环效果"图层组下面新建一个名称为"花瓣"的图层组，新建一个名称为"花瓣-上"的图层。按住Ctrl键单击"花瓣-上"路径，载入选区，填充橙黄色，如图8-55所示。按住Ctrl键单击"花瓣高光-上"路径，载入选区，填充白色-透明的线性渐变，如图8-56和图8-57所示。

图8-55

图8-56

图8-57

→ 提示

中间水滴形的图形可以先选择"套索"工具 🔎，并按住Alt键将不需要的选区圈选并删除，最后在水滴形图形的选区内单独填充白色-透明的渐变。

02 按快捷键Ctrl+Shift+I反选，按快捷键Ctrl+Shit+Alt单击"花瓣-上"路径，选中花瓣上未处理的部分，如图8-58所示。填充深棕黄-黄色的渐变，如图8-59所示。用"减淡"工具 🔍（范围：高光，曝光度：10%）和"加深"工具 🖐（范围：中间调，曝光度：10%）适当涂抹图形，加强花瓣图形的明暗对比，如图8-60所示。

图8-58

图8-59

图8-60

→ 提示

高光部分可以将前景色设置为白色，并用柔角"画笔"工具 🖌 涂抹。用"加深"工具 🖐 涂抹图形时，可以适当调整该工具的模式，使加深的颜色更加自然。

03 用与之前相同的方法制作出"花瓣-左"图形，如图8-61所示。按快捷键Ctrl+J，将"花瓣-左"图形复制到新的图层中。执行"编辑">"变换">"水平翻转"命令，将图形镜像翻转，将该图形放在"花瓣-左"图形的右侧，用"减淡"工具 🔍 和"加深"工具 🖐 涂抹图形，让它的光影变化与整体的光影效果更加一致，如图8-62所示。修改图层名称为"花瓣-右"。用相同的方法制作"花瓣-下"图形，如图8-63所示。

图8-61

图8-62

图8-63

第8章 平面设计项目实战技巧

8.2.4 制作文字

01 在"花瓣"图层组下面新建一个名称为"文字效果"的图层组。选择"横排文字"工具 T，调出"字符"面板，设置参数如图8-64所示。在画面中单击，输入文字"天依药业"，如图8-65所示。

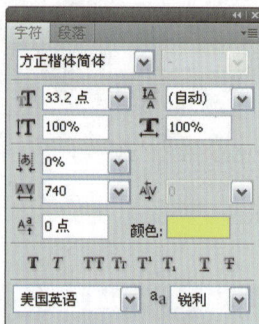

图8-64

图8-65

02 双击该图层，在打开的对话框中选择"渐变叠加"选项，设置参数如图8-66所示，效果如图8-67所示。

03 用相同的方法输入英文，按住Alt键将"天依药业"图层的效果图标 fx 拖曳到英文图层，为其复制相同的渐变叠加样式，效果如图8-68所示。在英文图层上右击，执行"转换为形状"命令，将文字转换为可编辑的矢量图形，如图8-69所示。

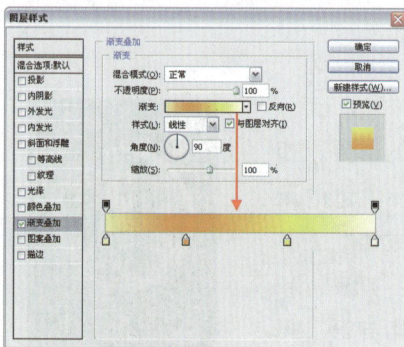

图8-66

图8-67

04 单击英文图层的矢量蒙版缩览图，进入蒙版编辑状态，使用"钢笔"工具 绘制一个弧形图形，如图8-70所示。使用"横排文字"工具 T 在"依"和"药"字样上拖曳鼠标将这两个字选中，适当调整文字的大小，使文字和弧形图形互相对应。调整英文字母时，由于其转换为路径，不能再使用"文字"工具进行编辑了，需要使用"路径选择"工具 选中文字路径，并按快捷键Ctrl+T显示定界框，拖曳控制点对大小做出调整，效果如图8-71所示。

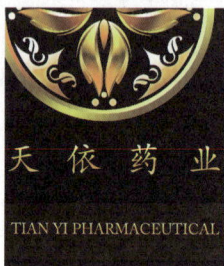

图8-68

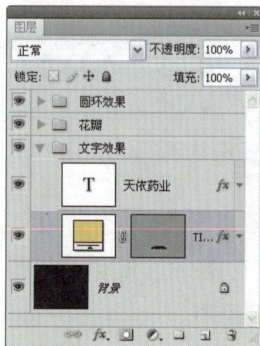

图8-69

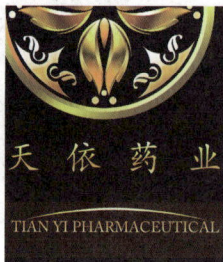

图8-70

图8-71

突破平面 Photoshop CS5 设计与制作深度剖析

PS

230

05 将"文字效果"图层组拖曳到"新建图层"按钮 ⬛ 上复制，按快捷键Ctrl+E合并图层，执行"编辑">"变换">"垂直翻转"命令，进行镜像翻转，如图8-72所示。单击添加蒙版按钮 ⬛，为该图层添加图层蒙版，用黑色-白色的线性渐变填充蒙版，使投影有逐渐变浅消失到背景中的效果，如图8-73和图8-74所示。

图8-72 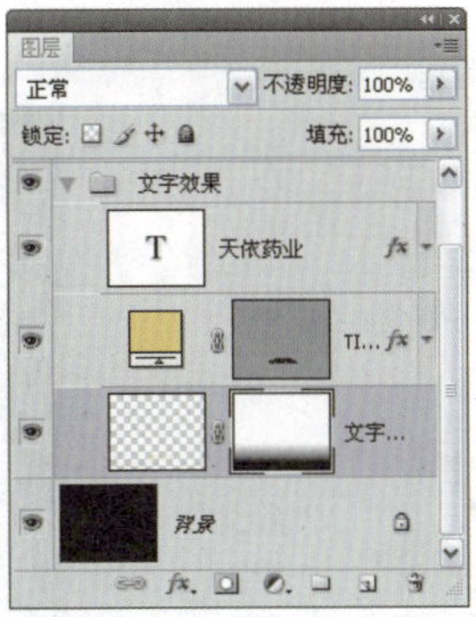　　　　　　　　　　图8-73 　　　　　　　　　　图8-74

06 将前景色设置为红色，用"魔棒"工具 ⬛ 在圆环中心单击，创建选区。选择"背景"图层，选择"渐变"工具 ⬛，单击工具选项栏中的"径向渐变"按钮 ⬛，以圆环的圆心为起点填充红色-透明的径向渐变，如图8-75所示。按快捷键Ctrl+Shift+I反选，用相同的方法再次填充红色-透明的径向渐变，最终效果如图8-76所示。

图8-75　　　　　　　　　　图8-76

➡ **提示**

第1次填充红色-透明渐变时，渐变范围不要超出圆环范围。第2次填充渐变一定要超出圆环范围。

8.2.5　使用设计好的Logo制作名片

01 按快捷键Ctrl+N打开"新建"对话框，设置参数如图8-77所示。

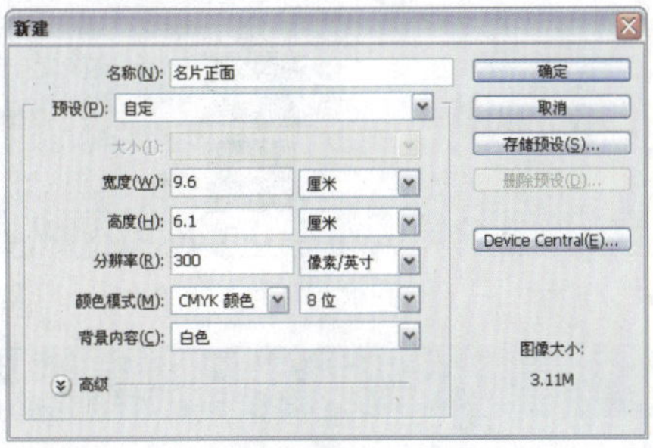

图8-77

02 将背景填充为黑色，按快捷键Ctrl+R显示标尺，执行"视图">"新建参考线"命令，打开"新建参考线"对话框，设置参数如图8-78所示。单击"确定"按钮，创建一条纵向的参考线，设置参数如图8-79所示，创建另外一条参考线，效果如图8-80所示。

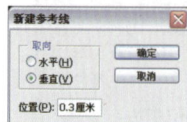

图8-78

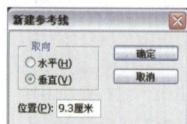

图8-79

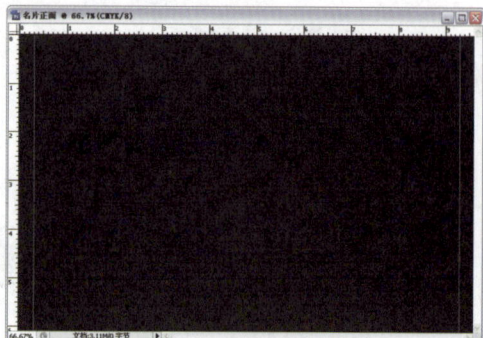

图8-80

03 采用同样方式创建两条水平参考线，如图8-81～图8-83所示。

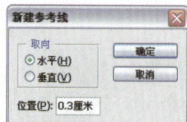

图8-81

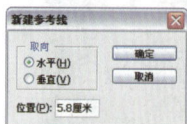

图8-82

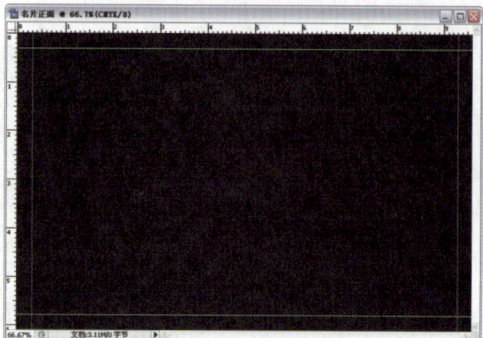

图8-83

04 按快捷键Ctrl+R隐藏标尺。选择Logo文档，单击"文字效果"图层组前的"眼睛"图标，将该图层组隐藏，如图8-84所示。按快捷键Ctrl+Shift+Alt+E盖印可见图层，得到"图层1"，如图8-85所示。使用"移动"工具将盖印的图层拖曳到"名片正面"文档中，并适当调整大小，如图8-86所示。

图8-84

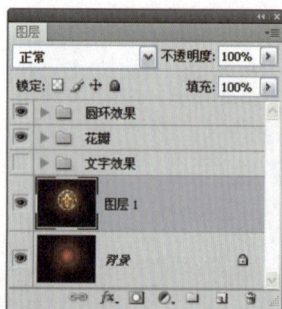

图8-85

图8-86

05 使用"椭圆选框"工具○，按住Shift键创建正圆形选区，将Logo图形选中，按快捷键Ctrl+Shift+I反选，填充黑色，如图8-87所示。将"文字效果"图层组显示出来，按住Ctrl键选中中文与英文图层，按快捷键Ctrl+E合并图层，并拖曳到"名片正面"文档中，如图8-88所示。

图8-87   图8-88

→ 提示

如果图片拖曳到CMYK模式的文档中光泽变暗，可以打开"色相/饱和度"对话框，适当增加图形颜色的饱和度。

06 为文字图层添加"外发光"效果，如图8-89和图8-90所示。

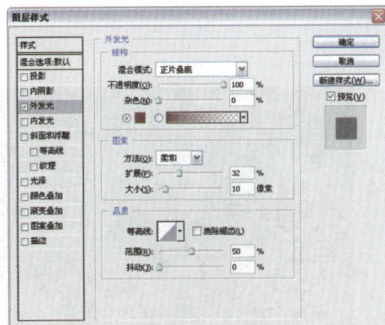

图8-89   图8-90

07 用"横排文字"工具T输入名片的文字信息，如图8-91所示。

08 执行"图像">"复制"命令，打开如图8-92所示的对话框，输入文档名称，单击"确定"按钮复制文档。在文档内填充黑色做背景色。将Logo文档中所有图层拖曳到"名片背面"文档中，按快捷键Ctrl+T显示定界框，按住Shift键拖曳控制点将图形适当缩小，效果如图8-93所示。

图8-91

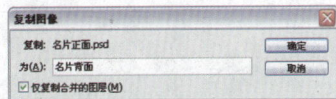

图8-92

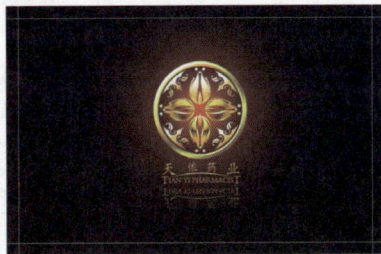

图8-93

8.2.6 制作名片展示效果图

01 按快捷键Ctrl+N打开"新建"对话框，创建一个A4大小的CMYK模式文件。

02 执行"图像">"旋转画布">"90度（顺时针）"命令旋转画布，选择"渐变"工具，单击工具选项栏中的"对称渐变"按钮，填充暗红色-黑色渐变做背景色，如图8-94所示。在"图层"面板中按住Shift键单击"名片正面"文档和"名片背面"文档的全部图层，将它们选中，并拖曳到"名片展示"文档中，适当调整"名片正面"和"名片背面"图形的大小，如图8-95所示。

图8-94

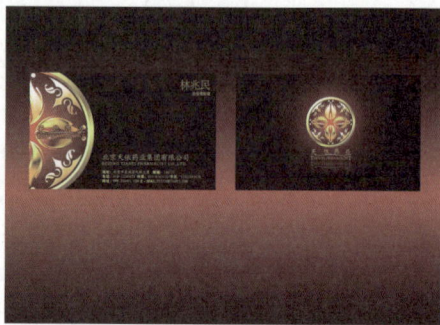

图8-95

03 复制正面与背面图像，执行"编辑">"变换">"垂直翻转"命令，翻转图像并向下移动，制作名片的倒影，如图8-96所示。单击"添加蒙版"按钮，为该图层添加图层蒙版，用"渐变"工具填充黑色-白色的线性渐变，如图8-97所示。最终效果如图8-98所示。

图8-96

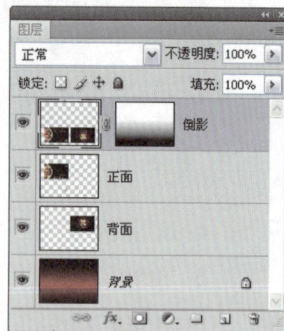

图8-97

图8-98

8.3 平面广告：照明灯具广告

- 学习技巧：灵活运用图层蒙版技术，将人物与灯泡合成为一幅创意独特的平面广告。
- 学习时间：1.5小时
- 技术难度：★★★★
- 实用指数：★★★★★

素材　　　　　　　　　　　实例效果

8.3.1 平面广告的分类

平面广告按照广告性质可分为社会性广告（非营利性）和商业性广告（营利性）两种。社会性广告主要是指保护环境、预防疾病等对社会有意义且大众所关心的广告，如图8-99和图8-100所示；商业性广告是指传达企业形象、品牌信息、推销商品和服务等带有商业目的的广告，如图8-101和图8-102所示。平面广告按照媒介可分为报纸和杂志类广告、广播电视广告、户内和户外广告（灯箱、招牌等）、邮寄广告（DM广告）、网络广告和交通广告（车体广告）。

图8-99

图8-100

图8-101

图8-102

8.3.2 选择图像素材

01 打开一个文件（光盘>素材>8.3a）。单击"路径"面板中的"路径1"，显示灯泡路径，如

图8-103和图8-104所示。按下快捷键Ctrl+Enter将路径转换为选区，如图8-105所示。

图8-103　　　　　　　　图8-104　　　　　　　图8-105

02 按快捷键Ctrl+N打开"新建"对话框，创建一个A4大小、分辨率为200像素/英寸的RGB文件。将背景填充为洋红色。使用"移动"工具 ➤ 将"灯泡"移动到新建的平面广告文档中，如图8-106所示。双击"灯泡"所在的图层，打开"图层样式"对话框，选择"内发光"选项，设置发光颜色为洋红色，如图8-107和图8-108所示。

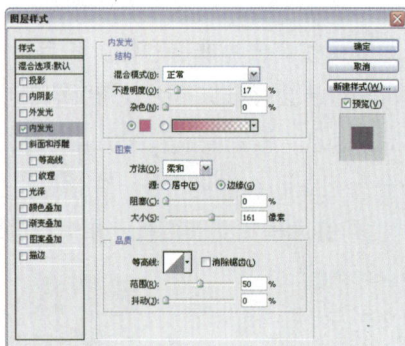

图8-106　　　　　　　　　图8-107　　　　　　　　图8-108

03 打开一个文件（光盘>素材>8.3b），使用"魔棒"工具 ✦ （容差：26）按住Shift键在背景上单击，将背景全部选取，按快捷键Ctrl+Shift+I反选，如图8-109所示。单击工具选项栏中的"调整边缘"按钮，在打开的对话框中设置参数，如图8-110所示。对选区进行平滑处理，使用"移动"工具 ➤ 将"人物"移动到平面广告文档中，如图8-111所示。

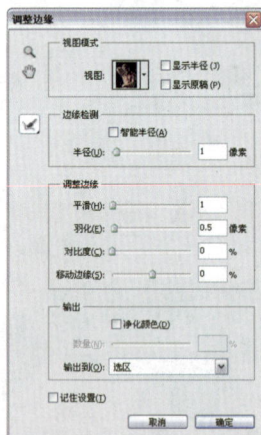

图8-109　　　　　　　图8-110　　　　　　　图8-111

→ 提示

　　"调整边缘"命令可以提高选区边缘的品质并允许对照不同的背景查看选区，在"调整边缘"对话框中按F键可以循环显示各种预览模式，按X键可以临时查看图像。

突破平面 Photoshop CS5 设计与制作深度剖析

PS

8.3.3 影像创意合成

01 在"图层"面板中按住Alt键向下拖曳人物所在的图层，到达"背景"图层上时释放鼠标，复制出一个图层，如图8-112所示。隐藏"图层2副本"，选中"图层2"，设置不透明度为75%，这样可以看到灯泡的范围，以方便制作蒙版。按快捷键Ctrl+T显示定界框，按住Shift键拖曳定界框的一角将人物略微缩小。单击 ▣ 按钮添加图层蒙版，如图8-113所示。

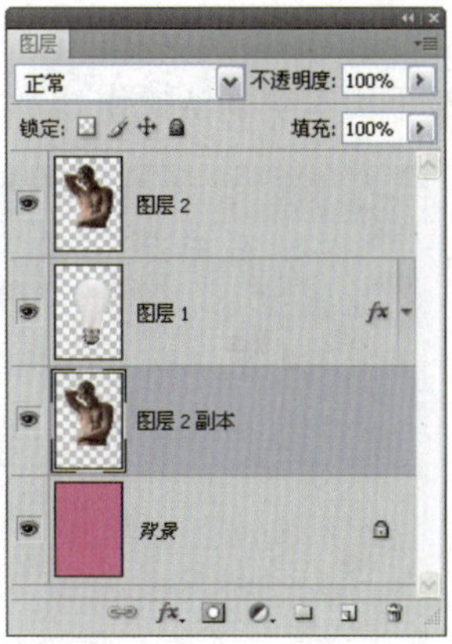

图8-112

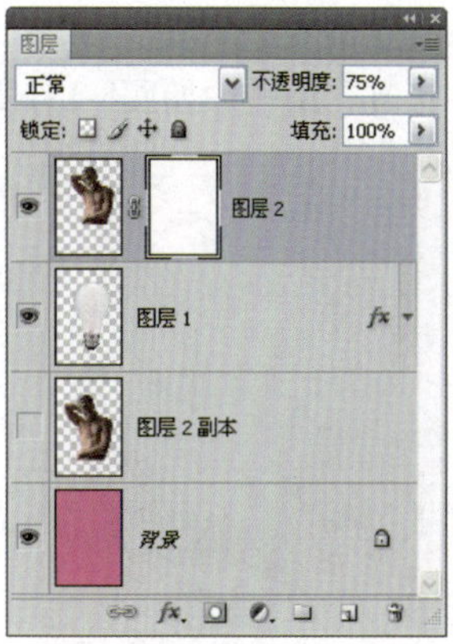

图8-113

02 按住Ctrl键单击"图层1"的缩览图，载入"灯泡"的选区，如图8-114所示；选择"画笔"工具 ✐ ，设置为尖角200px，在蒙版中涂抹黑色，将灯泡范围内的人体除手腕外的区域隐藏，如图8-115所示。在描绘到手腕区域时，可以按[键将画笔调小进行精确绘制，如图8-116所示。

图8-114

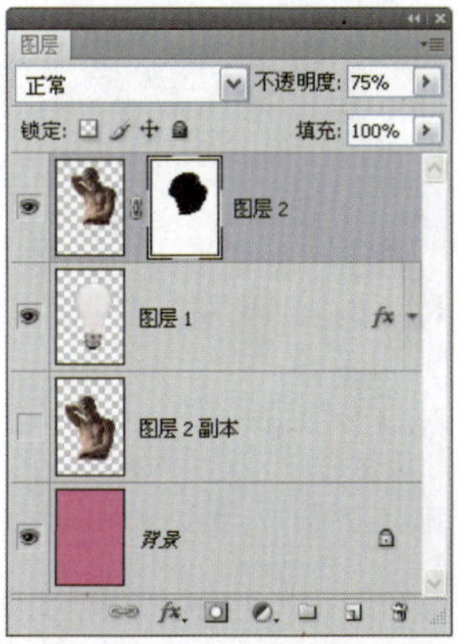

图8-115

图8-116

03 在描绘到手部投影时，可适当多留出一些区域，采用快捷键创建直线的方式比较方便，先在一点单击，并按住Shift键在另外一点单击形成直线，如图8-117所示。选择柔角"画笔"工具 ✐ ，设置大小为100px，不透明度为20%，在直线边缘上拖曳使其变浅、变柔和，如图8-118所示。

图8-117

图8-118

04 按快捷键Ctrl+Shift+I反选，使用"画笔"工具 ✎ 继续在蒙版中绘制，将腰部区域隐藏，按快捷键Ctrl+D取消选择，将该图层的不透明度恢复为100%，效果如图8-119所示。

05 显示并选中"图层2副本"图层，如图8-120所示，按快捷键Ctrl+T显示定界框，将图像向逆时针方向旋转，如图8-121所示。按下回车键确认操作。

图8-119

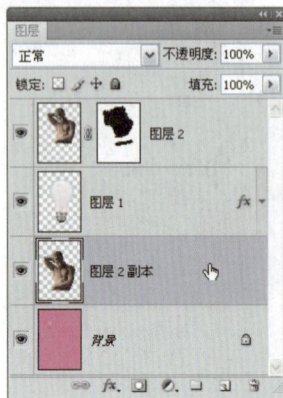

图8-120

图8-121

06 使用"多边形套索"工具 ✑ 选中除左臂以外的区域，如图8-122所示，按住Alt键单击 ▣ 按钮创建一个反相的蒙版，将选区内的图像隐藏，如图8-123和图8-124所示。

图8-122

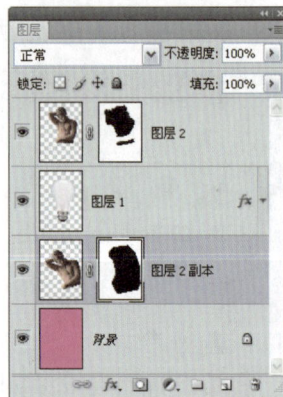

图8-123

图8-124

07 在工具选项栏中设置画笔工具为柔角笔尖，不透明度调整为80%。按F5键调出"画笔"面板，调整直径为1400px，圆度为15%，如图8-125所示；在"图层"面板最上方新建一个图层，使用"画笔"工具 ✎ 在画面中单击，绘制投影，如图8-126所示。

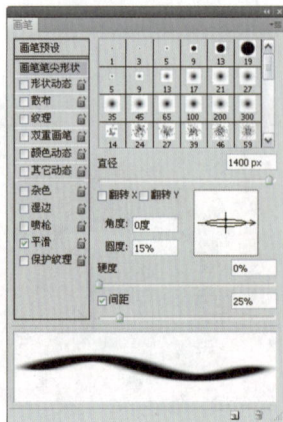

图8-125

图8-126

08 选择"圆角矩形"工具▢，单击工具选项栏中的"路径"按钮▨，设置半径为30厘米，在画面中创建一个圆角矩形路径，如图8-127所示；按下Ctrl+Enter组合键将路径转换为选区，如图8-128所示。

09 执行"编辑">"描边"命令，在打开的对话框中设置描边宽度为8px，颜色为白色，位置为居外，如图8-129和图8-130所示。

10 选择"横排文字"工具**T**，在工具选项栏中设置字体及大小，输入文字，如图8-131所示。完成后的效果如图8-132所示。

图8-127

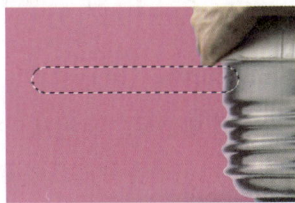

图8-128

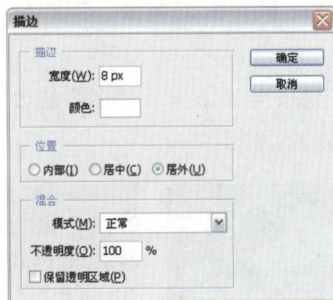

图8-129

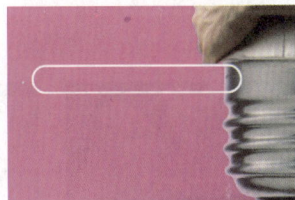

图8-130

图8-131

图8-132

8.4 海报设计：音乐节海报

- 学习技巧：用滤镜制作条纹，用画笔制作墨点，通过变换选区制作立体字。
- 学习时间：1.5小时
- 技术难度：★★★
- 实用指数：★★★★★

素材

实例效果

8.4.1 海报的分类与构成要素

海报即招贴，是指张贴在公共场所的告示和印刷广告。海报的设计理念、表现手法较之其他广告媒介更具典型性。海报从用途上分为3类，即商业海报、艺术海报和公共海报。

- 商业海报包括各种商品的宣传海报、服务类海报、旅游类海报、文化娱乐类海报、展览类海报和电影海报等。如图8-133所示为服装海报，如图8-134所示为电影海报。

- 艺术海报包括各类画展、设计展、摄影展的海报，如图8-135所示为平面设计大师福田繁雄的作品。

- 公共海报包括宣传环境保护、交通安全、防火、禁烟等的公益海报，以及体育海报等非公益性海报。如图8-136所示为禁烟海报。

图8-133　　　　　　　图8-134　　　　　　　图8-135　　　　　　　图8-136

> **➡ 提示**
>
> 　　图形、色彩和文案是构成海报的3个要素。海报中的图形一般是指文字以外的视觉元素，它的表现形式主要有摄影、绘画、装饰图案、标志和漫画等。色彩是重要的视觉元素，它会使人产生不同的联想和心理感受。海报的文案包括海报的标题、正文、标语和随文等，应与海报中的图形、色彩有机结合，产生最佳的视觉效果。

8.4.2 制作彩纹底图

01 打开一个文件（光盘>素材>8.4），如图8-137所示。这是一个PSD格式的分层文件，"图层"面板中包含6个图层，如图8-138所示。

图8-137

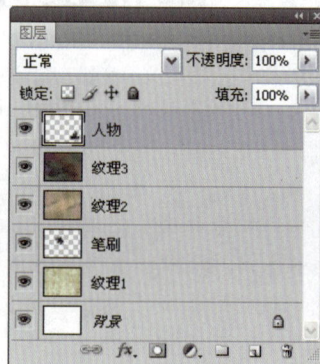

图8-138

02 在"背景"图层上方新建一个名称为"底纹"的图层，填充白色，隐藏其他图层，如图8-139所示。执行"滤镜">"素描">"半调图案"命令，打开"滤镜库"，设置参数如图8-140所示。效果如图8-141所示。

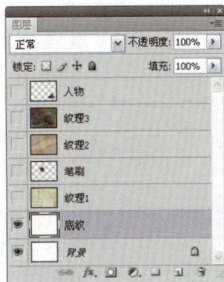
图8-139

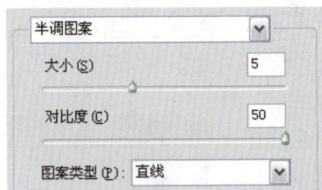
图8-140

图8-141

03 按快捷键Ctrl+T显示定界框，拖曳一角将图像旋转，如图8-142所示。

04 在"图层"面板中将图层的填充不透明度设置为15%。单击"添加图层蒙版"按钮，为该图层创建蒙版，使用"渐变"工具填充黑白渐变，蒙版状态如图8-143所示，图像效果如图8-144所示。

图8-142

图8-143

图8-144

05 将前景色设置为蓝色，选择"钢笔"工具，单击工具选项栏中的"形状图层"按钮，绘制出如图8-145所示的形状。将前景色调整为洋红色，再绘制如图8-146所示的形状，在"图层"面板中生成"形状1"和"形状2"两个图层，如图8-147所示。

图8-145

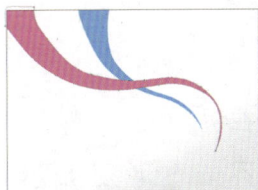
图8-146

图8-147

06 用同样方法制作出更多的彩条形状，如图8-148所示。得到相应的形状图层。按住Shift键选中所有形状图层，按快捷键Ctrl+G将它们编入一个组内，修改组的名称为"彩条"，如图8-149所示。

图8-148

图8-149

07 按快捷键Ctrl+Alt+E盖印图层，得到"彩条（合并）"图层。显示"纹理1"，按快捷键Ctrl+Alt+G创建剪贴蒙版，设置图层的混合模式为"明度"，如图8-150和图8-151所示。

08 显示"笔刷"图层，按住Ctrl键单击图层的缩览图载入笔刷选区，执行"编辑">"定义画笔预设"命令，弹出"画笔名称"对话框，如图8-152所示。单击"确定"按钮，将选区内的图像定义为画笔。按下Delete键删除选区内容，按快捷键Ctrl+D取消选择。

09 将前景色调整为浅蓝色，在工具选项栏中设置画笔的不透明度为30%，按下F5键调出"画笔"面板，选中定义的画笔，如图8-153所示。在画布的左上角多次单击，如图8-154所示。调整前景色继续单击，效果如图8-155所示。

图8-150

图8-151

图8-152

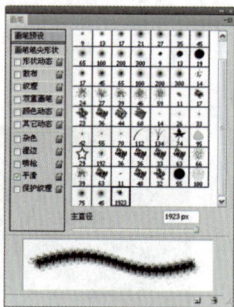

图8-153

图8-154

图8-155

8.4.3 制作立体文字效果

01 选择"横排文字"工具 **T**，在工具选项栏中设置字体和大小，在画面中单击输入文字（小字的大小为16点），按快捷键Ctrl+T显示定界框，旋转文字，如图8-156和图8-157所示。

图8-156

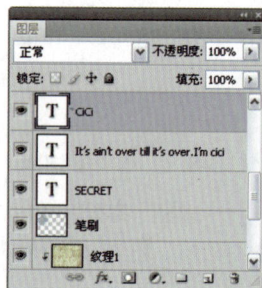

图8-157

02 按住Ctrl键单击当前文字的缩览图，载入文字的选区，按住快捷键Ctrl+Shift继续单击另外两个文字图层的缩览图添加选区；执行"选择">"修改">"扩展"命令，在弹出的对话框中设置参数为22，选区效果如图8-158所示。选择"多边形套索"工具 ，按住Shift键选择选区中镂空的部分，使整个大的选区内不再有镂空的小选区，将光标放在选区内（光标变为▶状），将选区向右下方移动，如图8-159所示。

图8-158

图8-159

03 在文字图层下方新建一个图层。将前景色设置为洋红色，按快捷键Alt+Delete填充颜色，如图8-160和图8-161所示。

04 使用"移动"工具▶⊕按住Alt键，将"图层1"图层内的图形向右下方向移动，将"图层1 副本"图层拖到"图层1"的下面，如图8-162所示。按住Ctrl键单击"图层1 副本"的缩览图载入选区，将前景色调整为深红色，按快捷键Alt+Delete进行填充，如图8-163所示。

图8-160

图8-161

图8-162

图8-163

05 按住Ctrl键单击该图层的缩览图，载入选区，在选择"移动"工具的状态下，按住Alt键的同时分别按↑和←键将图形向左上方移动，移动的同时会复制图像，按快捷键Ctrl+D取消选择，如图8-164所示。

06 选择"图层1 副本"至文字图层"CICI"之间所有图层，如图8-165所示，按快捷键Ctrl+G创建图层组，修改组的名称为"文字"，如图8-166所示。

图8-164

图8-165

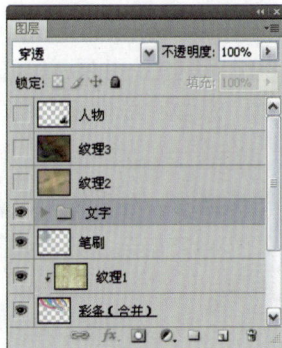

图8-166

8.4.4　调整画面效果

01 复制"纹理1"图层，得到"纹理1 副本"图层，将它拖曳到组"文字"的上面，修改图层的混合模式为"正片叠底"，填充不透明度设置为20%。单击"添加图层蒙版"按钮 ⬜，按D键恢复系统默认的前景色和背景色，选择"渐变"工具 ▣，为蒙版添加线性黑白渐变，如图8-167和图8-168所示。

02 选择"纹理2"图层，修改图层混合模式为"柔光"，如图8-169和图8-170所示。

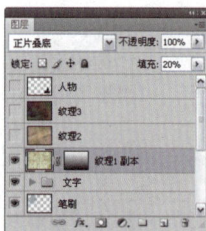   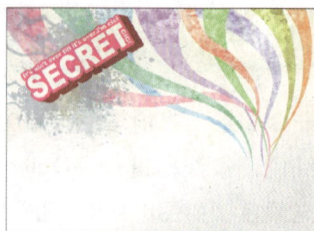

图8-167　　　　　　　图8-168　　　　　　　图8-169　　　　　　　图8-170

03 将"纹理3"的混合模式设置为"叠加"，如图8-171和图8-172所示。

图8-171　　　　　　　图8-172

8.4.5　补充图形和文字

01 显示"人物"图层，如图8-173所示。选择"横排文字"工具 T，在人物图形下方输入文字，如图8-174所示。

图8-173　　　　　　　图8-174

02 单击"图层"面板底部的"添加图层样式"按钮 *fx*，选择"描边"选项，打开"图层样式"对话框，设置参数如图8-175所示，效果如图8-176所示。

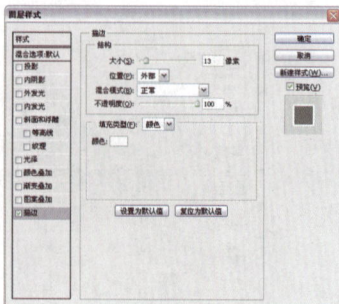 

图8-175　　　　　　　图8-176

03 按快捷键Ctrl+J复制文字图层，按快捷键Ctrl+[将其向下移动一个位置，位于白色描边文字的下面，如图8-177所示。双击该图层，在打开的对话框中修改参数，如图8-178和图8-179所示。画面整体效果如图8-180所示。

图8-177

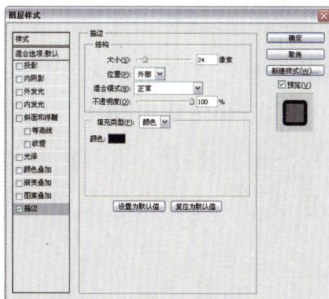

图8-178

图8-179

图8-180

8.5 包装设计：易拉罐

- 学习技巧：创建3D易拉罐模型，为它贴商标，通过"曲线"调整增强金属质感。在3D场景中添加和修改光源，制作出具有真实质感和空间感的易拉罐效果图。
- 学习时间：1小时
- 技术难度：★★★★
- 实用指数：★★★★

实例效果

8.5.1 关于包装

包装是产品的第一推销员，好的商品要有好的包装来衬托才能充分体现其价值。每种商品都有各自不同的属性，包装设计首先应按照商品的属性进行定位，如贵重洋酒的包装结构严谨，构图与色彩庄重，以体现高贵、历史悠久的特点；面向普通消费者的饮料包装可以形式多样，色彩鲜艳，以增加产品的竞争力。商品的包装应向消费者传递一个完整的信息，即这是一种什么样的商品，这种商品的特色是什么，它适用哪些消费群体。另外还要突出品牌，巧妙地将色彩、文字和图形组合，形成有一定冲击力的视觉形象。此外，还应便于运输、陈列和消费者使用。如图8-181~图8-184所示为不同种类的包装。

图8-181

图8-182

图8-183

图8-184

8.5.2　制作易拉罐模型

01 按快捷键Ctrl+N，打开"新建"对话框，创建一个文档，如图8-185所示。选择"渐变"工具▢，在工具选项栏中单击"径向渐变"按钮▢，在画面中填充渐变颜色，如图8-186所示。

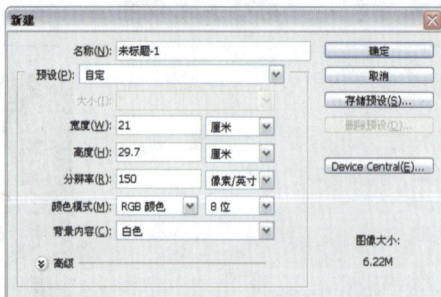
图8-185

图8-186

02 单击"图层"面板底部的▢按钮，新建一个图层。执行3D>"从图层新建形状">"易拉罐"命令，在该图层中创建一个"3D易拉罐"，如图8-187和图8-188所示。

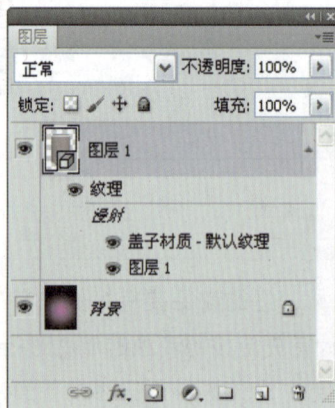
图8-187

图8-188

03 调出3D面板，先来调一下罐体的颜色和光泽度。单击"标签"材质，显示具体选项，如图

8-189所示，它代表的是易拉罐的罐体；单击"漫射"选项右侧的颜色块打开"拾色器"对话框，将罐体颜色调为白色，再调整"光泽"和"闪光"参数，如图8-190和图8-191所示。

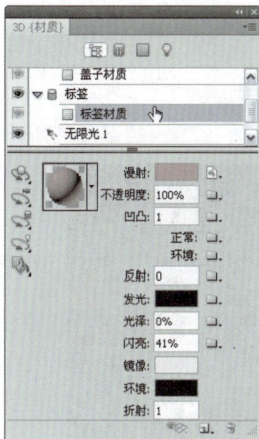

图8-189

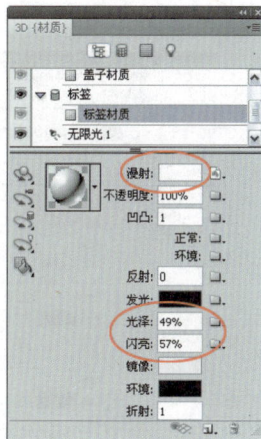

图8-190

图8-191

8.5.3 为3D模型贴商标

01 单击"漫射"选项右侧的图标，在菜单中执行"载入纹理"命令，如图8-192所示。在弹出的对话框中选择贴图文件（光盘>素材>8.5a），将它贴在罐体表面，如图8-193和图8-194所示。

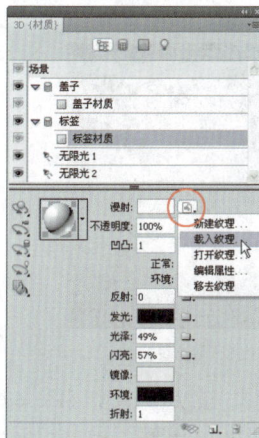

图8-192

图8-193

图8-194

02 用"3D对象旋转"工具旋转罐体，将商标显示到前方，如图8-195所示；用"3D对象比例"工具在画面中单击并向下拖曳鼠标，将易拉罐缩小，如图8-196所示；用"3D对象平移"工具将它移到画面下方，如图8-197所示。

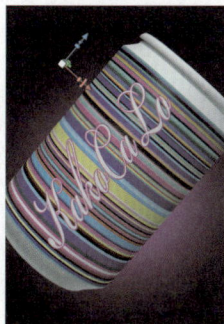

图8-195

图8-196

图8-197

03 在3D面板中选中"盖子材质"，它代表的是易拉罐顶部和底部的盖子，如图8-198所示。单击"漫射"选项右侧的颜色块，打开"拾色器"对话框，将盖子颜色调为灰色（R216、G216、B216），再调整"光泽"和"闪光"参数，如图8-199和图8-200所示。

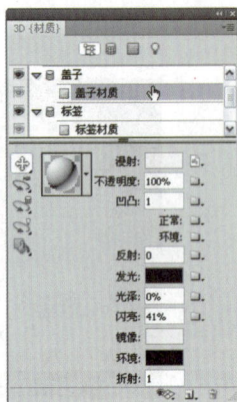

图8-198

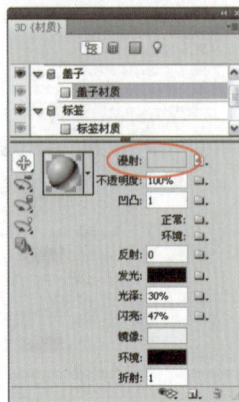

图8-199

图8-200

04 现在易拉罐还没有表现出应有的金属质感，需要用"曲线"功能调整。单击"调整"面板中的 ▦ 按钮，创建"曲线"调整图层。将曲线调整为"之"字形，如图8-201所示，使部分图像反相，即可产生金属光泽。按快捷键Ctrl+Alt+G创建剪贴蒙版，使调整只对"易拉罐"有效，不会影响到背景，如图8-202和图8-203所示。

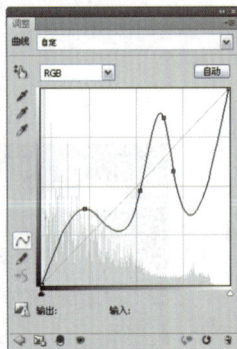

图8-201

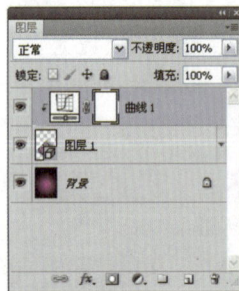

图8-202

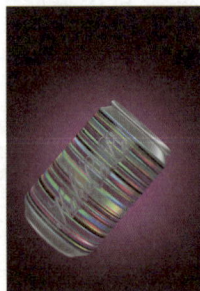

图8-203

05 使用"快速选择"工具 选中罐体上的贴图，如图8-204所示。按快捷键Alt+Delete，在调整图层的蒙版中填充黑色，让贴图恢复为原有效果，按快捷键Ctrl+D取消选择，如图8-205和图8-206所示。

图8-204

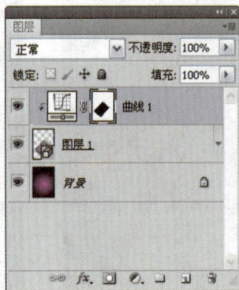

图8-205

图8-206

8.5.4 在3D场景中布置灯光

01 选中"易拉罐"所在的"图层 1",如图 8-207 所示。现在场景中有两盏默认的灯光,分别是无限光 1 和无限光 2。在 3D 面板中单击"无限光 1",并选择"3D 光源旋转"工具 🔧,再单击面板底部的图标 🔧 按钮,打开菜单执行"3D 光源"命令,让光源在画面中显示出来,如图 8-208 和图 8-209 所示。

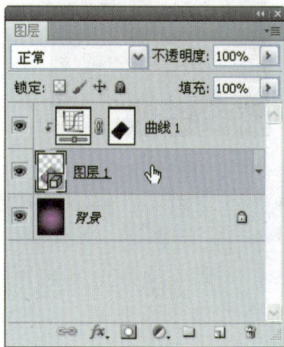

图8-207

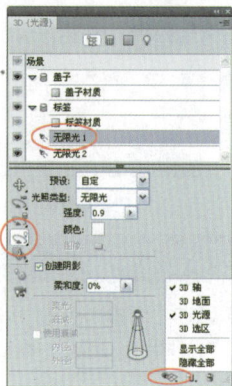

图8-208

图8-209

02 将灯光"强度"设置为1.3,如图8-210和8-211所示,在画面中单击并拖曳鼠标,调整光源位置,如图8-212所示。

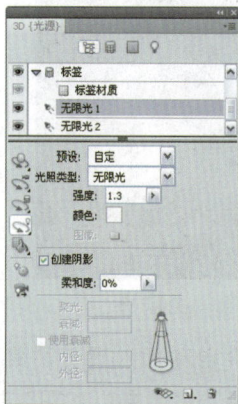

图8-210

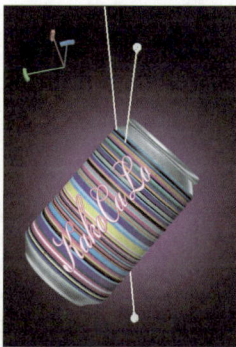

图8-211

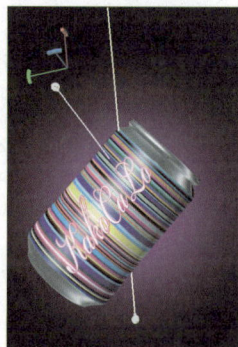

图8-212

03 选择"无限光2",将它的"强度"设置为0.18,并调整位置,如图8-213和图8-214所示。

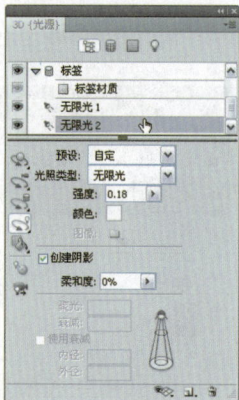

图8-213

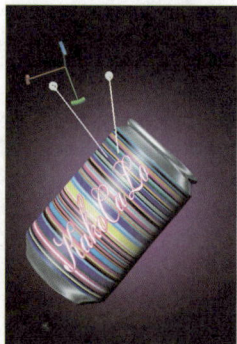

图8-214

04 单击3D面板底部的 ⬛ 按钮，在打开的菜单中选择"无限光"选项，新建一盏灯光，将它的"强度"设置为0.35，如图8-215和图8-216所示。

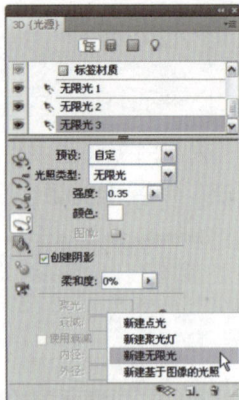

图8-215

图8-216

➡ **提示**

在Photoshop的3D场景里，可以创建3种灯光。点光像灯泡一样，可以向各个方向照射；聚光灯能照射出可调整的锥形光柱；无限光像太阳光，可以从一个方向平面照射。

05 单击"颜色"选项右侧的颜色块，打开"拾色器"对话框，将灯光颜色调整为淡红色（R253、G148、B148），如图8-217所示。这盏灯光用于表现环境光在"易拉罐"上产生的反射。修改颜色之后，再调整一下灯光的位置，如图8-218所示。

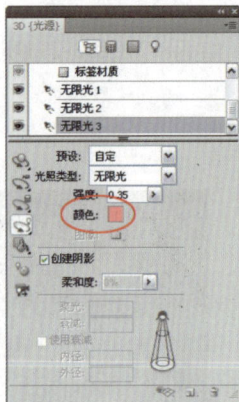

图8-217

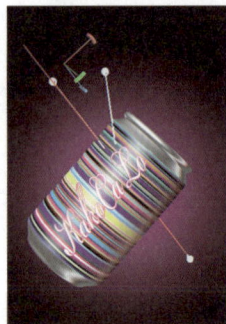

图8-218

06 单击"调整"面板中的 ⬛ 按钮，创建"曲线"调整图层（它会自动加入到剪贴蒙版组中），将易拉罐调暗一些，如图8-219所示。将该图层移动到"图层"面板的最顶层，如图8-220和图8-221所示。

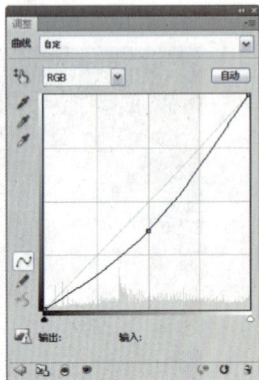

图8-219

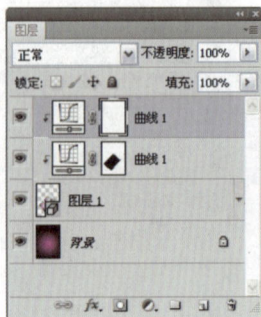

图8-220

图8-221

07 在"背景"图层上方新建一个图层,用柔角"画笔"工具 ✎ 绘制出"易拉罐"的投影,如图 8-222和图8-223所示。最后再加一些素材(光盘>素材>8.5b),让画面内容更加丰富,如图8-224所示。

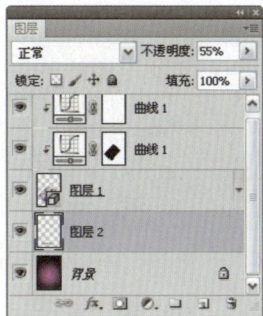

图8-222

图8-223

图8-224

8.6 艺术插画设计:花蕊城堡

- 学习技巧:将不同场景的图片合成在一起,表现明暗、虚实、景深等效果。
- 学习时间:2小时
- 技术难度:★★★★
- 实用指数:★★★★★

素材

实例效果

8.6.1 插画的风格

插画作为视觉传达体系(平面设计、插画、商业摄影)的一部分,广泛地运用于平面广告、海报、封面等设计的内容中。插画以其直观的形象性、真实的生活感和艺术感染力,在现代设计中占有特殊的地位。插画的风格也是丰富多彩的,形成了表现形式的多样性。

- 装饰风格:装饰风格的插画往往注重形式美感的设计,设计者所要传达的含义都是较为隐性的,在这类插画中多采用装饰性的纹样,构图精致、色彩协调,如图8-225所示。

图8-225

- 动漫风格：在插画中使用动画、漫画和卡通形象可以增加插画的趣味性，如图8-226所示。

图8-226

- Mix & match风格：Mix意为混合、掺杂，match意为调和、匹配。从字面不难理解，Mix & match风格的插画能够融合许多独立的，甚至互相冲突的艺术表现方式，使之呈现协调的整体风格，如图8-227所示。
- 线描风格：线描风格的插画利用线条和平涂的色彩作为表现形式，具有单纯和简洁的特点，如图8-228所示。

图8-227

图8-228

- 矢量风格：矢量风格的插画能够充分体现图形的美感，如图8-229所示。
- 涂鸦风格：涂鸦（Graffiti）形成于上世纪70年代初的纽约，它是一种结合了Hip Hop文化的涂写艺术，具有强烈的反叛色彩和随意的风格。涂鸦风格的插画具有粗犷的美感，自由、随意且充满了个性，如图8-230所示。

图8-229

图8-230

8.6.2 将不同景物合成在一起

01 按快捷键Ctrl+O，打开一个文件（光盘>素材>8.6a），如图8-231所示。选择"魔棒"工具，在工具选项栏中设置容差为30，单击"添加到选区"按钮，在背景上连续单击，包括花蕊空

隙部分的细小背景区域，将背
景全部选中，如图8-232所示。
按快捷键Ctrl+Shift+ I反选，选
中花朵，如图8-233所示。

图8-231　　　　　　　图8-232　　　　　　　图8-233

02 单击工具选项栏中的
"调整边缘"按钮，打开"调
整边缘"对话框，在"视图"
下拉列表中选中红色的背景作
为衬托，这与即将制作的背景
颜色相近，也能更好地查看花
朵边缘是否还有杂色。设置平
滑参数为1，对比度为2，如图
8-234和图8-235所示。

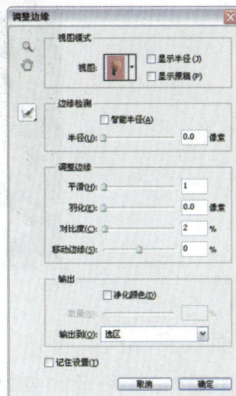 

图8-234　　　　　　图8-235

03 打开一个文件（光盘>素材>8.6b），如图8-236所示。使用"移动"工具将选区内的花朵
拖到背景文档中，将所在图层命名为"花朵"，如图8-237和图8-238所示。

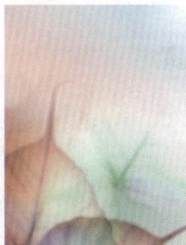  

图8-236　　　　　　　图8-237　　　　　　　图8-238

04 打开一个文件（光盘>素材>8.6c），如图8-239所示。打开"通道"面板，分别单击红、绿和
蓝色通道，查看各通道的对比度，其中红色通道中白云与天空的对比效果最强烈。将红色通道拖曳到
面板底部的按钮上进行复制，如图8-240所示，当前窗口中显示红色通道图像，如图8-241所示。

 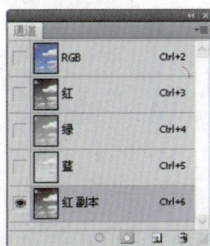 

图8-239　　　　　　　图8-240　　　　　　　图8-241

05 按快捷键 Ctrl+L 打开"色阶"对话框，单击黑场吸管 ✎，如图 8-242 所示。将光标放在如图 8-243 所示的位置单击，将比该区域暗的像素都转换为黑色，如图 8-244 所示。此时的"色阶"面板如图 8-245 所示。

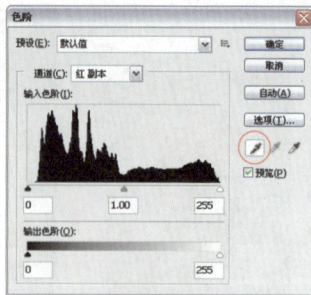

图8-242

图8-243

图8-244

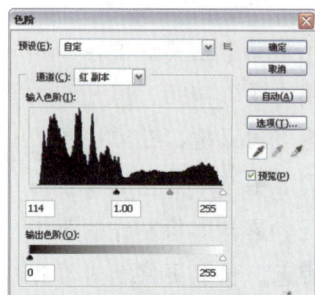

图8-245

06 单击"通道"面板底部的 ⚪ 按钮，载入通道中的选区，按快捷键Ctrl+2返回RGB彩色图像编辑状态，选区效果如图8-246所示。使用"移动"工具 ⊹ 将选区内的云彩图像拖到"花朵"文档中，如图8-247所示。

07 云彩的边缘还有一些杂色需要处理。双击云彩所在图层，打开"图层样式"对话框，选择"内发光"选项，设置参数如图8-248所示，效果如图8-249所示。

图8-246

图8-247

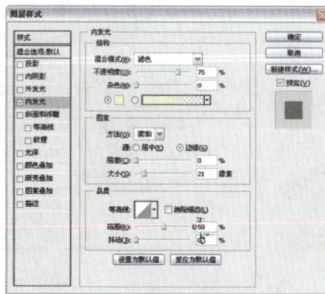

图8-248

图8-249

08 按快捷键Ctrl+[将云彩图层移到花朵图层下方，如图8-250所示。选择"橡皮擦"工具 ✐，设置不透明度为30%，适当擦除画面下方的云彩，使这部分云彩变淡，如图8-251所示。

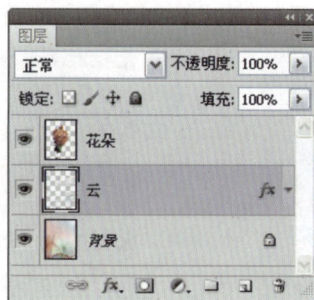

图8-250

图8-251

09 单击"图层"面板底部的 🔲 按钮，新建一个图层，命名为"花朵明暗"。选择"渐变"工具 🔲，单击"径向渐变"按钮 🔲，在渐变面板中选择"前景到透明"渐变，如图8-252所示。在花朵左下方填充"黑色到透明"径向渐变。将前景色设置为白色，在花朵右上方填充"白色到透明"径向渐变，效果如图8-253所示。

10 设置该图层的混合模式为"柔光"，按快捷键Ctrl+Alt+G创建剪贴蒙版，使该图层不会影响到花朵以外的区域，如图8-254和图8-255所示。

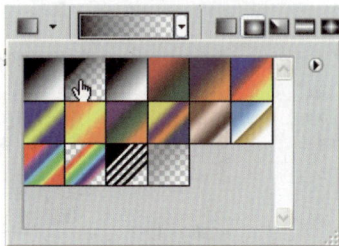
图8-252

图8-253

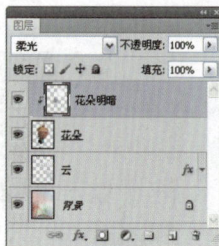
图8-254

图8-255

11 单击"调整"面板中的 🔳 按钮，创建"可选颜色"调整图层，分别在"颜色"下拉列表中选择红色、黄色、绿色和中性色，设置参数如图8-256~图8-259所示。单击面板底部的 🔘 按钮，创建剪贴蒙版，如图8-260所示。通过调整颜色使花朵色调变得明亮，如图8-261所示。

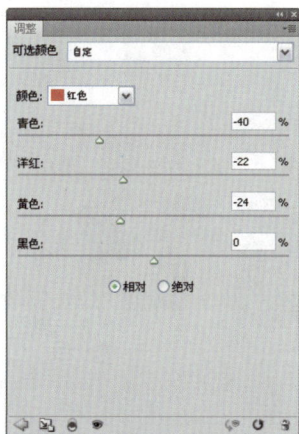
图8-256

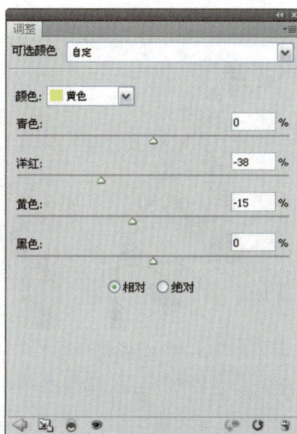
图8-257

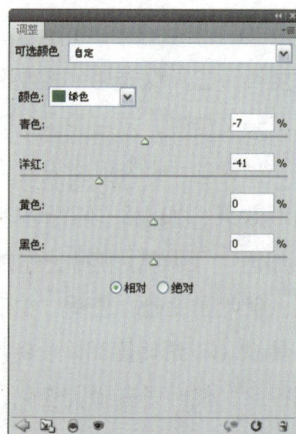
图8-258

图8-259

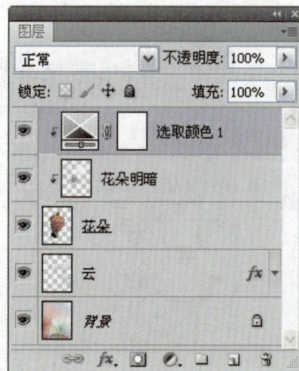
图8-260

图8-261

255

8.6.3　制作景深效果

01　打开一个文件（光盘>素材>8.6d），如图8-262所示。使用"魔棒"工具 选取白色的背景，按快捷键Ctrl+Shift+I反选，将"植物"选中，使用"移动"工具 将植物拖到"花朵"文档中，如图8-263所示。

02　执行"滤镜">"模糊">"高斯模糊"命令，设置模糊半径为10像素，如图8-264和图8-265所示。

图8-262

图8-263

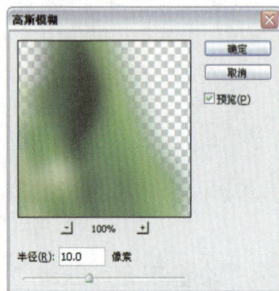
图8-264

图8-265

03　打开一个文件（光盘>素材>8.6e），如图8-266所示。使用"魔棒"工具 选中"植物"，拖到花朵文档中，放在花朵的下方，按快捷键Ctrl+F为植物设置同样的模糊效果，如图8-267所示。使用"加深"工具 为叶子作加深处理，使叶子变暗；使用"橡皮擦"工具 （不透明度30%）将叶子顶部擦除，使叶子有虚实变化，如图8-268所示。

图8-266

图8-267

图8-268

8.6.4　合成小物品

01　打开一个文件（光盘>素材>8.6f），这是一个分层文件，包括从各种素材中选中的房子、楼梯、窗子、路灯、鸽子、邮箱等，如图8-269和图8-270所示。它们都是使用"魔棒"工具 或快捷选择工具 选取的。

图8-269

图8-270

02 使用"移动"工具 ▸+ 将素材中的"房子"图层拖到花朵文档中，放在"背景"图层上方，如图8-271和图8-272所示。

03 按快捷键Ctrl+F6切换到素材文档中，将"物品"图层组拖到花朵文档中，按快捷键Ctrl+Shift+] 将其移至顶层，如图8-273和图8-274所示。

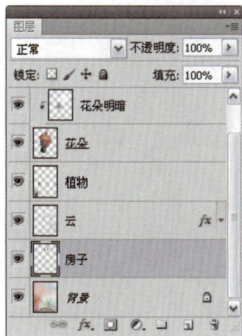

图8-271 　　　　　　　　图8-272 　　　　　　　　图8-273 　　　　　　　　图8-274

04 单击"物品"图层组前面的 ▷ 图标展开组，找开"车子"图层，在其上方新建一个图层，命名为"车子明暗"，如图8-275所示。使用"画笔"工具 ✐ 绘制车子的暗部，如图8-276所示。

05 设置混合模式为"正片叠底"，不透明度为65%，按快捷键Ctrl+Alt+G创建剪贴蒙版，如图8-277和图8-278所示。

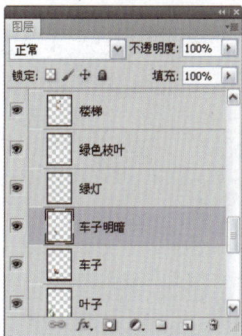

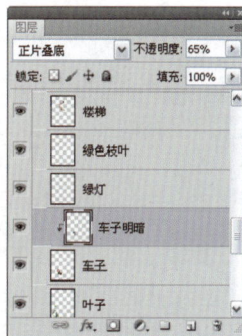

图8-275 　　　　　　　　图8-276 　　　　　　　　图8-277 　　　　　　　　图8-278

06 在"植物枝叶"图层下方新建一个图层，设置不透明度为85%，绘制枝叶的投影，如图8-279和图8-280所示。

图8-279 　　　　　　　　图8-280

07 在"图层"面板最上方新建一个图层,设置混合模式为"叠加",如图8-281所示。使用柔角"画笔"工具 ✏ 在花蕊上画一些大小不一的白点,形成光斑,如图8-282所示。

08 单击"调整"面板中的 ⚖ 按钮,创建"色彩平衡"调整图层,将滑块向"洋红"方向拖曳,如图8-283所示,增加画面中的洋红色,减少绿色,如图8-284所示。

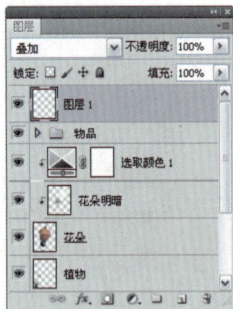
图8-281

图8-282

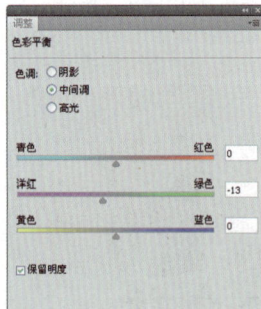
图8-283

图8-284

8.7　UI设计：掌上电脑

- 学习技巧：使用图层样式表现掌上电脑的质感和立体效果。
- 学习时间：1小时
- 技术难度：★★★
- 实用指数：★★★★

实例效果

8.7.1　UI设计的应用领域

　　UI设计是一门结合了计算机科学、美学、心理学、行为学等学科的综合性艺术,它为了满足软件标准化的需求而产生,并伴随着计算机、网络和智能化电子产品的普及而迅猛发展。

　　UI的应用领域主要包括手机通讯移动产品、计算机操作平台、软件产品、PDA产品、数码产品、车载系统产品、智能家电产品、游戏产品、产品的在线推广等。如图8-285和图8-286所示为机

器人播放器界面设计，如图
8-287和图8-288所示为手机界
面设计。

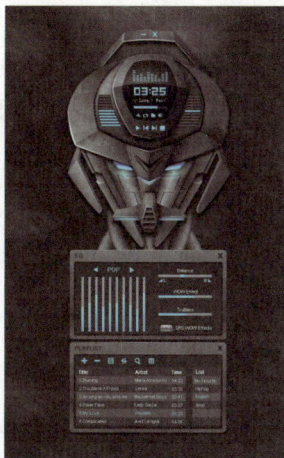

图8-285

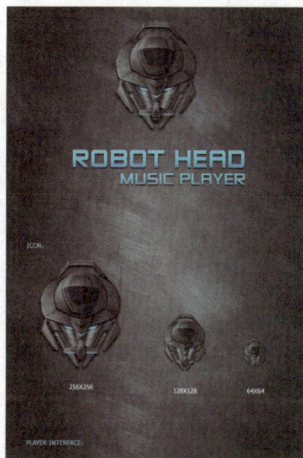

图8-286

图8-287

图8-288

8.7.2 制作掌上电脑

01 按快捷键Ctrl+N，打开"新建"对话框，在"预设"下拉列表中选择Web选项，在"大小"下拉列表中选择1024×768选项，单击"确定"按钮，新建一个文件。

02 在背景图层上填充由白色到浅蓝色的渐变，如图8-289所示。单击"图层"面板底部的按钮，新建一个图层。选择"圆角矩形"工具，在工具选项栏中设置半径为8毫米，创建一个圆角矩形，如图8-290所示。

图8-289

图8-290

03 双击"图层1",打开"图层样式"对话框,选择"内发光"选项,将发光颜色设置为白色,大小为40像素,如图8-291所示。选择"渐变叠加"选项,单击渐变颜色条,打开"渐变编辑器"对话框,调整渐变颜色和参数,如图8-292所示,效果如图8-293所示。

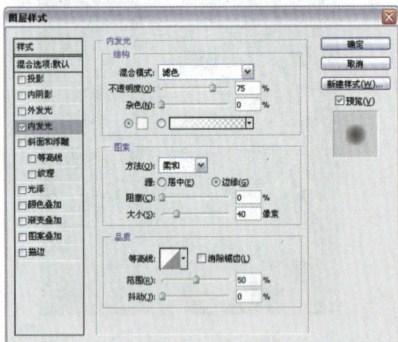

图8-291

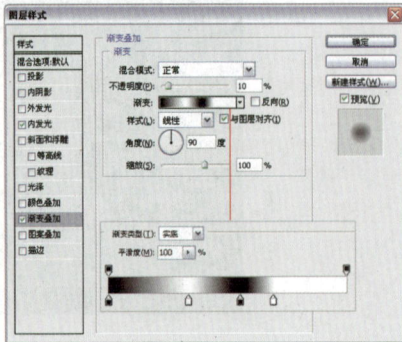

图8-292

图8-293

8.7.3 制作屏幕和操作区

01 新建一个图层。使用"圆角矩形"工具 创建一个灰色的圆角矩形,如图8-294所示。为该图层添加"内发光"和"斜面和浮雕"效果,如图8-295和图8-296所示。

图8-294

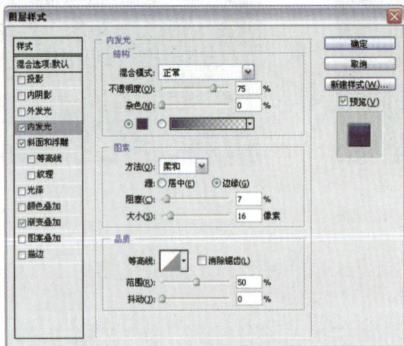

图8-295

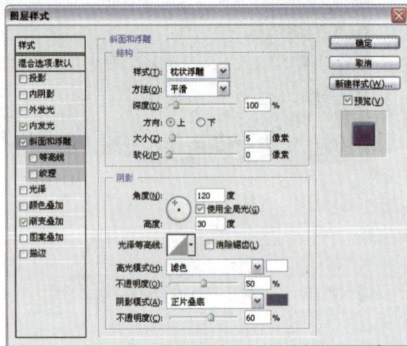

图8-296

02 选择"渐变叠加"选项,调整渐变颜色,如图8-297和图8-298所示。

03 打开一个文件(光盘>素材>8.7),如图8-299所示。

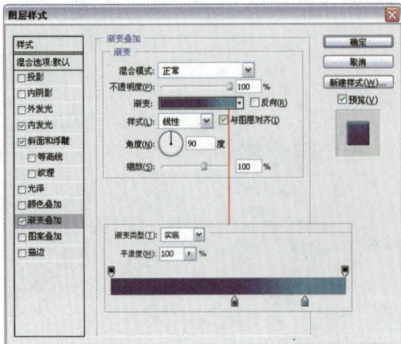

图8-297

图8-298

图8-299

04 将素材拖到"掌上电脑"文档中，生成"图层3"，设置混合模式为"变亮"。按住Ctrl键单击"图层2"的缩览图，载入屏幕图形的选区，如图8-300所示，单击"添加图层蒙版"按钮 ，用蒙版将选区以外的图像遮罩，如图8-301和图8-302所示。

05 新建一个图层。用"圆角矩形"工具 分别绘制一个蓝色和一个绿色图形，再用"椭圆选框"工具 在矩形两侧创建选区，并按Delete键删除选中的内容，再使用"椭圆"工具 创建4个圆形，如图8-303所示。

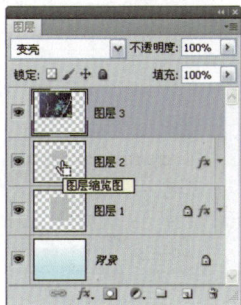
图8-300

图8-301

图8-302

图8-303

06 为该图层添加"斜面和浮雕"和"渐变叠加"效果，设置参数如图8-304和图8-305所示，图形的效果如图8-306所示。

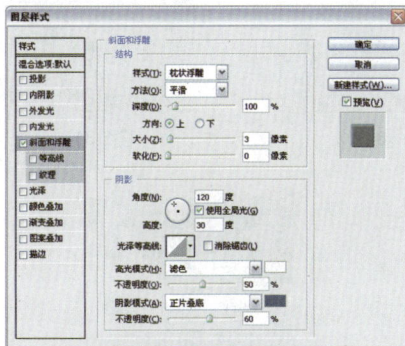
图8-304

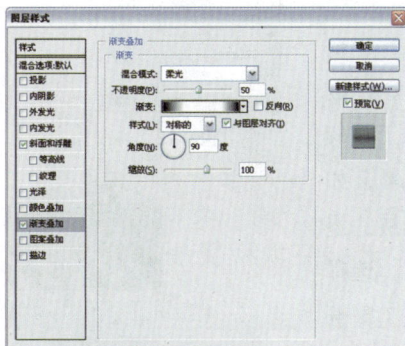
图8-305

图8-306

07 将前景色设置为白色，选择"圆角矩形"工具 ，在工具选项栏中设置不透明度为15%，在操作区上绘制4个细长的圆角矩形，如图8-307所示。使用"横排文字"工具 **T** 输入文字，如图8-308所示。

图8-307

图8-308

08 新建一个图层，使用"圆角矩形"工具 绘制一只笔，单击"图层"面板中的 按钮，锁定图层的透明像素，并在图形上涂抹蓝色和绿色，将它制作成为一只"电脑笔"，如图8-309所示。

将"图层1"的样式复制到当前图层，执行"图层">"图层样式">"缩放效果"命令，在打开的对话框中设置缩放参数为40%，如图8-310所示，效果如图8-311所示。

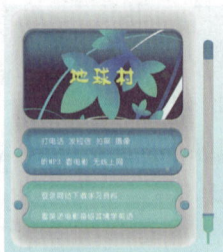
图8-309

图8-310

图8-311

8.7.4 制作投影

01 将组成"掌上电脑"的图层全部选中，如图8-312所示，按快捷键Ctrl+E将它们合并，如图8-313所示。按住Alt键向下拖曳合并后的图层进行复制，如图8-314所示。

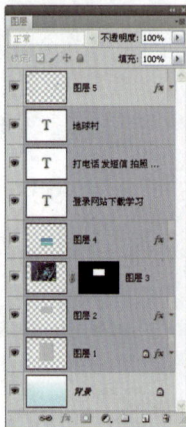
图8-312

图8-313

图8-314

02 执行"编辑">"变换">"垂直翻转"命令，翻转图像，使用"移动"工具 将它向下移动，作为投影，如图8-315所示。设置该图层的混合模式为"正片叠底"。选择"橡皮擦"工具 ，在工具选项栏中设置不透明度为50%，对投影图像进行擦除，越靠近画面边缘的部分越浅，如图8-316所示。

图8-315

图8-316

03 将"电脑笔"适当旋转，并用上面的方法制作出笔的投影，如图8-317所示。在背景中输入文字，再绘制一些花纹作为装饰，完成后的效果如图8-318所示。

图8-317

图8-318

8.8　网页设计：超酷个人主页制作

- 学习技巧：使用绘图工具、选框工具制作主页图形，表现质感。
- 学习时间：4小时
- 技术难度：★★★
- 实用指数：★★★★

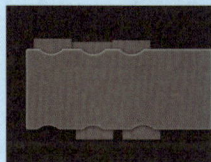

制作主体

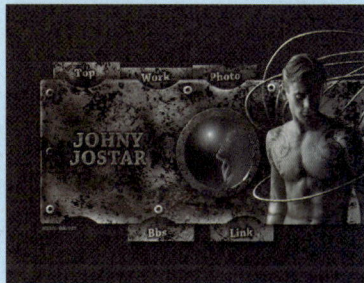

实例效果

8.8.1　网页的版面设计

网页设计的要素包括网页的动画效果、网页版面的构成形式和构成原则、网页的色彩以及网页的图标设计。

网页的版面设计应充分借鉴平面设计的表现方法和表现形式，根据内容的主次关系将不同的图形、图像和文字元素进行编排、组合，形成具有鲜明特色的页面效果，同时还应兼顾网页的功能性、实用性和艺术性。

网页的结构包括，包围式结构、向心式结构、发散式结构、轴式结构和旋转式结构，不同的结构会产生不同的艺术效果，如图8-319所示。在网页设计中巧妙的页面留白会产生虚实变化的效果，给人留下广阔的遐想空间，如图8-320所示。如果网页的栏目较多，信息量大，可将信息分类，使之规范化和条理化，以便浏览者能够清楚、流畅地浏览。

图8-319

图8-320

8.8.2　网页的配色设计

一个网页设计的成功与否，在某种程度上取决于设计者对色彩的把握与运用。不同的色彩能够触动人们的不同情感，暖色调可以使页面呈现温馨、热情的氛围，常用在餐饮、食品等行业，如图

8-321所示。蓝色等冷色给人以稳重和理智的感觉，使页面呈现宁静、清凉、深远的氛围，常用在电信、制造业和科技企业，如图8-322所示。

图8-321

图8-322

8.8.3　制作网页背景和主体

01 按快捷键Ctrl+N打开"新建"对话框，在"预设"下拉列表中选择Web选项，在"大小"下拉列表中选择1600×1200选项，创建一个网页文档。

02 设置前景色为深灰色（R45、G45、B45），背景色为黑色。执行"滤镜">"素描">"半调图案"命令，打开"滤镜库"，设置参数如图8-323所示，效果如图8-324所示。

图8-323

图8-324

03 在"背景"图层上面新建一个名称为"主体"的图层组，并创建名称为"主体"的图层。将前景色设置为灰色，使用"圆角矩形"工具 绘制一个圆角矩形，如图8-325所示。选择"椭圆选框"工具 ，按住Shift键在矩形的边缘创建一个正圆形选区，按Delete键删除选区内的图形，制作出矩形边缘的弧形凹槽，如图8-326所示。将光标放在选区内，向右侧拖曳，并对选区内图像进行删除，如此反复，制作出如图8-327所示的效果。

图8-325

图8-326

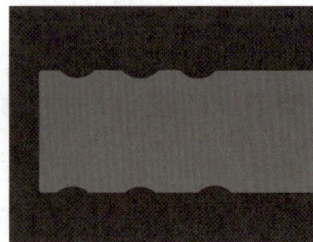

图8-327

04 双击该图层，在打开的对话框中分别添加"投影"、"内发光"和"斜面和浮雕"效果，使平面的图形产生立体感，如图8-328~图8-331所示。

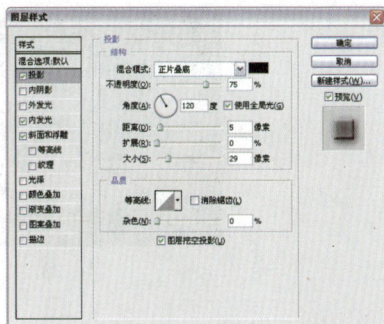

图8-328

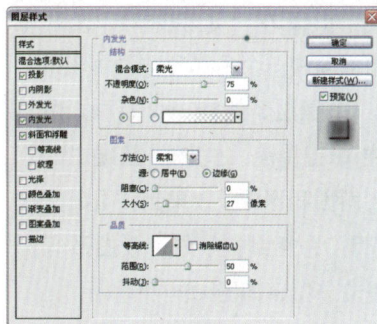

图8-329

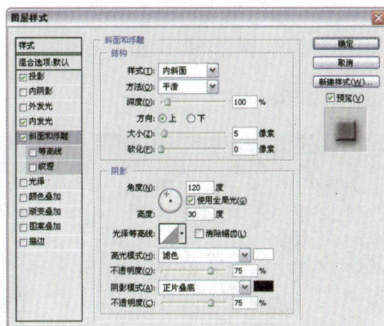

图8-330

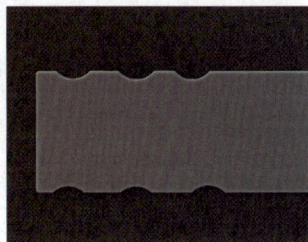

图8-331

05 在"主体"图层下面新建一个名称为"页面按钮1"的图层，用"矩形"工具▢绘制4个矩形，如图8-332所示。按住Alt键将"主体"图层的"投影"效果拖曳到"页面按钮1"图层上，将"投影"效果复制到该图层，如图8-333和图8-334所示。

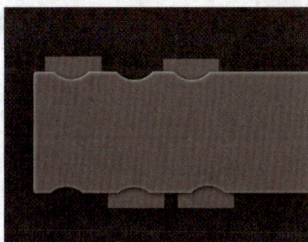

图8-332

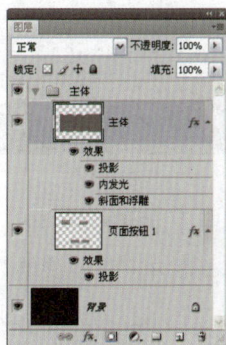

图8-333

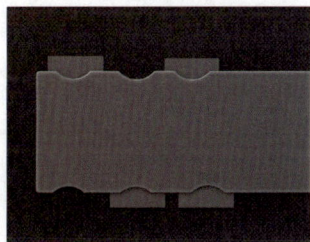

图8-334

06 为该图层添加"斜面和浮雕"效果，如图8-335和图8-336所示。

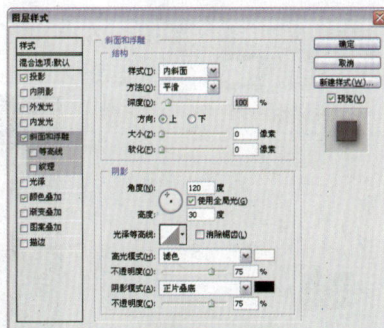

图8-335

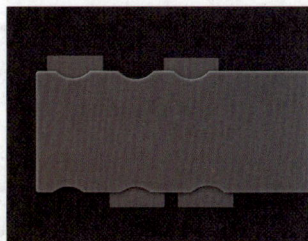

图8-336

07 在"页面按钮1"图层下面新建一个名称为"页面按钮2"的图层，绘制一个矩形，按住Alt键拖曳"主体"图层中的"斜面和浮雕"效果到"页面按钮2"，复制该效果，使图形有些立体感，如图8-337所示。

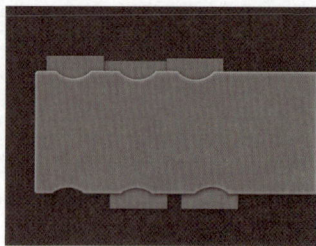

图8-337

08 打开一个文件（光盘>素材>8.8a），如图8-338所示，将它拖曳到"首页效果"文档中，修改图层的名称为"主体纹理1"。按快捷键Ctrl+Shift单击"主体"、"页面按钮1"和"页面按钮2"图层的缩览图，载入它们的选区并同时进行选区运算，如图8-339所示。按快捷键Ctrl+Shift+I反选，按Delete键删除选中的图像，如图8-340所示。

图8-338

图8-339

图8-340

09 按快捷键Ctrl+Shift+U将图像去色，如图8-341所示。将该图层的混合模式设置为"亮光"，效果如图8-342所示。

图8-341

图8-342

10 打开一个文件（光盘>素材>8.8b），如图8-343所示。将它拖曳到"首页效果"文档中，放在"主体纹理1"图层的上面，修改图层名称为"主体纹理2"。按住Ctrl键单击"主体纹理1"图层的缩览图，载入选区，单击"图层"面板中的 按钮添加图层蒙版，如图8-344和图8-345所示。

图8-343

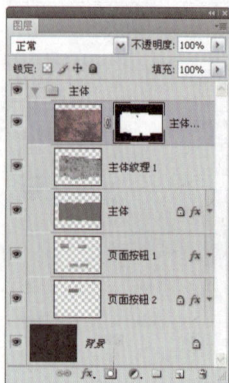

图8-344

图8-345

11 单击该图层的图像缩览图，下面来编辑图像内容。按快捷键Ctrl+Shift+U将图像去色，如图8-346所示。按快捷键Ctrl+U打开"色相/饱和度"对话框，勾选"着色"选项并调整参数，如图8-347所示，效果如图8-348所示。

图8-346

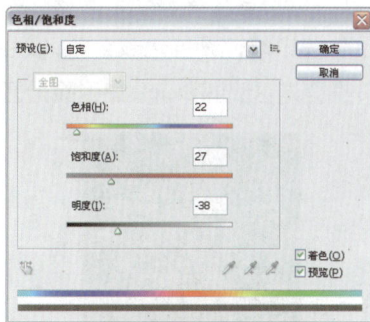

图8-347

图8-348

12 将该图层的混合模式设置为"正片叠底"，如图8-349所示。单击该图层的蒙版缩览图，进入蒙版编辑状态，用"画笔"工具涂抹图像，进行适当隐藏，如图8-350和图8-351所示。

图8-349

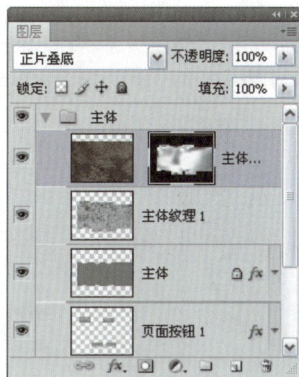

图8-350

图8-351

13 打开一个文件（光盘>素材>8.8c），如图8-352所示。将它拖曳到"首页效果"文档中并适当缩小，放在"主体纹理2"图层的上面，修改图层的名称为"主体纹理3"。按住Ctrl键单击"主体纹理1"图层的缩览图，载入选区，单击按钮，为它添加图层蒙版，将图层混合模式设置为"饱和度"，效果如图8-353所示。

14 选择"主体"图层，用"减淡"工具（范围：高光，曝光度：10%）涂抹，使图像变化丰富。用相同的方法对"页面按钮1"和"页面按钮2"图形进行涂抹，需要加深的区域则使用"加深"工具（范围：中间调，曝光度：10%）处理，效果如图8-354所示。

图8-352

图8-353

图8-354

8.8.4 制作铆钉

01 新建一个名称为"铆钉"的图层，将前景色设置为灰色。选择"椭圆"工具○，单击工具选项栏中的"填充像素"按钮□，按住Shift键绘制一个正圆形，如图8-355所示。选择"多边形"工具○，单击工具选项栏中的"路径"按钮◪，设置边数为6，按住Shift键用绘制一个六边形，如图8-356所示。按Ctrl+回车键将路径转换为选区，按Delete键删除选区内的图像，如图8-357所示。

图8-355　　　　　　　　　图8-356　　　　　　　　　图8-357

02 为该图层添加"内发光"和"斜面和浮雕"效果，如图8-358～图8-360所示。

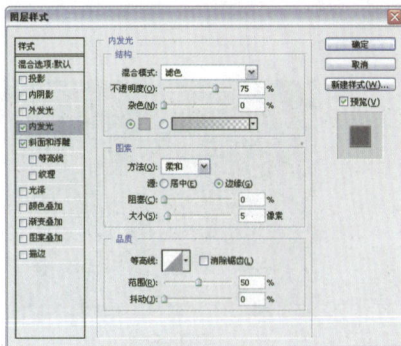
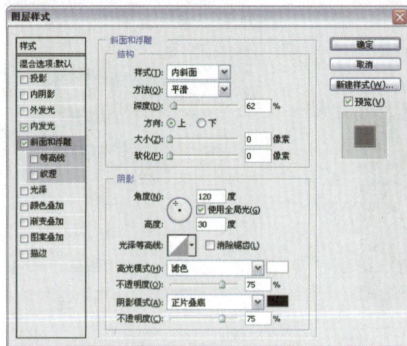

图8-358　　　　　　　　　　　　　图8-359　　　　　　　　　　　图8-360

03 新建一个图层，按快捷键Ctrl+E向下合并图层，将"铆钉"图层中的样式合并到图层中。用"涂抹"工具🖐涂抹"铆钉"图形，将它适当变形，如图8-361所示。分别用"减淡"工具🔍和"加深"工具🖐涂抹图形，适当加强明暗效果，如图8-362所示。将该图层的混合模式设置为"线性光"，如图8-363所示。

图8-361　　　　　　　　　图8-362　　　　　　　　　图8-363

04 按快捷键Ctrl+A全选，使用"移动"工具 ▶♦ 按住Alt键向下拖曳图形进行复制，如图8-364所示。按快捷键Ctrl+T显示定界框，拖曳控制点将图形适当旋转一定角度，如图8-365所示。用"减淡"工具 ▨ 和"加深"工具 ◙ 涂抹图形，适当调整图形的明暗效果，如图8-366所示。

图8-364

图8-365

图8-366

➡ **提示:**

全选后再按住Alt键拖曳图形进行复制，复制的图形全部都在一个图层上。

05 用相同的方法再制作4个铆钉，为该图层添加"投影"效果，如图8-367和图8-368所示。

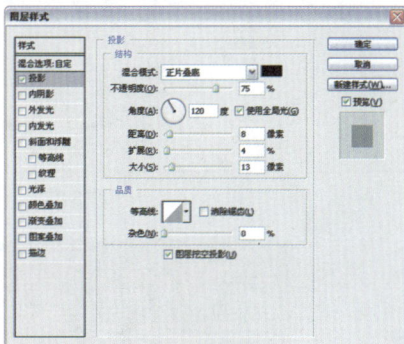
图8-367

图8-368

8.8.5 制作舷窗

01 在"主体"图层组上面新建一个名称为"舷窗"的图层组，新建一个名称为"外框"的图层。用"椭圆"工具 ◯ 按住Shift键绘制一个正圆形，如图8-369所示。在"外框"图层上面新建一个名称为"衬底"的图层，将前景色设置为深灰色，用相同的方法绘制出一个略小于"外框"的正圆形，如图8-370所示。按住Ctrl键单击"外框"和"衬底"图层，将它们选中，单击工具选项栏中的 ⬚ 按钮和 ⬚ 按钮，将它们对齐，如图8-371所示。

图8-369

图8-370

图8-371

02 用"橡皮擦"工具 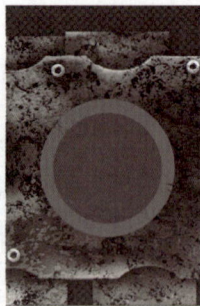 涂抹"外框"图形，绘制出裂痕，如图8-372所示。用"减淡"工具  和"加深"工具 涂抹图形，绘制出该图形的明暗效果，如图8-373所示。

图8-372　　　　　　　图8-373

03 为该图层添加"投影"和"斜面和浮雕"效果，如图8-374～图8-376所示。

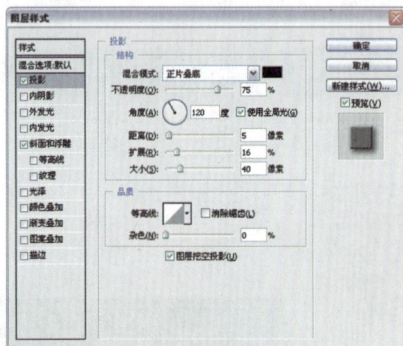
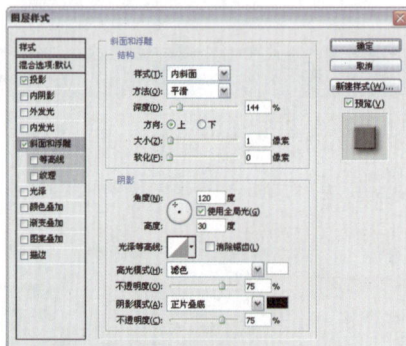
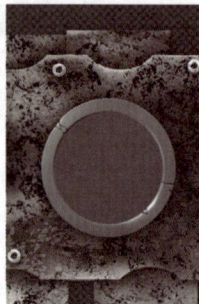

图8-374　　　　　　　图8-375　　　　　　　图8-376

04 打开一个文件（光盘>素材>8.8d），如图8-377所示。将它拖曳到"首页效果"文档中，放在"外框"图层上面，修改图层名称为"外框纹理"，将图层混合模式设置为"叠加"，效果如图8-378所示。

图8-377　　　　　　　图8-378

05 按快捷键Ctrl+Alt+G创建剪贴蒙版，将纹理图像限定在外框图像范围内，如图8-379和图8-380所示。按快捷键Ctrl+U打开"色相/饱和度"对话框，降低图像的饱和度与明度，如图8-381和图8-382所示。

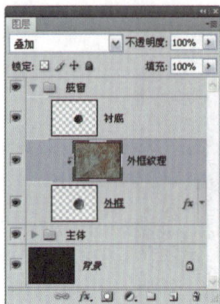

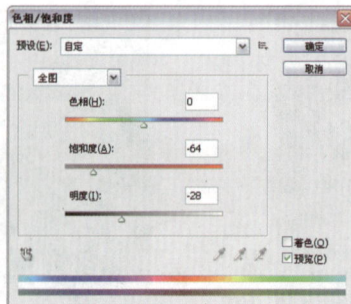

图8-379　　　　图8-380　　　　　　　图8-381　　　　　　　图8-382

06 打开一个文件（光盘>素材>8.8e），如图8-383所示。将人物拖曳到"首页效果"文档中，放在"衬底"图层上面，设置混合模式为"浅色"，按快捷键Ctrl+Shift+U将图像去色，按快捷键Ctrl+Alt+ G创建剪贴蒙版，如图8-384和图8-385所示。

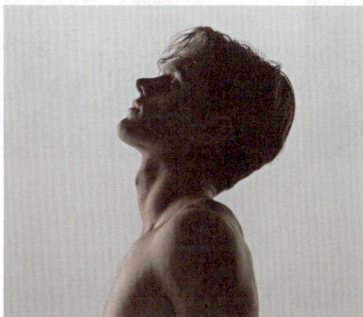

图8-383

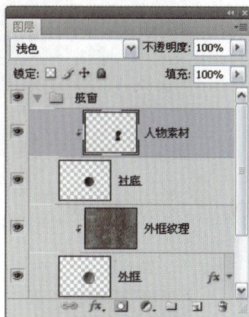

图8-384

图8-385

07 新建一个名称为"高光"的图层。用"画笔"工具（不透明度50%）在衬底左上方的位置单击，如图8-386所示。按几下 [键将笔尖调小，在原来的位置再单击几次，制作出高光效果，如图8-387所示。用"减淡"工具（范围：中间调，曝光度：10%）涂抹"衬底"图形，为该图形增加明暗效果，如图8-388所示。

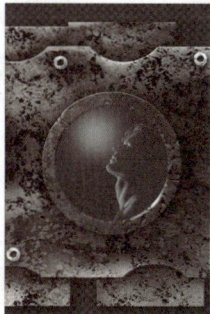

图8-386

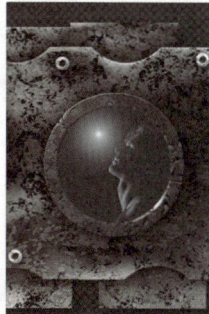

图8-387

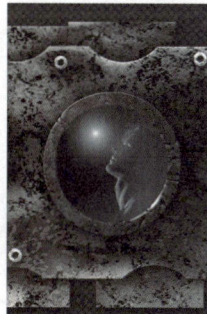

图8-388

8.8.6 添加人物

01 在"舷窗"图层组上面新建一个名称为"人物"的图层组。打开一个文件（光盘>素材>8.8f），如图8-389所示。将人物拖曳到"人物"图层组中。按快捷键Ctrl+Shift+U去色，如图8-390所示。用"减淡"工具和"加深"工具涂抹图像，加强图像的明暗对比，如图8-391所示。

图8-389

图8-390

图8-391

第8章 平面设计项目实战技巧

271

02 新建一个名称为"人物光线"的图层，在图层内填充棕色-透明的线性渐变，如图8-392所示。按快捷键Ctrl+Alt+G创建剪贴蒙版，将该图层的混合模式设置为"叠加"，效果如图8-393所示。

图8-392

图8-393

03 新建一个名称为"线条"的图层。用"钢笔"工具绘制几条曲线，如图8-394所示。设置"画笔"工具为尖角8px，将前景色设置为灰色，单击"路径"面板中的 按钮进行描边，如图8-395所示。双击该图层，在打开的对话框中勾选"投影"和"斜面和浮雕"选项，不必调整参数（使用系统默认参数即可），效果如图8-396所示。

图8-394

图8-395

图8-396

04 新建一个名称为"线条2"的图层，用"钢笔"工具再绘制两条曲线，如图8-397所示。单击"路径"面板中的 按钮进行描边，如图8-398所示，按住Alt将"线条"图层的效果图标 拖曳到"线条2"图层，复制效果，如图8-399所示。

图8-397

图8-398

图8-399

05 按快捷键Ctrl+E，将两个线条图层合并到一起。单击"图层"面板中的 按钮，添加图层蒙版。用尖角"画笔"工具涂抹，将图形适当隐藏，如图8-400和图8-401所示。用"减淡"工具 和"加深"工具 涂抹线条，加强线条图形的明暗效果，如图8-402所示。

图8-400

图8-401

图8-402

06 打开一个文件（光盘>素材>8.8g），如图8-403所示，将它拖曳到当前文档中，修改图层名称为"线条纹理"。将图层混合模式设置为"叠加"，按快捷键Ctrl+Alt+G创建剪贴蒙版，如图8-404和图8-405所示。

07 用"加深"工具 涂抹"半身人像"和"主体"图形，绘制出线条在上面的投影，如图8-406所示。

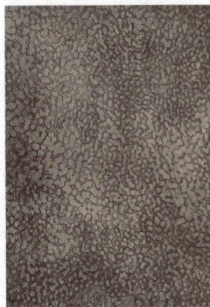
图8-403

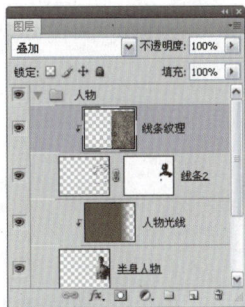
图8-404

图8-405

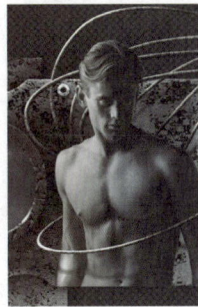
图8-406

08 打开一个文件（光盘>素材>8.8h），如图8-407所示，将花纹拖曳到"人像光线"图层上面，按快捷键Ctrl+T显示定界框，按住Ctrl键拖曳控制点将图形适当变形，按回车键确认操作。将图层的混合模式设置为"柔光"，如图8-408所示。

09 在人物的另一侧肩膀上也添加花纹效果，执行"编辑">"变换">"水平翻转"命令，翻转花纹，用之前的方法将图形扭曲变形，如图8-409所示。

图8-407

图8-408

图8-409

> **提示**
>
> 可用"橡皮擦"工具 适当擦除花纹图形，使它更符合人体结构。

8.8.7　添加文字

01 选择"横排文字"工具**T**，在画面中单击，输入文字 Top，如图8-410所示。

图8-410

02 为该图层添加"外发光"和"斜面和浮雕"效果，如图8-411和图8-412所示。选择"图案叠加"选项，将图案设置为"分子"图案，如图8-413和图8-414所示。

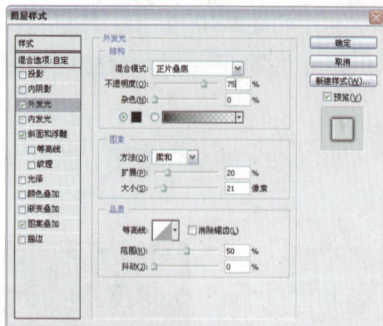

图8-411

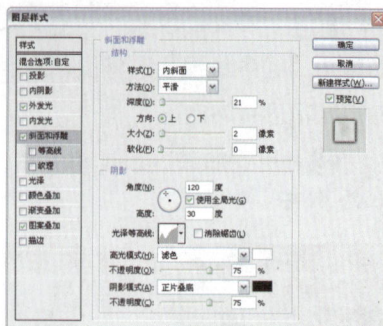

图8-412

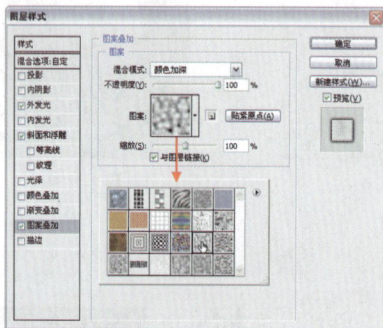

图8-413

图8-414

03 将该图层混合模式设置为"滤色"，如图8-415所示。按快捷键Ctrl+T显示定界框，拖曳控制点将文字旋转，如图8-416所示。

图8-415

图8-416

04 用相同的方法制作其他文字，如图8-417所示。用"横排文字"工具**T**输入文字，如图8-418所示，单击◻按钮添加图层蒙版，将前景色设置为浅灰色，用柔角"画笔"工具✐涂抹图形，将图形适当隐藏，如图8-419所示。

图8-417

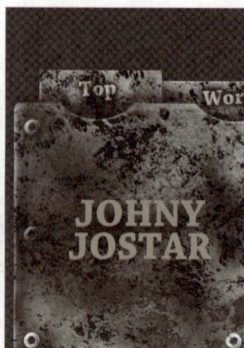

图8-418

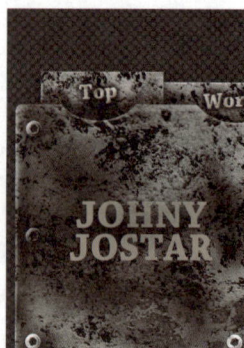

图8-419

05 为文字添加"外发光"、"斜面和浮雕"和"图案叠加"效果，如图8-420～图8-423所示。

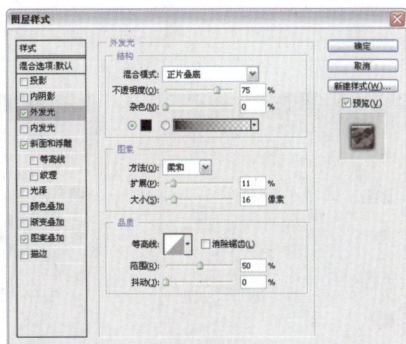
图8-420

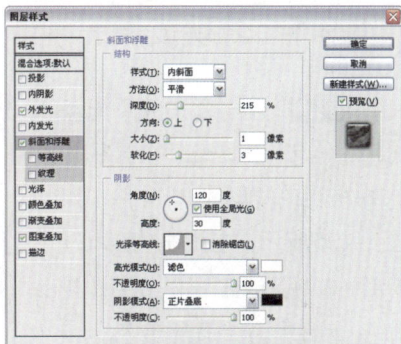
图8-421

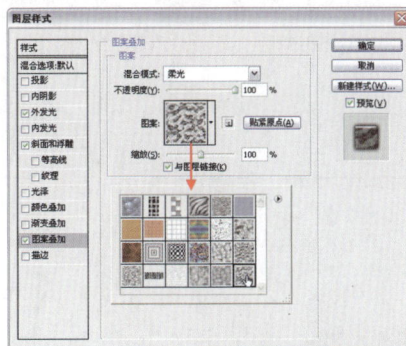
图8-422

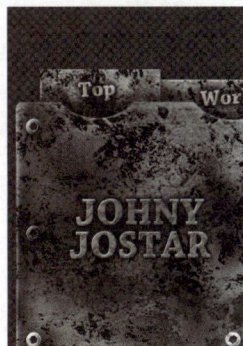
图8-423

06 将前景色设置为灰色，在画面左下角输入文字，再将ON的颜色改为浅灰色，最终效果如图8-424所示。

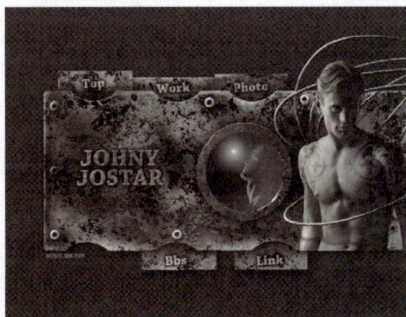
图8-424

8.9 特效设计：玻璃美人

- 学习技巧：绘制人像，表现玻璃般晶莹的光泽与质感。
- 学习时间：4小时
- 技术难度：★★★★★
- 实用指数：★★★★★

制作大轮廓

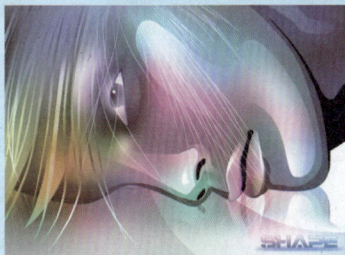
实例效果

8.9.1 表现皮肤

01 打开一个文件（光盘>素材>8.9），这是一个只包含人物路径的JPEG格式文件，如图8-425所示。按快捷键Ctrl+Shift+Alt+N创建一个图层，重命名该图层为"面部暗色"，如图8-426所示。

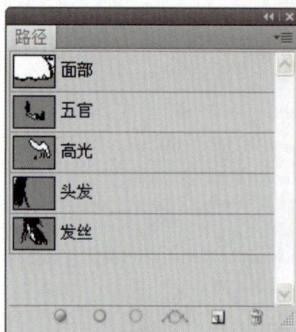

图8-425

图8-426

02 单击"路径"面板中的"面部"路径层，在画面中显示该层中的所有路径，如图8-427所示。使用"路径选择"工具✎选中面部外轮廓路径，如图8-428所示。

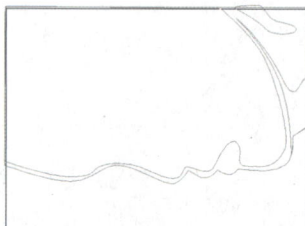

图8-427

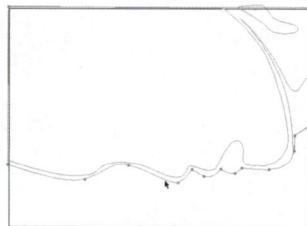

图8-428

03 将前景色设置为深绿色，单击"路径"面板中的"用前景色填充路径"按钮◉，填充所选路径，如图8-429所示。将前景色设置为黑色，选中颈部的路径，填充黑色，如图8-430所示。

04 再使用"路径选择"工具✎单击面部内轮廓路径，按住Shift键单击画面右上方的颈部路径，同时选中这两个路径，创建一个名称为"面部浅色"的图层，用较浅的绿色填充这两个路径，如图8-431所示。

图8-429

图8-430

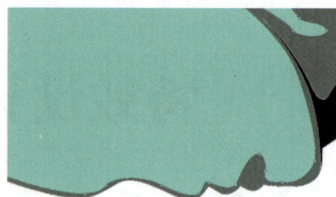

图8-431

05 单击"图层"面板中的"锁定透明像素"按钮▦，锁定该图层的透明区域，以免在接下来的操作中将颜色绘制到图像以外的区域，如图8-432所示。将前景色调整为深绿色，使用"画笔"工具✎（柔角，不透明度20%）在人物的面部涂抹，笔尖大小可设置在1300px左右，绘制出面部的基本结构，如图8-433所示。按住Ctrl键选中这两个面部图层，按快捷键Ctrl+G编组，重命名图层组为"面部"，如图8-434所示。

图8-432

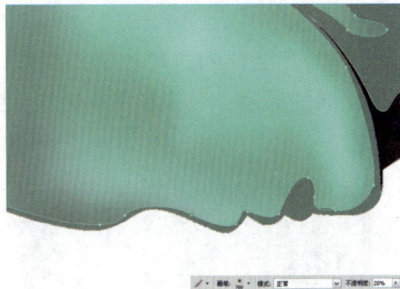

图8-433

图8-434

8.9.2 表现五官

01 单击"图层"面板中的"创建新组"按钮□，创建一个名称为"五官"的图层组，单击"创建新图层"按钮□，创建图层，如图8-435所示。选中"五官"路径层，使用"路径选择"工具▶按住Shift键选中嘴唇的两个轮廓路径，适当调整前景色填充路径，如图8-436所示。锁定图层的透明区域后使用"画笔"工具✎绘制嘴唇结构，如图8-437所示。

图8-435

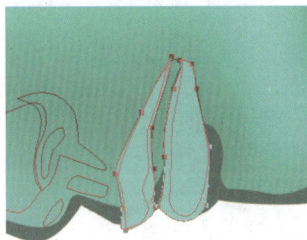

图8-436

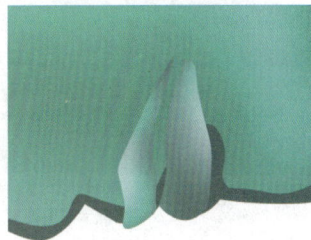

图8-437

02 新建一个图层，选择嘴唇的内轮廓路径，填充颜色，锁定该图层的透明像素，使用"画笔"工具✎表现嘴唇的明暗，效果如图8-438所示。单击"图层"面板中的□按钮，添加图层蒙版，使用"画笔"工具✎在图像的边缘涂抹，通过蒙版的遮盖进一步表现嘴唇的颜色与光泽，如图8-439和图8-440所示。

图8-438

图8-439

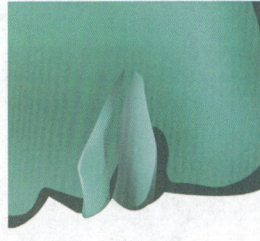

图8-440

03 在制作鼻子时也使用了相同的方法，先为路径填充颜色，效果如图8-441所示；再添加蒙版，将鼻梁部分适当隐藏，呈现出面部的颜色，效果如图8-442所示；再新建图层，为唇缝、鼻孔等路径填充颜色，效果如图8-443所示。

图8-441

图8-442

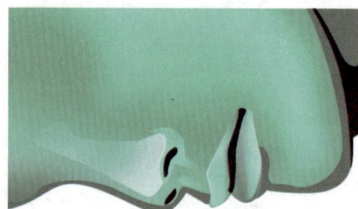
图8-443

04 下面来刻画眼睛。在"图层"面板中新建一个图层，命名为"眼窝"。单击"路径"面板中的"五官"路径层，在画面中显示路径，根据眼睛的位置使用"画笔"工具 ✏ 绘制深绿色，使眼睛呈现凹陷效果，在眼睛上方的眉骨处绘制亮色，可使用白色绘制，但需要将画笔的不透明度调小，使颜色过渡自然，不会显得突兀，如图8-444所示。

05 制作眼睛的大轮廓和眼睛效果，如图8-445和图8-446所示。它们位于单独的图层中。

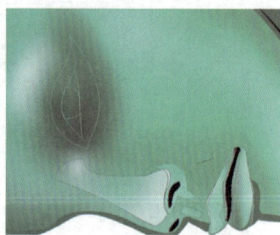
图8-444

图8-445

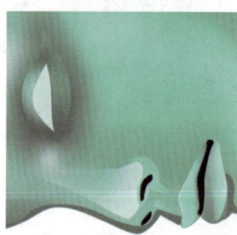
图8-446

06 锁定"眼睛"图层的透明像素，如图8-447所示。使用"画笔"工具 ✏ 在眼角绘制浅绿色，如图8-448所示。

07 创建新的图层制作眼珠效果，在绘制眼珠时先使用柔角"画笔"工具 ✏ 绘制瞳孔，再使用尖角"画笔"工具 ✏ 绘制白色高光，如图8-449和图8-450所示。

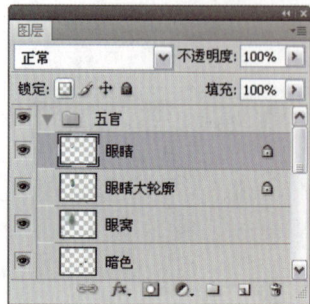
图8-447

图8-448

图8-449

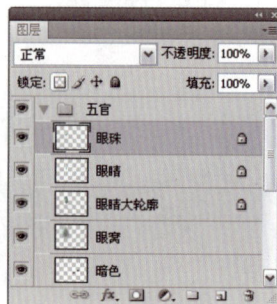
图8-450

08 双击"眼睛"图层，打开"图层样式"对话框，选择"描边"选项，设置参数如图8-451所示，添加描边效果增加眼睑的厚度，如图8-452所示。

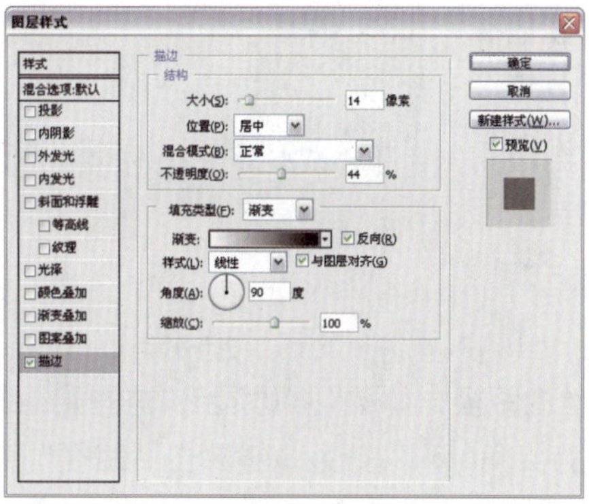

图8-451

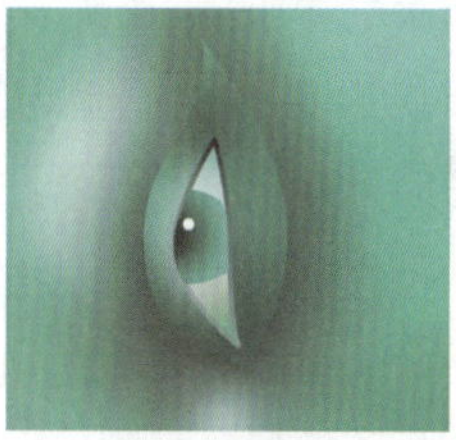

图8-452

09 选择"路径"面板中的"高光"层，在画面中显示高光区域路径，在"图层"面板中创建"高光"图层，在路径区域内填充白色，如图8-453所示。

10 为该图层添加蒙版，以减弱高光效果，使图像的层次感更强，如图8-454和图8-455所示。

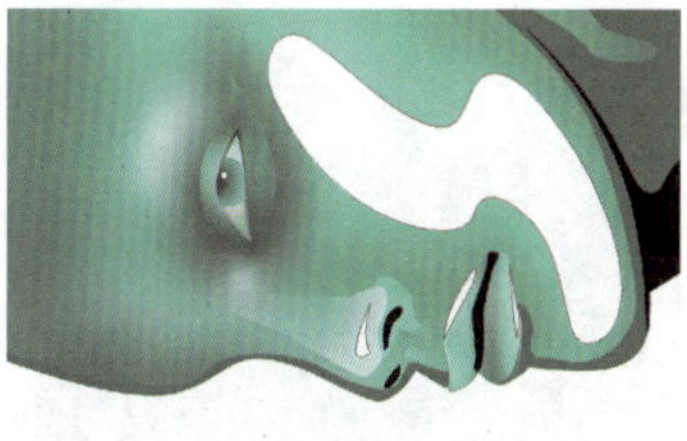

图8-453

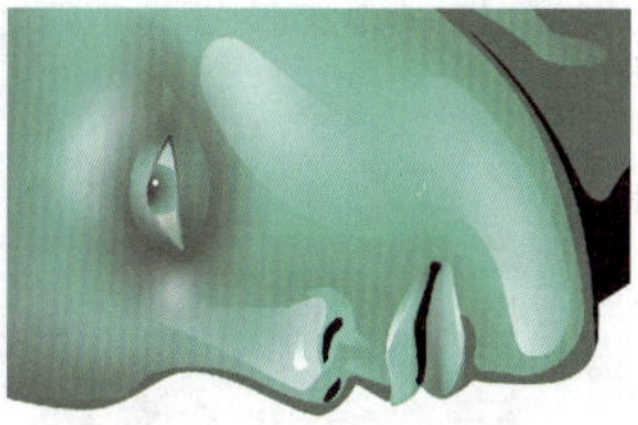

图8-454

图8-455

8.9.3 表现头发

01 在画面中显示头发的路径，使用"选择"工具选择大的头发路径（所选路径上会显示锚点），小的头发路径在下一步操作中表现。创建一个名称为"头发"的图层组，新建一个图层，将头发路径填充颜色，如图8-456所示。在"路径"面板空白处单击隐藏路径，效果如图8-457所示。

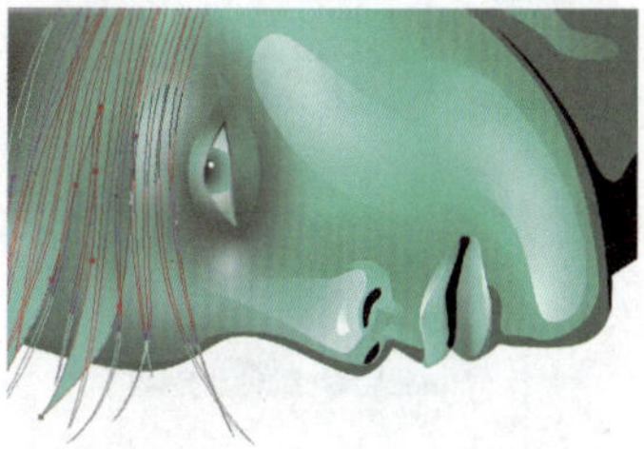

图8-456

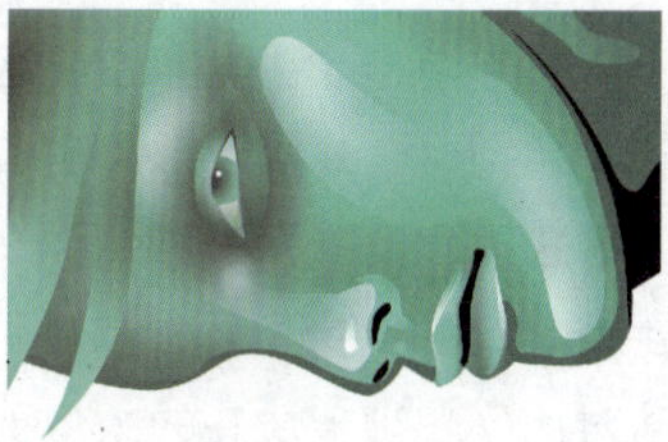

图8-457

02 用同样方法填充其他头发路径,如图8-458所示。锁定该图层的透明像素,分别用深绿色和白色在头发上涂抹,表现出头发的明暗与光泽,如图8-459所示。

图8-458　　　　　　　图8-459

03 在画面中显示发丝的路径,如图8-460所示,这些路径需要使用"画笔"工具进行描边。选择"画笔"工具 ✏,设置为尖角6px,按住Alt键单击"路径"面板下方的"用画笔描边路径"按钮 ⭕,打开"描边路径"对话框,勾选"模拟压力"选项,如图8-461所示,使发丝有粗细变化,如图8-462所示。

图8-460　　　　　　　图8-461　　　　　　　图8-462

04 修改"发丝"图层的混合模式为"滤色",如图8-463所示。使发丝根据人物头部结构的变化而变化。可在画面左上角再添加两绺头发,方法是复制前面制作好的头发图层,进行变换,头发的效果制作完毕,如图8-464所示。

图8-463　　　　　　　图8-464

8.9.4　调整图像

01 单击"头发"图层组的三角图标 ▼ 关闭该组。单击"调整"面板中的 ▦ 按钮,设置参数如图8-465所示,加强明暗对比,使玻璃质感的人像更具光泽度,如图8-466所示。

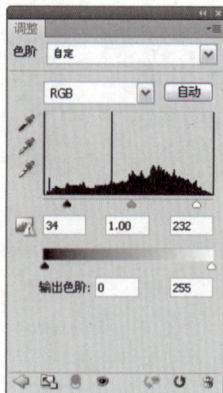 

图8-465　　　　　　　图8-466

02 按住Alt键单击"背景"图层前面的"眼睛"图标👁️，隐藏除该图层外的所有图层，并选择该图层，如图8-467所示。填充灰色后，使用"画笔"工具✏️绘制背景，如图8-468所示。

图8-467

图8-468

03 按住Alt键再次单击"背景"图层前面的"眼睛"图标👁️，显示所有图层。按住Ctrl键选中3个图层组，按快捷键Ctrl+Alt+E盖印，得到一个新的合并图层，按快捷键Ctrl+Shift+[将该图层移动到"背景"图层的上面，如图8-469所示。按快捷键Ctrl+T显示定界框，单击右键执行"垂直翻转"命令，将图像翻转制作成人物的倒影，如图8-470所示。

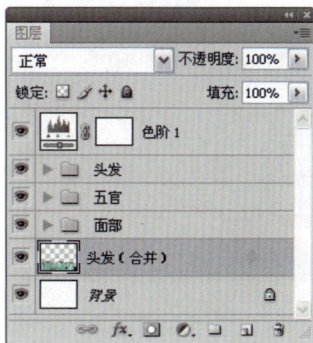
图8-469

图8-470

04 调整该图层的混合模式为"正片叠底"，不透明度为32%，使倒影与背景相融合。单击🔲按钮添加图层蒙版，使用"渐变"工具🔲（默认的渐变）填充渐变，将倒影适当隐藏，使倒影更加真实，如图8-471和图8-472所示。

05 选择"横排文字"工具T，在工具选项栏中设置字体为7th Service，大小为37点，颜色为白色，输入文字SHAPE。在文字图层下方创建一个名称为"文字背景"的图层，使用"画笔"工具✏️绘制文字的投影，如图8-473所示。

图8-471

图8-472

图8-473

06 双击文字图层，打开"图层样式"对话框，分别选择"渐变叠加"和"描边"选项，设置参数如图8-474所示，图像效果如图8-475所示。

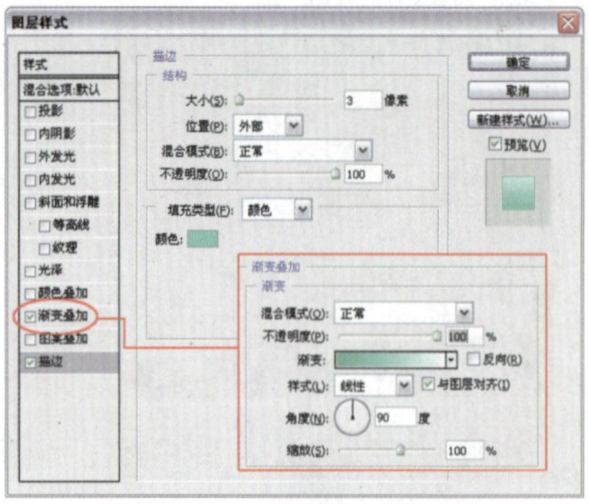

图8-474

图8-475

07 创建一个名称为"颜色"，混合模式为"颜色"的图层，选择"画笔"工具，拾取"色板"面板中的洋红、纯黄、浅青等颜色在图像中涂抹，为玻璃人面部重新着色，降低该图层的不透明度，使颜色更加柔和自然，如图8-476和图8-477所示。

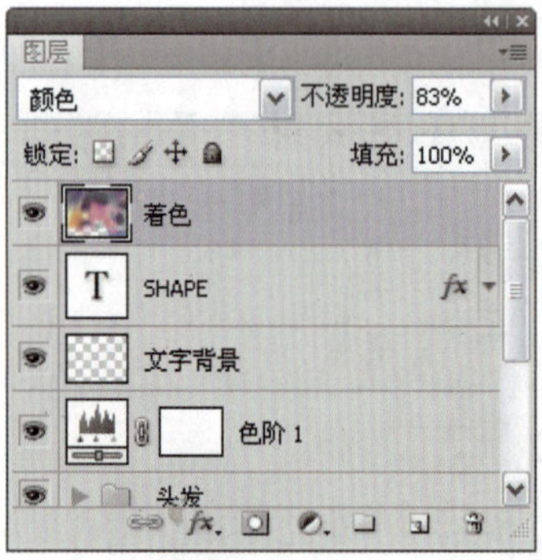

图8-476

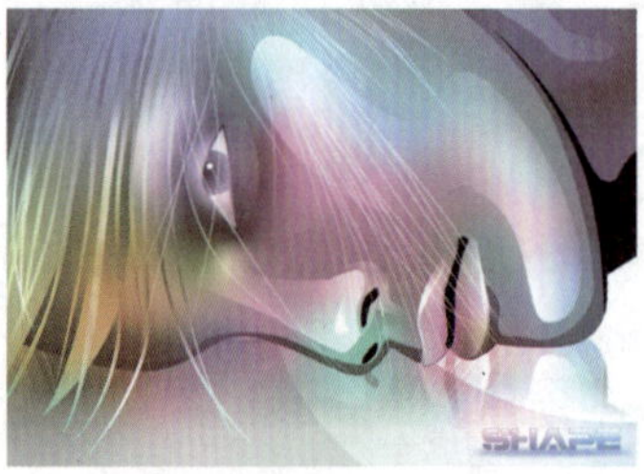

图8-477

8.10　CG设计：海的女儿

- 学习技巧：使用"钢笔"工具抠图，通过蒙版制作海水与人像的合成效果。
- 学习时间：3小时
- 技术难度：★★★★★
- 实用指数：★★★★★

素材

实例效果

8.10.1　选取人物头像

01 打开一个文件（光盘>素材>8.10a），如图8-478所示。单击"路径"面板中的 ▣ 按钮，新建"路径1"，使用"钢笔"工具 ✎ 绘制出人物的面部轮廓，如图8-479和图8-480所示。

02 按Ctrl+回车键将路径转换为选区，如图8-481所示。

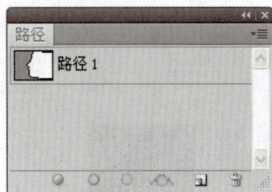

图8-478　　　　　　　　图8-479　　　　　　　　　图8-480　　　　　　　　图8-481

8.10.2　人物与海水的合成

01 按快捷键Ctrl+N打开"新建"对话框，在"预设"下拉列表中选择"国际标准纸张"选项，在"大小"下拉列表中选择A4选项，创建一个A4大小的文件。

02 使用"渐变"工具 ▣ 在"背景"图层填充渐变，如图8-482所示。按快捷键Ctrl+F6切换到人物文档，使用"移动"工具 ⊕ 将人物移动到当前文件中，按快捷键Ctrl+T显示定界框，在定界框外拖曳鼠标将图像适当旋转，如图8-483所示。

03 打开一个文件（光盘>素材>8.10b），如图8-484所示。将海水图像移动到当前文件中，通过自由变换将图像向逆时针方向旋转，如图8-485所示。

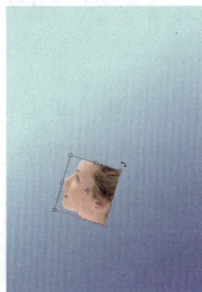

图8-482　　　　　　　　图8-483　　　　　　　　　图8-484　　　　　　　　图8-485

04 将人物与海水所在的图层重新命名。选择"人物"图层，单击 ▣ 按钮创建蒙版，使用"画笔"工具 ✑ （柔角200px）涂抹黑色，隐藏人物图像整齐的边缘，如图8-486和图8-487所示。

图8-486　　　　　　　　图8-487

05 按住Alt键单击"海水"图层前面的 ◉ 图标，将其他图层隐藏，如图8-488所示。执行"选择">"色彩范围"命令，打开"色彩范围"对话框，选择"图像"选项，将光标放在预览框中，在蓝色区域单击，将蓝色作为被选中的区域，如图8-489所示；单击"选择范围"选项，预览框中的图像以黑白色调显示，其中白色部分为被选中的区域，调整颜色容差参数为66，如图8-490所示，单击"确定"按钮创建选区，如图8-491所示。

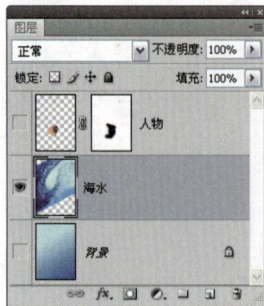
图8-488

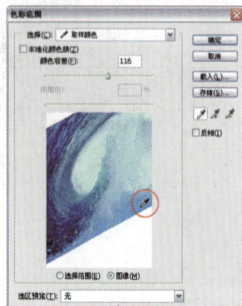
图8-489

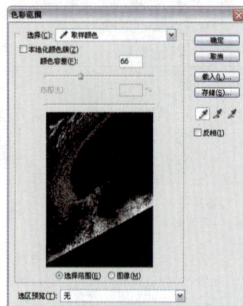
图8-490

图8-491

06 按住Alt键单击 ◻ 按钮创建一个反相的蒙版，将选中的图像隐藏，也就是隐藏蓝色的背景，使这部分区域只显示海浪激起的水花，显示其他两个图层的效果如图8-492和图8-493所示。

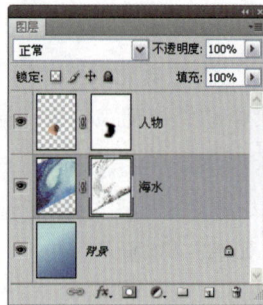
图8-492

图8-493

07 使用黑色的柔角"画笔"工具（300px）在蒙版中涂抹，将深色的海水部分隐藏，如图8-494所示。将"画笔"工具 ✎ 的不透明度设置为20%，按[键将画笔调小，继续编辑蒙版，在海水边缘处涂抹，使图像与背景的渐变颜色融合，如图8-495和图8-496所示。

图8-494

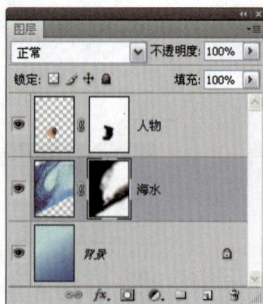
图8-495

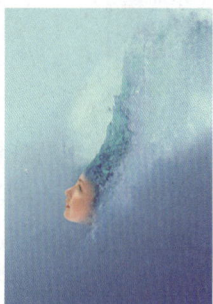
图8-496

8.10.3　统一画面色调

01 单击"调整"面板中的 ◐ 按钮，显示"通道混合器"选项，在"输出通道"下拉列表中选择"红"选项，设置参数如图8-497所示，再分别选择"绿"和"蓝"通道，设置参数如图8-498和图8-499所示。

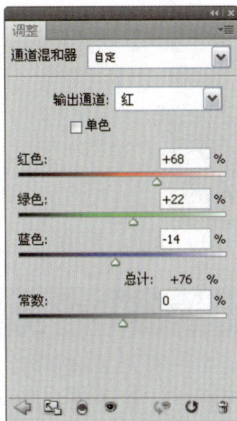

图8-497

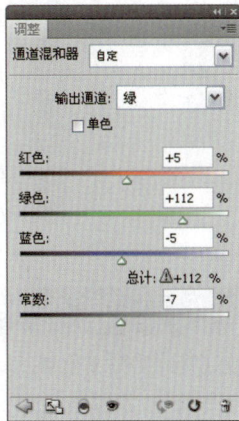

图8-498

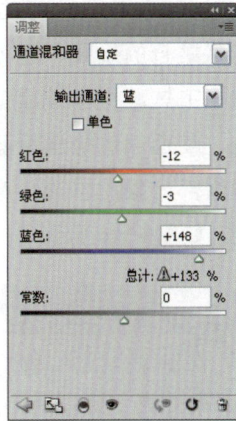

图8-499

02 通过添加调整图层，调整人物面部的颜色，使其与画面色调统一。按快捷键Ctrl+Alt+G创建剪贴蒙版，使调整图层仅作用于"人物"图层，不对背景的海水产生影响，如图8-500和图8-501所示。

03 单击"调整"面板左下角的 按钮，单击 按钮显示"色阶"选项，设置参数如图8-502所示。同样按快捷键Ctrl+Alt+G创建剪贴蒙版，使色阶调整图层仅作用于"人物"图层，效果如图8-503所示。

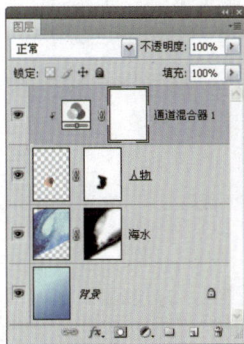

图8-500

图8-501

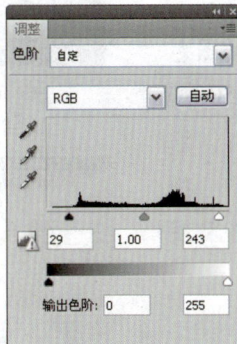

图8-502

图8-503

04 使用"吸管"工具 在海水的深蓝色上单击，拾取该颜色作为前景色，使用"画笔"工具 在面部周围涂抹蓝色，将嘴唇涂抹粉色，可以使用"橡皮擦"工具 ，将工具的不透明度设置为20%，适当进行擦除，使颜色变薄，按快捷键Ctrl+Alt+G创建剪贴蒙版，使超出面部分区域的颜色不显示在画面中，如图8-504和图8-505所示。

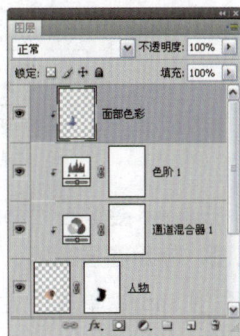

图8-504

图8-505

05 设置该图层的混合模式为"叠加"。人物的面部涂抹蓝色后，肤色与海水之间产生逐渐过渡、自然融合的效果。还可以使用"画笔"工具✐继续编辑图像，添加颜色，使面部边缘呈现蓝色，越靠近颧骨部分颜色越薄，产生通透的效果，如图8-506所示。

图8-506

➜ **提示**

　　在图像合成中通过混合模式改变素材颜色，使混合效果更加绚丽是一种经常使用的方法。设置混合模式后，如果发现颜色与海水不协调，可以按快捷键Ctrl+U打开"色相/饱和度"对话框，拖曳滑块对颜色进行调整，勾选"预览"选项，观察图像效果，找到与海水最为协调的颜色。

06 将前景色调整为浅灰色，如图8-507所示。选择"渐变"工具▢，单击工具选项栏中的▢按钮，打开"渐变"面板，选择"前景色到透明渐变"选项，如图8-508所示。新建一个图层，命名为"浅色"，由画面左上角向画面中心拖曳鼠标创建渐变，如图8-509和图8-510所示。

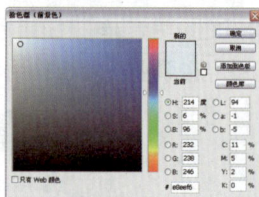

图8-507

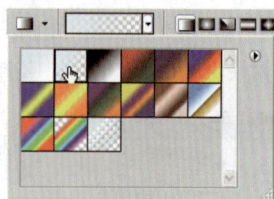

图8-508

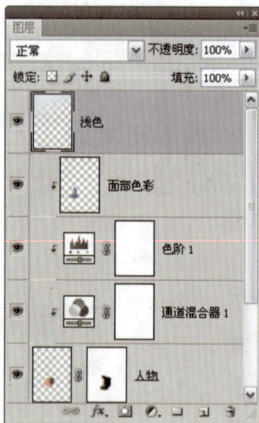

图8-509

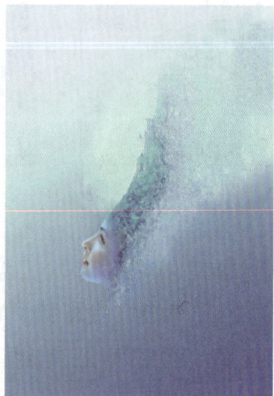

图8-510

07 选择"海水"图层，按住Alt键单击"海水"图层前面的👁图标，将其他图层隐藏，按住Shift键单击该图层的蒙版缩览图，停用图层蒙版，如图8-511所示，这样做是为了使海水图像完全显示在窗口中。要启用蒙版可以按住Shift键单击图层蒙版。

08 执行"选择">"色彩范围"命令，打开"色彩范围"对话框，将光标移动到图像中浪花最亮的区域，单击进行取样，将颜色容差设置为100，如图8-512所示，单击"确定"按钮，在画面中显示选区效果，如图8-513所示。

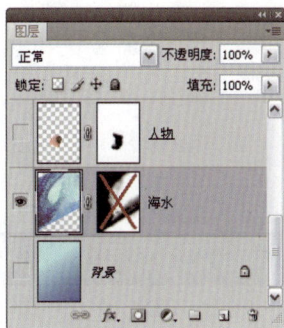
图8-511

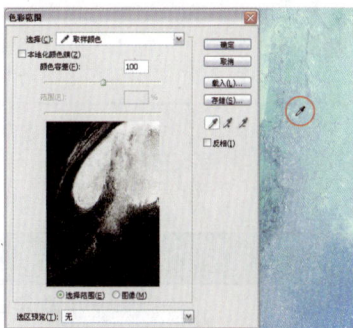
图8-512

图8-513

09 按快捷键Ctrl+J复制选区内的图像，如图8-514所示。可以先隐藏"海水"图层，查看抠图效果，如图8-515所示。图像中只需保留了飞溅起的水花。

图8-514

图8-515

→ 提示

在按快捷键Ctrl+J复制选区内的图像时，如果当前图层是蒙版的工作状态，将无法使用该快捷键。可以单击当前图层的图像缩览图，进入图像的编辑状态，并使用快捷键。

10 按快捷键Ctrl+Shift+]将"图层1"移动到"图层"面板最上方，显示所有图层及蒙版，使用"橡皮擦"工具 ▱ （柔角300px，不透明度20%）将"图层1"中多余的区域擦除，使图像的融合效果更加自然，该图层主要起到加亮水花的作用，如图8-516和图8-517所示，完成后的效果如图8-518所示。

图8-516

图8-517

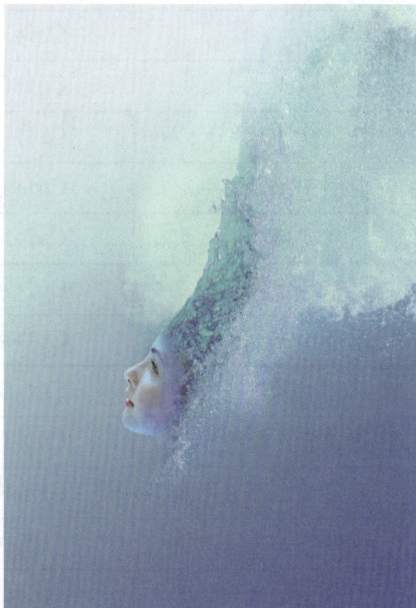
图8-518

第8章 平面设计项目实战技巧

287

附录

常用快捷键

工具/命令	快捷键	工具/命令	快捷键
移动工具	V	默认前景色/背景色	D
画笔工具	B	前景色/背景色互换	X
渐变工具	G	切换屏幕模式	F
文字工具	T	增加/减小画笔大小	] / [
抓手工具	H	增加/减小画笔硬度	Shift+] / Shift+[
新建文件	Ctrl+N	将图层置为顶层	Ctrl+Shift+]
打开文件	Ctrl+O	将图层前移一层	Ctrl+]
关闭文件	Ctrl+W	将图层后移一层	Ctrl+[
存储文件	Ctrl+S	将图层置为底层	Ctrl+Shift+[
另存文件	Ctrl+Shift+S	合并图层	Ctrl+E
退出Photoshop	Ctrl+Q	合并可见图层	Ctrl+Shift+E
还原/重做	Ctrl+Z	全部选择	Ctrl+A
连续还原/重做	Ctrl+Alt+Z	取消选择	Ctrl+D
连续前进一步	Ctrl+Shift+Z	重新选择	Ctrl+Shift+D
剪切	Ctrl+X	反选	Ctrl+Shift+I
复制	Ctrl+C	选择所有图层	Ctrl+Alt+A
粘贴	Ctrl+V	调整选区边缘	Ctrl+Alt+R
自由变换	Ctrl+T	羽化选区	Shift+F6
再次变换	Ctrl+Shift+T	应用上次滤镜	Ctrl+F
调整图像大小	Ctrl+Alt+I	打开上次滤镜对话框	Ctrl+Alt+F
调整画布大小	Ctrl+Alt+C	放大窗口	Ctrl++
新建图层	Ctrl+Shift+N	缩小窗口	Ctrl+-
通过复制新建图层	Ctrl+J	按屏幕大小缩放窗口	Ctrl+0
通过剪切新建图层	Ctrl+Shift+J	按实际像素缩放窗口	Ctrl+1
创建/释放剪贴蒙版	Ctrl+Alt+G	显示/隐藏网格	Ctrl+'
图层编组	Ctrl+G	显示/隐藏参考线	Ctrl+;
取消图层编组	Ctrl+Shift+G	显示/隐藏标尺	Ctrl+R